矿山机械电气控制设备使用与维护

（第2版）

主　编　李　明
副主编　唐　波　冉晟伊　周谷珍
主　审　冷勇军

重庆大学出版社

内 容 简 介

本教材主要介绍矿山常用机械电气控制设备的使用与维护,以项目驱动将全书分为 8 个情境:矿用电动机的拖动性能、矿用电动机及启动设备的选择、电动机基本控制电路、矿井通风机的电气控制、矿井空气压缩机的电气控制、矿井排水设备的电气控制、矿井运输机械的电气控制、煤矿井下采掘设备的电气控制等。

本教材是专为矿山机电专业、矿山电气自动化专业核心课程《矿山机械电气控制设备使用与维护》编写的特色教材,可供各院校相关专业使用和作为煤矿企业机电技术工人的培训教材。

图书在版编目(CIP)数据

矿山机械电气控制设备使用与维护/李明主编.—重庆:
重庆大学出版社,2009.9(2024.8 重印)
(机电一体化技术专业及专业群教材)
ISBN 978-7-5624-5099-3

Ⅰ.矿… Ⅱ.李… Ⅲ.①矿山机械—电气控制—使用—
高等学校:技术学校—教材②矿山机械—电气控制—维
护—高等学校:技术学校—教材 Ⅳ.TD4

中国版本图书馆 CIP 数据核字(2009)第 162356 号

机电一体化技术专业及专业群教材
矿山机械电气控制设备使用与维护(第 2 版)
主 编 李 明
副主编 唐 波 冉晟伊 周谷珍
主 审 冷勇军

责任编辑:周 立 谢 芳 版式设计:周 立
责任校对:任卓惠 责任印制:张 策

*

重庆大学出版社出版发行
出版人:陈晓阳
社址:重庆市沙坪坝区大学城西路 21 号
邮编:401331
电话:(023)88617190 88617185(中小学)
传真:(023)88617186 88617166
网址:http://www.cqup.com.cn
邮箱:fxk@cqup.com.cn(营销中心)
全国新华书店经销
POD:重庆新生代彩印技术有限公司

*

开本:787mm×1092mm 1/16 印张:12.25 字数:306 千 插页:8 开 1 页
2014 年 1 月第 2 版 2024 年 8 月第 7 次印刷
ISBN 978-7-5624-5099-3 定价:39.00 元

编写委员会

编委会主任 张亚杭

编委会副主任 李海燕

编委会委员 唐继红 黄福盛 吴再生 李天和 游普元 韩治华 陈光海 宁望辅 粟俊江 冯明伟 兰玲 庞成

序

  本套系列教材,是重庆工程职业技术学院国家示范高职院校专业建设的系列成果之一。根据《教育部 财政部关于实施国家示范性高等职业院校建设计划 加快高等职业教育改革与发展的意见》(教高[2006]14号)和《教育部关于全面提高高等职业教育教学质量的若干意见》(教高[2006]16号)文件精神,重庆工程职业技术学院以专业建设大力推进"校企合作、工学结合"的人才培养模式改革,在重构以能力为本位的课程体系的基础上,配套建设了重点建设专业和专业群的系列教材。

  本套系列教材主要包括重庆工程职业技术学院五个重点建设专业及专业群的核心课程教材,涵盖了煤矿开采技术、工程测量技术、机电一体化技术、建筑工程技术和计算机网络技术专业及专业群的最新改革成果。系列教材的主要特色是:与行业企业密切合作,制定了突出专业职业能力培养的课程标准,课程教材反映了行业新规范、新方法和新工艺;教材的编写打破了传统的学科体系教材编写模式,以工作过程为导向系统设计课程的内容,融"教、学、做"为一体,体现了高职教育"工学结合"的特色,对高职院校专业课程改革进行了有益尝试。

  我们希望这套系列教材的出版,能够推动高职院校的课程改革,为高职专业建设工作作出我们的贡献。

重庆工程职业技术学院示范建设教材编写委员会

2009年10月

前 言

《矿山机械电气控制设备使用与维护》教材是重庆工程职业技术学院在国家示范院校建设中的成果之一,编写时力求把握高职教育的特点,淡化理论分析,避免公式的推导,教材的编排基于工作过程需要,体现任务驱动的特点,在每个任务中均提出了知识点及目标、能力点及目标、任务描述、任务分析、相关知识、能力体现、操作训练、任务评价等,在每个情景最后给出了任务巩固练习,教材力图体现教—学—做一体化的特点,具体体现在以下几个方面:

1.该教材是校企结合的产物,教材的编写前期,学校组织现场技术专家进行过两次集中论证和多次现场调研,编写的内容和方式充分体现了对现场专家的尊重,教材的主审冷勇军即是重庆中梁山煤电气有限公司机动部部长,电气高级工程师。

2.整个教材体现了基于工作过程、任务驱动的特点。情景的划分是按矿山机械的类型划分的,内容的取舍是根据各个情景中工作岗位的任务确定的。

3.教材内容涉及面较宽,涵盖了矿山机械的拖动、电动机的性能及选择、控制设备的选择,通风、压气、排水、运输、采煤、掘进等机械的控制。

4.教材充分考虑了南方煤矿与北方煤矿机械设备使用的区别,体现了服务区域经济的特点。所选择的设备具有南方代表性,既体现了设备使用的广泛性,又注意了技术的先进性。

5.教材在每个任务中均提出了训练操作项目、学习评价项目和要点,充分体现了学中做、做中学的一体化特点。

本教材由重庆工程职业技术学院李明担任主编,负责全书的统稿工作并编写了情境一、情境二和情境四;重庆工程职业技术学院唐波担任副主编,编写了情境七和情境八;重庆工程职业技术学院冉晟伊担任副主编,编写了情境五和情境六;重庆工程职业技术学院周谷珍担任副主编编写了情境三。中梁山煤电气有限责任公司机动部部长冷勇军高级工程师主审了本教材,提出了大量宝贵意见和建议。在编写过程中,中梁山煤电气有限责任公司机动部副部长杨毕君高级工程师、松藻煤电气有限责任公司机动部电气科科长胡德春高级工程师、松藻煤电气有限责任公司石壕煤矿机动部部长范永恩高级工程师、天府矿业公司机动部部长黄建华高级工程师、永荣矿业公司永川选煤厂电气工程师陈敬波、重庆工业职业技术学院自动化系系主任易谷教授、重庆工业职业技术学院自动化系毛臣建副教授、平顶山工业职业技术学院梁南丁教授等均为该书付出了心血,提供了信息、资料等,在此,向各位专家致以真诚的谢意。

由于编者水平所限,书中错误或不当之处在所难免,恳请读者批评指正。如有赐教,请发至邮箱 lihuiliang2782@163.com。如有需求也可通过该邮箱联系。

编　者

2009 年 7 月

2

目录

情境 1
矿用电动机的拖动性能

任务 1　矿山拖动系统的组成及运动规律

 **知识点及目标**

电力拖动系统是一个转动系统,其转动规律服从动力学统一的规律,即运动方程式。通过本任务的学习,应掌握运动方程式的基本物理含义和用途。

 **能力点及目标**

能够运用运动方程式进行拖动系统的定性分析和定量分析,能将实际的拖动系统简化为单轴系统,用运动方程式进行性能分析。

 **任务描述**

"拖动"是应用各种原动机,使生产机械产生运动来完成一定的生产任务。用电动机作为原动机来拖动生产机械的拖动方式称为电力拖动。

研究分析电力拖动系统中转速、转矩、功率之间的关系对安全、可靠、合理利用电动机具有关键意义。

 **任务分析**

电力拖动系统是一个统一的动力学系统。系统的运动方程式由电动机产生的电磁转矩与生产机械负载转矩之间的关系决定。要研究电力拖动系统,就必须分析电动机与负载之间的关系。从动力学的角度来看,它们服从动力学统一的规律。

相关知识

一、电力拖动装置的组成

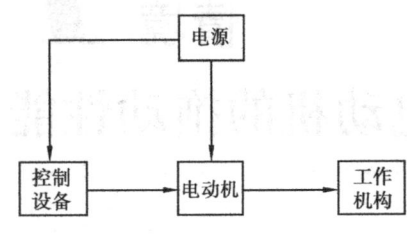

图 1-1　电力拖动系统框图

典型的电力拖动系统是由电动机、工作机构、控制设备及电源 4 部分组成,如图 1-1 所示。

电动机将电网的电能变为机械能,用以拖动生产机械;工作机构是生产机械为执行某一任务的机械部分;控制设备是为实现电动机的各种运行要求而使用的各种控制电机、电器等;电源是向电动机及电气控制设备供电的部分。

通常,电动机与生产机械的工作机构并不同轴,它们之间还有传动机构,把电动机的运动经过中间变速或变换运动方式后,再传给生产机械的工作机构。

二、电力拖动系统的转矩

在电力拖动系统的工作过程中,存在 3 种转矩:

①拖动转矩——电动机轴上输出的转矩,在一般工程计算中,可认为等于电动机产生的电磁转矩。

②阻转矩——生产机械的负载转矩,在通常情况下阻碍拖动系统的转动。

③动态转矩——电机转速发生变化时,因为电机转子和被它拖动的生产机械具有惯性而产生的惯性转矩。

三、运动方程式

在直线运动系统中,当外力推动物体向前运动时,外力克服物体所产生的摩擦阻力使物体产生加速运动,其运动服从牛顿第二定律,即

$$F - F_L = ma$$

同理,在旋转的拖动系统中,当电动机以恒定的转速拖动工作机构稳定运行时,电动机产生的拖动转矩应克服系统的负载转矩。如果要使工作机构变速运行,电动机产生的拖动转矩除克服负载转矩外,还应克服由于运动部分的惯性所引起的动态转矩。按照动力学平衡的观点,即牛顿第二定律,其运动方程式为

$$M - M_L = J\frac{d\Omega}{dt} \tag{1-1}$$

式中　M——电动机产生的拖动转矩,N·m;

　　　M_L——负载转矩,N·m;

　　　$J\dfrac{d\Omega}{dt}$——惯性转矩,N·m;

　　　J——转动惯量,kg·m²;

　　　Ω——电机轴旋转角速度,rad/s。

转动惯量是物理学中使用的参数,在实际的工程应用中则采用飞轮惯量 GD^2 来反映转动

2

物体的惯性大小,其单位是 N·m²。两者的关系为

$$J = m\rho^2 = \frac{G}{g}\left(\frac{D}{2}\right)^2 = \frac{GD^2}{4g} \tag{1-2}$$

式中　m,G——转动部分的质量和重力,单位分别为 kg 和 N;

　　　ρ,D——质量 m 的转动半径和直径,m;

　　　g——重力加速度,m/s²。

通常,电动机的转速用每分钟的转数 n 表示,而不用角速度 Ω。

$$\Omega = \frac{2\pi n}{60} \tag{1-3}$$

将式(1-2)、式(1-3)代入式(1-1),得到运动方程式的实用形式:

$$M - M_L = \frac{GD^2}{375}\frac{dn}{dt} \tag{1-4}$$

式中,换算常数 375 具有加速度的量纲。

应当注意,GD^2 是一个代表物体旋转惯性的整体物理量,不能分开。电动机电枢(或转子)及其他转动部件的 GD^2 可从产品样本和有关设计资料中查到,但其单位用 kg·m² 表示。为了化成国际单位,将查到的数据乘以 9.81 则换算成 N·m²。

电动机的工作状态可由运动方程式表示出来,由式(1-4)可知:

①当 $M > M_L$ 时,$\dfrac{dn}{dt} > 0$,电力拖动系统处于加速状态;

②当 $M < M_L$ 时,$\dfrac{dn}{dt} < 0$,电力拖动系统处于减速状态。

在上述两种情况下,拖动系统处于变速过程,称为动态。

③当 $M = M_L$ 时,$\dfrac{dn}{dt} = 0$,则 $n = 0$ 或 $n =$ 常数,拖动系统静止或以恒定的转速运行,称为稳定运行状态,也称静态。

四、运动方程式中转矩正负号的分析

应用运动方程式,通常以电动机轴为研究对象。由于电动机运行状态不同,以及生产机械负载类型不同,作用在电动机轴上的电磁转矩 M 及阻转矩 M_L 不仅大小在变化,方向也是变化的。因此转矩 M 与 M_L 都有正负之分,运动方程式可写成

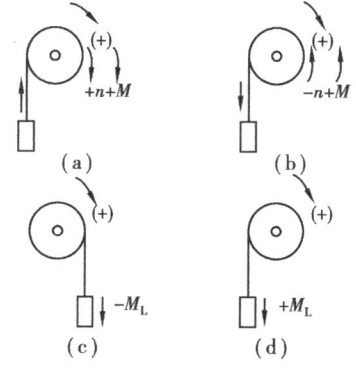

$$\pm M - (\pm M_L) = \frac{GD^2}{375}\frac{dn}{dt} \tag{1-5}$$

在应用运动方程式时,必须注意转矩的正负号,规定如下:

①先规定某一旋转方向(如顺时针方向)为规定正方向,则另一旋转方向(如逆时针方向)为负方向。

②电磁转矩 M 的方向与规定的旋转正方向一致时,M 为正,如图 1-2(a)所示;相反时,M 为负,如图 1-2(b)所示。

图 1-2　M 和 M_L 的方向
与规定正方向的关系

③阻转矩 M_L 的方向如与规定正方向相同时为负,如图 1-2(c)所示。相反时为正,如图 1-2(d)所示。

④动态转矩 $\frac{GD^2}{375}\frac{dn}{dt}$ 的大小及正负号,则由 M 与 M_L 的代数和来决定。

 **能力体现**

一、利用运动方程式进行运动状态的分析

拖动系统的工作状态可由运动方程式进行分析,由式(1-4)可知:

①当 $M > M_L$ 时,$\frac{dn}{dt} > 0$,电力拖动系统处于加速状态;

②当 $M < M_L$ 时,$\frac{dn}{dt} < 0$,电力拖动系统处于减速状态。

在上述两种情况下,拖动系统处于变速过程,称为动态。

③当 $M = M_L$ 时,$\frac{dn}{dt} = 0$,则 $n = 0$ 或 $n = $ 常数,拖动系统静止或以恒定的转速运行,称为稳定运行状态,也称静态。

二、利用运动方程式进行定量计算

例如,对一个斜井提升系统,在系统设备一定(GD^2 一定)和负载一定(M_L 一定)的情况下,根据运动方程式

$$M - M_L = \frac{GD^2}{375}\frac{dn}{dt}$$

可知:对提出的一定加速或减速要求,可计算出所需的电磁转矩 M,M 为机械特性曲线上的平均加速或减速转矩。根据 M 大小确定上下切换转矩 M_1,M_2,并确定加速或减速的技术措施(如转子串电阻),进而计算转子电阻的大小,实现所需的加速或减速要求。

 操作训练

序 号	训练内容	训练要点
1	矿井提升系统运动受力分析	拖动转矩、负载转矩分析; 运动方程式建立; 运动状态分析。
2	矿井排水系统运动受力分析	拖动转矩、负载转矩分析; 运动方程式建立; 运动状态分析。
3	矿井通风机运动受力分析	拖动转矩、负载转矩分析; 运动方程式建立; 运动状态分析。

 **任务评价**

序　号	考核内容	考核项目	配　分	得　分
1	实际拖动系统组成	区分实际系统中负载、拖动电机、电源、控制装置、传动机构。	20	
2	三种转矩的正确认识	转矩大小、方向、作用。	20	
3	运动状态分析	加速状态； 减速状态； 匀速状态。	20	
4	定量分析	在什么条件下能对哪些参数进行定量计算。	20	
5	遵章守纪		20	

任务 2　矿山生产机械和电动机的机械特性

 **知识点及目标**

电力拖动系统是电动机带动生产机械按照需要的规律运转,两者之间的配合用特性曲线来反映,认识生产机械和电动机的机械特性的特征便成为分析运行规律的前提条件。

 **能力点及目标**

掌握电动机机械特性的变化规律,并能正确判断电力拖动系统是否能够稳定运行。

 **任务描述**

电动机与生产机械的合理配合是正常运行的基本条件,只有认识了生产机械和电动机特性的规律才能选择适当的电动机去带动负载工作,使电动机稳定运行。

 **任务分析**

机械特性是反映转矩与转速之间变化规律的曲线,其变化应从转矩大小与方向、转速大小与方向上去分析,并从稳定运行时应具有相同的转速和转矩去判断拖动系统是否能够稳定运行。

 **相关知识**

电动机是拖动系统中的原动机,要使生产机械正常而有效地工作,必须使电动机的机械性能满足生产机械的要求。电动机的机械特性是机械性能的主要表现,它决定了电动机在各种

运行状态下的工作情况。

在电力拖动系统中,电动机的转矩 M 拖动生产机械做各种形式的运动,以及做各种状态的运行。但是不同类型的生产机械,负载转矩的特性不同;不同类型的电动机,机械特性的形状也不相同。

一、生产机械的负载转矩特性

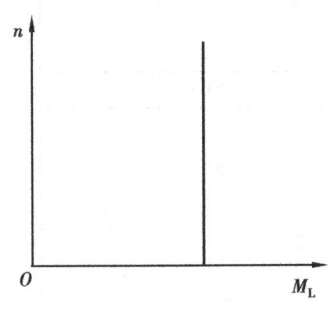

图 1-3　恒转矩负载特性

生产机械在运转中会受到阻转矩的作用,此转矩称为负载转矩 M_L。生产机械负载转矩的大小和许多因素有关,通常把负载转矩与转速的关系 $M_L = f(n)$ 称为生产机械的机械特性,又称负载转矩特性。根据统计,大多数生产机械的负载转矩特性可归纳为 3 种类型:

1. 恒转矩负载特性

当转速变化时,负载转矩大小保持不变,称恒转矩负载特性,如图 1-3 所示。画图时,习惯将 M_L 作为横坐标,把 n 作为纵坐标。矿井提升机、皮带输送机等具有此种特性。

恒转矩负载又可根据负载转矩方向变化的特点分为两大类,一类是反作用转矩,另一类是位能转矩。

反作用恒转矩负载特性的特点是:负载转矩 M_L 总是阻碍运动的,M_L 的方向始终与转速方向相反。根据 M_L 正负符号的规定,当顺时针方向旋转时,n 为正,转矩 M_L 与正旋转方向相反,应取正号。当逆时针方向旋转时,n 为负,转矩 M_L 为顺时针方向,应取负号,如图 1-4 所示。由图可知,反作用性质的恒转矩负载特性在第一与第三象限内。采煤机的负载转矩属于这类特性。

位能性恒转矩负载特性的特点是:负载转矩 M_L 的方向始终保持不变,不随转速方向的改变而改变,如图 1-5 所示。特性在第一与第四象限内。如矿井提升机的负载对滚筒形成的负载转矩属于这类特性。如以电动机顺时针旋转时提升重物,逆时针旋转时下放重物,则不论重物运行方向是提升或是下放,负载的重力作用总是向下的。提升时,M_L 取正号,M_L 阻碍运动。下放时,M_L 方向不变,仍取正号,这时 M_L 驱动运动。

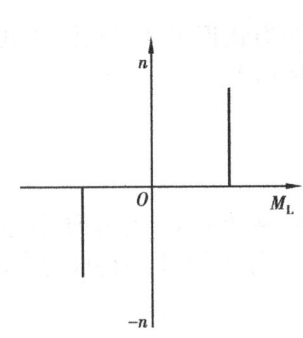

图 1-4　反作用性质恒转矩负载特性

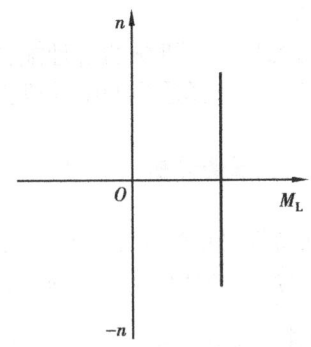

图 1-5　位能性质恒转矩负载

2. 通风机负载特性

通风机负载转矩从方向上看是反作用转矩,如矿井扇风机、水泵等,其负载转矩的大小与

转速的平方成正比,即

$$M_{\mathrm{L}} = Kn^2$$

式中　K——比例常数。

通风机负载特性曲线是一条抛物线,如图 1-6 所示。

3. 恒功率负载特性

某些机床,如车床车削工件,粗加工时,切削量大,因而切削阻力大,采用低速;精加工时,切削量小,阻力也小,采用高速,但负载功率基本不变,形成恒功率的负载特性。

负载功率恒定时,则负载转矩与转速成反比,即

$$P_{\mathrm{L}} = M_{\mathrm{L}}\Omega = M_{\mathrm{L}}\frac{2\pi n}{60} = \frac{M_{\mathrm{L}}n}{9.55} = \frac{K}{9.55} = 常数$$

$$M_{\mathrm{L}} = \frac{K}{n}$$

式中　P_{L}——负载功率,W。

恒功率负载特性是一条双曲线,如图 1-7 所示。

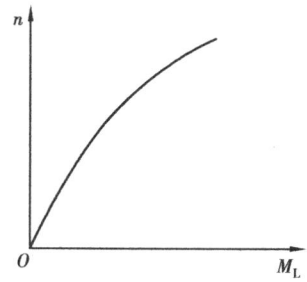

图 1-6　通风机负载特性

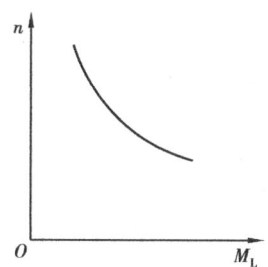

图 1-7　恒功率负载特性

二、电动机的机械特性

电动机带动负载运行时给生产机械提供一定的转矩 M,从而驱动它有一定的转速 n。M 和 n 是生产机械对电动机提出的两项基本要求。确定了 M 和 n 后,不但确定了电动机的运行点,而且电动机的功率 P 也确定了。

电动机的电磁转矩 M 与转速 n 之间的关系 $n = f(M)$,称为电动机的机械特性。

机械特性是电动机机械性能的主要表现方式,是生产机械选择电动机的主要依据。各种常用电动机的机械特性在《电机学》中已有初步阐述,它们的机械特性曲线如图 1-8 所示。其中曲线 1 为同步电动机机械特性,曲线 2 为异步电动机机械特性,曲线 3 为他励直流电动机机械特性,曲线 4 为串励直流电动机机械特性。

为了表征机械特性曲线特性形状的特点,引入了机械特性"硬度"的概念。所谓特性的"硬度",是指电动机转矩的改变引起转速变化的程度,通常用硬度系数 α 表示。特性曲线上任一点的硬度系数,就

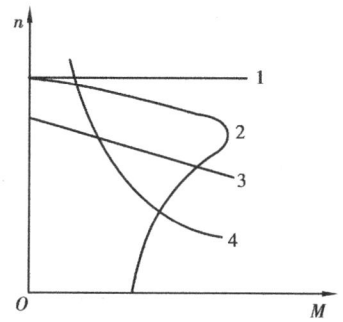

图 1-8　常用电动机的机械特性

是该点转矩变化的百分数与转速变化百分数之比,即

$$\alpha = \frac{\Delta M\%}{\Delta n\%}\qquad(1\text{-}6)$$

根据硬度系数的大小,可以把电动机的机械特性分成3类:

①绝对硬特性。当转矩变化时,电动机的转速恒定不变,硬度系数 $\alpha = \infty$。同步电动机机械特性属于此种特性。

②硬特性。当转矩变化时,电动机的转速变化不大,硬度系数 $\alpha = -40 \sim -10$。因为特性曲线是向下倾斜的,随着转矩的增加,转速略有下降,故硬度系数为负值。异步电动机机械特性的工作部分和他励直流电动机的机械特性属于硬特性。

③软特性。当转矩增加时,转速下降幅度很大,$\alpha = -5 \sim -1$。串励直流电动机具有此种特性。

在生产实践中选用何种特性的电动机,要根据生产机械的要求决定。例如,空气压缩机选用绝对硬特性的电动机,矿井提升机、水泵等选用硬特性的电动机,矿用电机车则选用软特性的电动机。

能力体现

一、电动机稳定运行的判断

电动机拖动生产机械运行时,负载转矩通过传动机械作用于电动机轴上,所以在系统运行中,电动机的机械特性与生产机械的负载转矩特性是同时存在的。为了分析拖动系统的运行问题,把两个特性画在同一坐标图上。要使电动机稳定运行,必须具有下述条件。

1. 必要条件

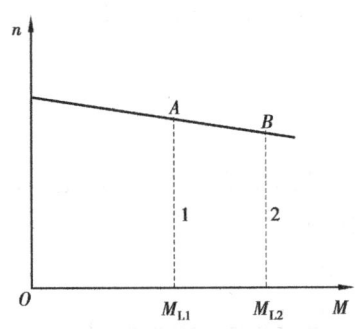

图 1-9 他励直流电动机拖动
恒转矩负载的稳定运行条件

根据运动方程式可以知道,在电动机的机械特性与生产机械负载转矩特性的交点处,转矩 M 与 M_L 大小相等,方向相反,相互平衡,此时的转速为某一稳定值,此交点称为运行工作点。在工作点处,系统处于稳态。所以两个特性有交点是稳定运行的必要条件。如图 1-9 所示,图中 A 点为他励直流电动机拖动恒转矩负载的一个稳定运行点。如负载转矩由 M_{L1} 增加到 M_{L2},则电动机转矩也相应增加,系统工作点从 A 点移到 B 点(转速下降),又稳定运行于 B 点。

2. 充分条件

设拖动系统原来在某交点处稳定运行,由于受到外界的某种干扰作用,如电网电压的波动或负载的突然变化等,使电动机的转速发生变化,离开了原来的工作点。当干扰消除后,拖动系统应有能力使转速恢复到原来交点处的数值,如能满足此条件,则系统是稳定的。现以图 1-10 所示的特性为例,分析如下:

图 1-10 (a)中,M_L 是恒转矩负载特性,因负载转矩不随转速变化,所以 $\dfrac{\mathrm{d}M_L}{\mathrm{d}n} = 0$。

设系统原来运行在两条特性曲线的交点 A 处。如电网电压波动,使机械特性偏高,由曲

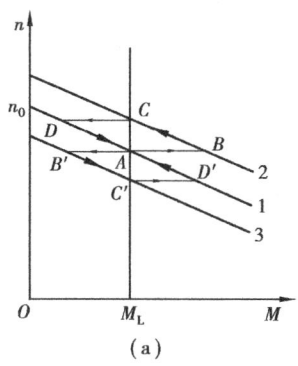 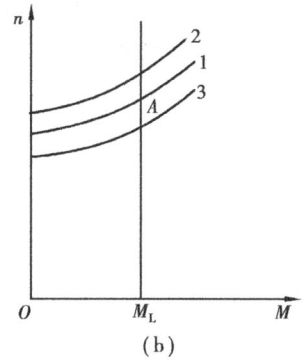

图 1-10 恒转矩负载的稳定运行点

(a)稳定运行 (b)不稳定运行

线 1 转为曲线 2。由于系统机械惯性大,瞬间转速来不及变化,但电动机的转矩却增大到 B 点所对应的值,此时电动机的拖动转矩 M 大于负载转矩 M_L,所以转速就沿着特性曲线 2 由 B 点增加到 C 点。随着转速的升高,电机转矩又重新变小,使 $\frac{dM_L}{dn} < 0$,最后在 C 点达到新的平衡。当干扰消除后,机械特性由曲线 2 恢复到曲线 1,转速由 C 点过渡到 D 点,此时电机转矩 M 小于负载转矩 M_L,转速下降。随着转速的下降,电机转矩又变大了,仍然是 $\frac{dM_L}{dn} < 0$,最后恢复到原来的工作点 A,重新稳定运行。

反之,如果电网电压波动使机械特性偏低,也能由分析得出 $\frac{dM_L}{dn} < 0$。

因为 $\frac{dM_L}{dn} = 0$,而 $\frac{dM_L}{dn} < 0$,所以

$$\frac{dM}{dn} < \frac{dM_L}{dn} \tag{1-7}$$

只要满足式(1-7),系统即能稳定运行。

再分析图 1-10(b)。图中 M_L 仍是恒转矩负载,$\frac{dM_L}{dn} = 0$,但电动机机械特性曲线上翘,如电压波动使机械特性偏高,由曲线 1 转为曲线 2 时,随着 n 的下降,M 也变小,转速越来越低。反之,如电压波动使机械特性偏低,由曲线 1 转为曲线 3 时,随着 n 的升高,M 也变大,使转速越来越高,因而 $\frac{dM}{dn} > 0$,$\frac{dM}{dn} > \frac{dM_L}{dn}$,系统运行不稳定。

上面分析的是恒转矩负载,对通风机负载和恒功率负载也可得出同样的结论。所以式(1-7)是稳定运行的充分条件。

二、电动机运行状态的判断

电动机在工作中有两种运行状态:

①电动机运行状态。其特点是电动机转矩 M 的方向与实际旋转方向(转速 n 的方向)相同,M 为拖动转矩。此时电网向电动机输入电能,并变为机械能,用来拖动负载。

9

②制动运行状态。其特点是电动机转矩 M 与转速 n 的方向相反,M 为制动转矩。此时电动机吸收机械能,并转变为电能,消耗在电枢(转子)回路中或回馈到电网。

 操作训练

序　号	训练内容	训练要点
1	矿井提升系统负载特性分析	大小特点、方向特点。
2	矿井排水系统负载特性分析	大小特点、方向特点。
3	矿井通风系统负载特性分析	大小特点、方向特点。
4	采煤机负载特性分析	大小特点、方向特点。
5	电动机机械特性分析	各种电动机机械特性的主要区别。

 任务评价

序　号	考核内容	考核项目	配　分	得　分
1	提升、通风、采煤机负载特性	通过大小、方向的不同认识各种负载在运行中对电动机性能的要求。	25	
2	电动机的机械特性	机械特性曲线的作用;机械特性的种类及特点。	25	
3	运动状态稳定性分析	稳定性的必要条件;稳定性的充分条件;不稳定运行的危害。	15	
4	电动状态与制动状态的特点	转速与转矩关系的特点;能量传递的特点。	15	
5	遵章守纪		20	

任务3　矿山固定机械直流电动机的机械特性

 知识点及目标

他励直流电动机是大型提升机的拖动电机,其性能分析方法对分析其他电机也具有普遍意义。用机械特性去分析电动机的运行参数和如何根据需要改变运行参数,从而满足拖动时启动、调速、制动的需要。

能力点及目标

能根据负载的需要和电动机的铭牌参数定量计算电动机的运行参数和运行状态,给出实现运行的条件。

任务描述

电动机在额定运行时往往不能满足负载对运行性能的要求,要求我们去研究分析如何通过人为的办法改善电动机的运行性能,以达到负载对运行中启动、调速、制动的要求。

任务分析

电动机的运行性能是通过机械特性的形式来表现的,分析电动机在额定运行状态下的机械特性可以体现其基本性能以及性能局限性,从而提出改善性能的方法和措施。本任务主要是从制动性能上分析其性能特点,而对于启动、调速的性能特点的分析,将在其他任务中解决。

相关知识

他励直流电动机电路如图 1-11 所示。图中 R_a 为电枢绕组电阻,R_{pa} 为电枢回路附加电阻,r_{pf} 为调节励磁电流 I_f 的励磁回路附加电阻,E 为电枢绕组切割磁场(磁通 Φ)产生的与电流 I_a 方向相反的感应电势。

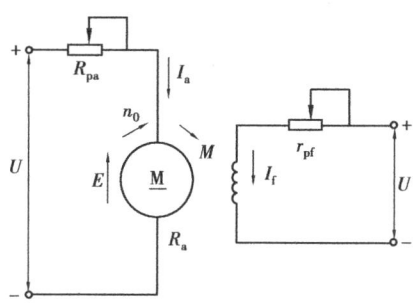

图 1-11 他励直流电动机电路图

一、机械特性方程式

反应直流电动机内部关系的 3 个基本方程式为:

电磁转矩 $\qquad\qquad M = C_m \Phi I_a \qquad\qquad$ (1-8)

感应电势 $\qquad\qquad E = C_e \Phi n \qquad\qquad$ (1-9)

电枢回路电压平衡方程式 $\quad U = E + I_a R \qquad\qquad$ (1-10)

式中 $\quad R = R_a + R_{pa}$——电枢回路总电阻,Ω。

由上面 3 个式子可以导出用电流 I_a 表示的转速特性方程式和用转矩 M 表示的机械特性方程式,即

$$n = \frac{U}{C_e \Phi} - \frac{R}{C_e \Phi} I_a \qquad\qquad (1-11)$$

$$n = \frac{U}{C_e \Phi} - \frac{R}{C_e C_m \Phi^2} M \qquad\qquad (1-12)$$

式中 $\quad C_m = \dfrac{pN}{2\pi a}$——与电机结构有关的转矩常数;

$\qquad C_e = \dfrac{pN}{60a}$——与电机结构有关的电势常数。

C_m 与 C_e 的关系为

$$C_m = 9.55 C_e \qquad\qquad (1-13)$$

在机械特性方程式(1-12)中,当电源电压 U、磁通 Φ、电枢回路总电阻 R 均为常数时,电动

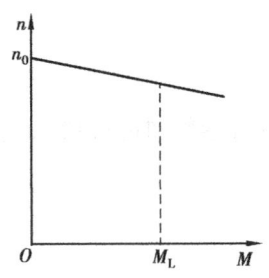

图 1-12　他励直流电动机机械特性

机的机械特性如图1-12所示,是一条向下倾斜的直线。由机械特性曲线可知,转速 n 随转矩的增大而降低,这说明加大电动机的负载会使转速下降。

因为他励电动机的转矩 M 与电枢电流 I_a 成正比,所以机械特性的横坐标即可用 M 表示,也可用 I_a 表示。

在式(1-11)、式(1-12)中,当 $I_a = 0$,或 $M = 0$ 时的转速称为理想空载转速 n_0。

$$n_0 = \frac{U}{C_e \Phi} \tag{1-14}$$

调节 U 或 Φ,可以改变理想空载转速 n_0 的大小。

式(1-12)右边第二项表示电动机带负载后的转速降,用 Δn 表示:

$$\Delta n = \frac{R}{C_e C_m \Phi^2} M = \beta M \tag{1-15}$$

这样,机械特性方程式可以简写为

$$n = n_0 - \beta M \tag{1-16}$$

式中　$\beta = \dfrac{U}{C_e C_m \Phi^2}$ ——机械特性的斜率。

斜率越大,则转速降 Δn 越大,机械特性也就越"软"。

二、固有机械特性

他励直流电动机电压及磁通为额定值 U_N 及 Φ_N,且电枢回路中无附加电阻时得到的机械特性,称为固有机械特性,其方程式为

$$n = \frac{U_N}{C_e \Phi_N} - \frac{R_a}{C_e C_m \Phi_N^2} M \tag{1-17}$$

固有机械特性如图 1-13 中的特性曲线 1 所示。由于电枢内阻 R_a 较小,所以固有机械特性由式(1-17)可知,只要求出直线上任意两点的坐标,就可绘出固有机械特性。一般选理想空载点($M = 0$,$n = n_0$)及额定运行点($M = M_N$,$n = n_N$)较为方便。

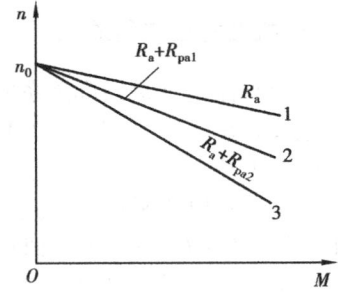

图 1-13　他励直流电动机固有特性
及电枢串附加电阻的人为特性

对于理想空载点:

$$n_0 = \frac{U_N}{C_e \Phi_N}$$

$C_e \Phi_N$ 可由电枢回路电压平衡方程式求得,即

$$C_e \Phi_N = \frac{E_N}{n_N} = \frac{U_N - I_N R_a}{n_N} \tag{1-18}$$

R_a 可以实测,也可以根据电动机在额定运行状态下铜损耗约占总损耗的 $1/2 \sim 2/3$ 进行估算,即

$$I_N^2 R_a = \left(\frac{1}{2} \sim \frac{2}{3} \right) (U_N I_N - P_N)$$

$$R_a = \left(\frac{1}{2} \sim \frac{2}{3}\right)\frac{U_N I_N - P_N}{I_N^2}$$　(1-19)

式中　P_N——电动机的额定输出功率，W。

对于额定运行点：

$$M_N = C_e \Phi_N I_N$$

因 $C_m\Phi_N = 9.55C_e\Phi_N$，而 I_N 是已知数，M_N 可以算出，n_N 也是已知数，所以额定点可以确定。连接理想空载点和额定运行点的直线，就是所求的固有机械特性曲线。

三、人为机械特性

固有机械特性的性能是由电动机的结构和固有外界条件决定的，其性能不一定能满足负载对电动机的要求。根据特性方程式(1-12)可以看出，人为地改变加在电枢两端的电压 U，或者改变电枢串接的附加电阻 R_{pa}，或者改变主磁通 Φ，都可以改变电动机的拖动性能，也即得到不同的人为机械特性。

1. 电枢串接附加电阻的人为特性

保持电压和磁通为额定值 U_N 及 Φ_N，电枢串接附加电阻 R_{pa} 时，人为特性的方程式为

$$n = \frac{U_N}{C_e\Phi_N} - \frac{R_a + R_{pa}}{C_e C_m \Phi_N^2}M = n_0\beta'M$$　(1-20)

由上式可知，理想空载转速 n_0 没有改变，斜率则随 R_{pa} 的增大而加大，即在一定的负载转矩下，转速降 Δn 随 R_{pa} 的增大而增加，人为特性"软"化，如图 1-13 中的特性曲线 2 和 3 所示。

2. 改变电枢电压的人为特性

由于电动机的工作电压以额定电压为上限，因此改变电压时，只能在低于额定电压的范围内变化。当磁通为额定值，电枢不串附加电阻时，降低电压的人为特性方程式为

$$n = \frac{U}{C_e\Phi_N} - \frac{R_a}{C_e C_m \Phi_N^2}M$$　(1-21)

与固有特性比较，理想空载转速随电压的减小而成正比减小，特性斜率则保持不变。因此，人为特性是一组向下移动的平行线，如图 1-14 所示。

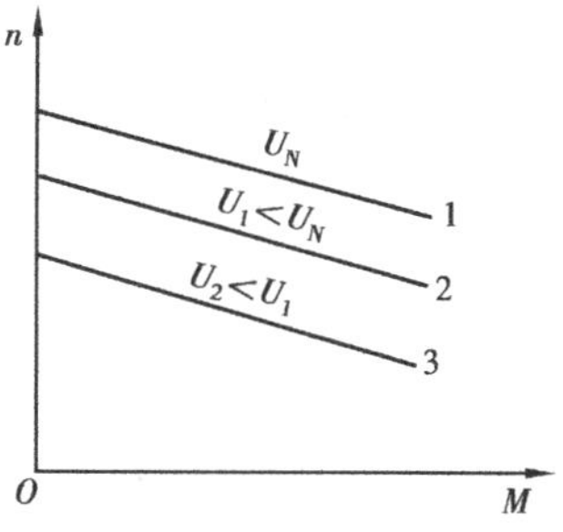

3. 减弱电动机磁通的人为特性

一般他励直流电动机在额定磁通下运行时，电机已接近饱和，改变磁通实际上是减弱励磁。在励磁回路内串接电阻 r_{pf}，能使磁通减弱。

当电压为额定值，电枢不串入附加电阻时，减弱磁通的人为特性方程式为

$$n = \frac{U_N}{C_e\Phi} - \frac{R_a}{C_e C_m \Phi^2}M = n_0' - \beta'M$$　(1-22)

此时转速特性方程式为

$$n = \frac{U_N}{C_e\Phi} - \frac{R_a}{C_e\Phi}I_a$$　(1-23)

图 1-14　他励直流电动机降低电压的人为特性

因为磁通 Φ 是变量，所以 $n=f(M)$ 和 $n=f(I_a)$ 不能用同一特性曲线表示，而且这时机械

特性采用堵转转矩数据表示比较方便。

在式(1-22)中，$n_0 = \dfrac{U_N}{C_e \Phi}$ 随 Φ 的减小成反比增大，斜率则随磁通的平方成反比加大，人为特性"软"化，如图 1-15(a)所示。

在图 1-15(a)中，M_{KN}，M_{K1}，M_{K2} 分别为 Φ_N，Φ_1，Φ_2 时的堵转(短路)转矩：

$$M_K = C_m \Phi I_K \tag{1-24}$$

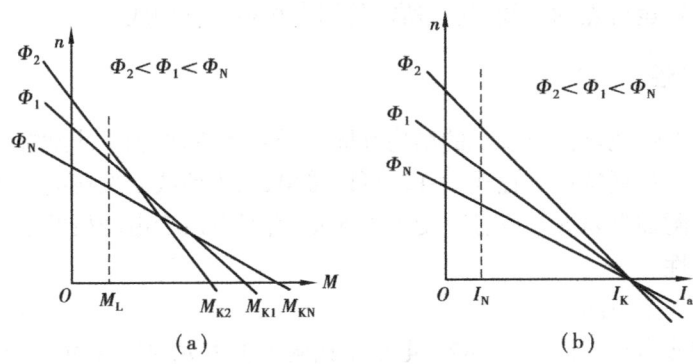

图 1-15　他励直流电动机减弱磁通的人为特性

式中的 I_K 是当转速 $n=0$，电枢电势 $E=0$ 时的电枢电流，由于 $I_K = \dfrac{U_N}{R_a} =$ 常数，且数值很大，故称堵转电流，又叫短路电流。

公式(1-23)中，当 $n=0$ 时，$I_K =$ 常数，而 n_0 又随 Φ 的减小成反比增大，因而 $n=f(I_a)$ 的人为转速特性是一组通过横坐标 I_K 点的直线，如图 1-15(b)所示。

从人为机械特性看出，在一般情况下，电机的端电压常保持为 U_N，电枢回路的电阻又很小，这时因电动机转速较高，负载较轻，$M_L \ll M_K$，故减弱磁通将使电机转速升高。只有当原来电机转速很低，负载转矩特别大，或工作磁通特别小时，如再减弱磁通，反而会发生转速下降的现象。

他励直流电动机人为特性的绘制方法与固有特性的绘制方法相同，只要把相应的参数值代入相应的人为特性方程式即可得出。

四、电气制动方式

在电力拖动系统中，由于生产工艺的要求，往往需要使电动机停转，或者由高速运行迅速转为低速运行，为此需要对电动机进行制动。此外，对于具有位能转矩的生产机械，如提升机下放重物，电动机的旋转方向与负载位能转矩的方向一致，为了限制过高的下放速度，获得稳定的下放速度，也需要对电动机进行制动。

要使电力拖动系统停车，最简单的方法是断开电枢电源，称为自由停车，这种制动减速仅靠很小的摩擦转矩进行，制动时间很长；如果采用机械抱闸进行制动，虽然可以加快停车过程，但使闸瓦磨损严重。对经常处于重复正、反转的拖动系统，为缩短制动时间，可采用电气制动方法，使电动机产生与转速方向相反的转矩，以加快制动减速过程。凡电动机的电磁转矩方向与旋转方向相反时，就称为电动机的制动运行。

电气制动的方法有回馈制动、能耗制动和反接制动 3 种。

1. 回馈制动

回馈制动有两种方式可以实现,即位能负载拖动电动机或降低电压减速的过程,都会产生回馈制动。

(1)由位能负载拖动电动机

在具有位能负载的拖动系统中,如提升机下放重物,电车下坡,当转速 n 增大并超过理想空载转速 n_0 时,电动机就由电动状态转变为回馈制动状态。

图 1-16 表示他励电动机拖动提升机下放重物时处于回馈制动的电路图。下放重物时,如电动机转矩 M 的方向与重物转矩 M_L 方向相同,电动机则在本身的电磁转矩 M 和负载位能转矩 M_L 的共同作用下向下放的方向加速,此时尚处于电动运行状态,如图 1-17 所示。随着转速 n 的升高,电机转矩 M 将减小,到 $n = n_0$ 时,$M = 0$。但在负载位能转矩 M_L 的带动下,电动机仍继续向下放方向加速,使转速高于理想空载转速。因为 $n > n_0$,则 $E > U$,于是

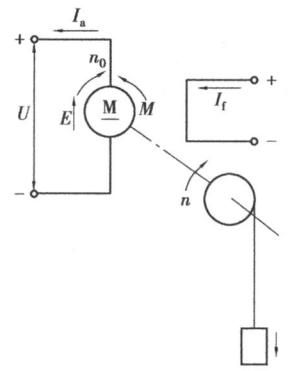

图 1-16　他励电动机回馈制动电路图　　　　图 1-17　他励电动机回馈制动特性

$$I_a = \frac{U_N - E}{R_a} < 0$$

$I_a < 0$,表示电枢电流方向改变,即电流 I_a 与电势方向相同,具有发电并向电网回馈电能的性质。因为磁通 Φ 的方向未变,所以电磁转矩 M 就随 I_a 的反向而反向。M 变得与 n 方向相反,是制动状态。既回馈又制动,故称为回馈制动。由于回馈制动不要改变电机接线,也不改变电机参数,只是在电机轴上加一个位能负载转矩,所以回馈制动的特性方程式仍为

$$n = \frac{U_N}{C_e \Phi_N} - \frac{R_a}{C_e C_m \Phi_N^2} M$$

此时转矩 M 为负值,特性处于第二象限,如图 1-17 中的 $n_0 A$ 线段所示。制动之初,制动转矩 M 小于负载转矩 M_L,电机沿 $n_0 A$ 线段加速下放,随着转速的升高,制动转矩也不断增大,到 A 点时,M 与 M_L 大小相等,方向相反,电机稳定运行于 A 点,重物匀速下放。

从图 1-17 可以看出,在相同的制动转矩作用下,电枢串电阻后,其转速增高。为了限制重物下放速度,回馈制动时,电枢中不应串入附加电阻。

(2)降低电枢电压减速

若电机原来工作在电动状态的 A 点,如图 1-18 所示,在突然降低电枢两端的电压的瞬间,由于转速来不及变化,电机工作点就沿水平方向由 A 点跃变到 B 点,电枢电势也来不及变化,这就会出现 $E > U$,电枢电流反向,转矩也反向,使电机进入回馈制动状态。在制动转矩作用下,电机迅速减速。当转速降到 $n = n_0'$ 时,制动过程结束。从 n_0' 降到 C 点又属于电动运行状态

的减速过程。

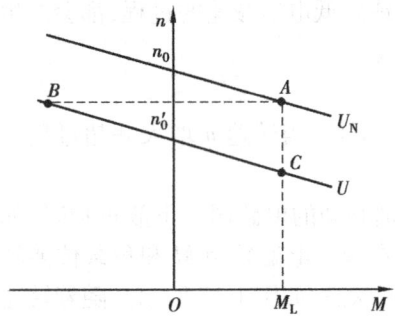

图 1-18　降低电压减速时产生
的回馈制动过程

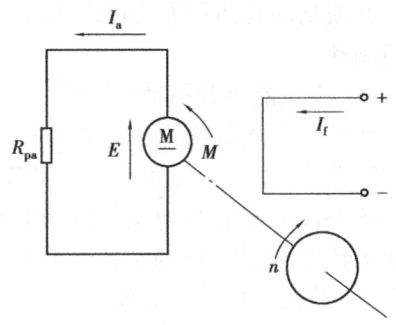

图 1-19　他励电动机能耗制动电路图

从能量的观点来看,回馈制动时,位能负载带动电动机。电机将输入的机械功率变为电磁功率(EI_a)后,大部分回馈给电网(UI_a),小部分变为电枢铜损($I_a^2R_a$),即

$$EI_a = UI_a + I_a^2R_a \tag{1-25}$$

2. 能耗制动

能耗制动接线如图 1-19 所示。

设电机原处于电动状态运行,制动时,励磁绕组仍接于电源,但将电枢两端从电源断开,并立即把它接到一个附加的制动电阻 R_{pa} 上。在这一瞬间,由于 Φ 与 n 都未变,因此 E 没有变,但电枢已切断电源,则 $U=0$,电枢电流 I_a 为电势 E 所产生,根据电压平衡方程式

$$E = I_a(R_a + R_{pa}) = 0$$

所以

$$I_a = \frac{E}{R_a + R_{pa}} < 0$$

显然,电流方向改变,转矩 M 方向也改变,成为制动转矩。在制动过程中,电机由生产机械的惯性作用带动发电,把系统的动能变为电能,消耗在电枢回路的电阻上,故称能耗制动,又叫动力制动。其功率平衡方程式是

$$EI_a = I_a^2(R_a + R_{pa}) \tag{1-26}$$

由于 $U=0$,$n_0=0$,故能耗制动特性方程式为

$$n = -\frac{R_a + R_{pa}}{C_e C_m \Phi_N^2}M \tag{1-27}$$

由式(1-27)可见,n 为正时,M 为负;$n=0$ 时,$M=0$。所以机械特性处于第二象限,并通过坐标原点,如图 1-20 所示。

设制动前电机作电动运行,工作于 A 点。制动开始时,因惯性转速不能突变,工作点移至 B 点。在制动转矩作用下,电动机减速。随着转速的减小,制动转矩也减小,当 $M=0$ 时,$n=0$,电动机停转。

如果电动机拖动位能负载,如图 1-21 所示,在正向提升过程中采用能耗制动减速,当转速制动到零时,在位能负载的作用下,电机将反向加速下放。因 n 反向,E 也反向。此时 $I_a = -\left(\dfrac{-E}{R_a + R_{pa}}\right) > 0$,$M > 0$,因此 M 与 n 方向仍然相反,即仍为能耗制动,机械特性位于第四象限,

如图 1-20 所示。随着反向转速的增加,制动转矩也增大,直到 $M = M_L$ 时,转速稳定于 C 点,实现重物匀速下放。

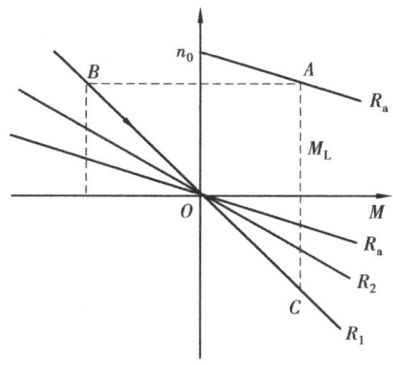
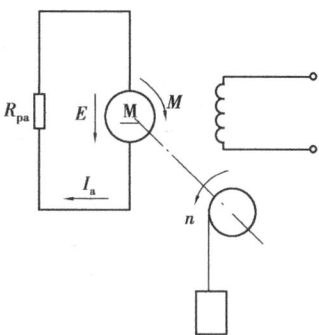

图 1-20　能耗制动特性　　　　　图 1-21　电动机带位能负载的能耗制动电路图

改变制动电阻的大小,可得到一组斜率不同的特性曲线。R_{pa} 越小,则特性斜率越小,特性曲线越平,制动转矩越大,制动作用越大。但附加电阻不能太小,否则制动电流及制动转矩会超过允许值,对电机造成很大的冲击。如果限制制动电流不超过额定电流的两倍,电枢回路的总电阻应为

$$R_a + R_{pa} \geqslant \frac{E}{2I_N}$$

当 $E \approx U_N$ 时,则可近似认为

$$\frac{E}{2I_N} \approx \frac{U_N}{2I_N}E$$

所以电枢中应串的附加电阻为

$$R_{pa} \geqslant \frac{U_N}{2I_N} - R_a \tag{1-28}$$

3. 反接制动

反接制动可以用两种方法实现,即转速反向与电枢反接。

(1)转速反向的反接制动

转速反向的反接制动电路如图 1-22 所示,它用于位能性负载,例如提升机下放重物时可以实现。

设电动机原先使重物 G 向上提升,在 A 点作电动运行,如图 1-23 所示。当电枢回路串入较大电阻时,电机转速来不及改变,而电磁转矩减小,工作点就由 A 点沿水平线移到人为特性曲线的 B 点。这时电机的电磁转矩 M 小于位能负载转矩 M_L,电机将减速,沿人为特性曲线由 B 点向 C 点变化,到 C 点时,$n = 0$,相应的转矩为 M_K。因 $M_K < M_L$,所以在重物的重力作用下,电机反向启动,即电机的转向由原来提升重物变为下放重物,转速逆着电磁转矩的方向旋转,称为转速反向。由于是位能负载倒过来拖着电动机反转,故又称倒拉反转运行。

随着转向的改变,电枢电势反向,这时

$$I_a = \frac{U_N - (-E)}{R_a + R_{pa}} = \frac{U_N + E}{R_a + R_{pa}} > 0$$

I_a 方向未变,磁通方向也未变,所以电磁转矩方向也没有改变,但转速方向改变,电机处于制动

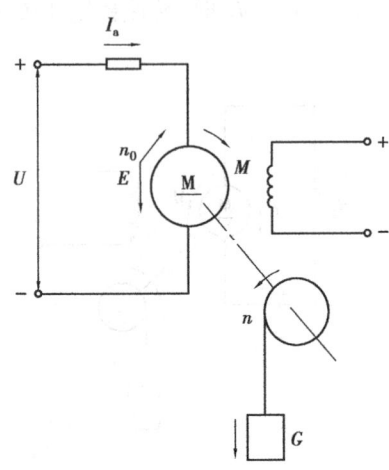

图 1-22　电动机转速反向的反接制动电路图

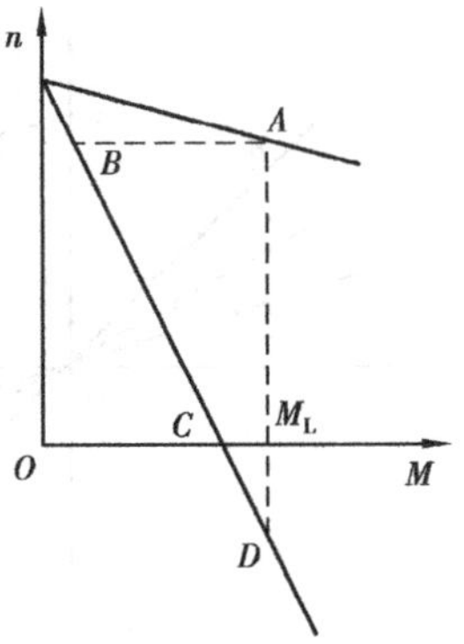

图 1-23　转速反向的反接制动特性

状态。机械特性方程式为

$$n = \frac{U_N}{C_e \Phi_N} - \frac{R_a + R_{pa}}{C_e C_m \Phi_N^2} M \qquad (1-29)$$

上式中，由于 R_{pa} 很大，其中 $\Delta n = \dfrac{R_a + R_{pa}}{C_e C_m \Phi_N^2} M > n_0$，$n$ 为负值，特性处于第四象限，是电动运行特性的延长线。制动初期，制动转矩较小，在位能转矩作用下，反向后的转速增加，E 增大，I_a 和 M 也相应增大。到 D 点时，$M = M_L$，电动机在制动状态下稳定运行，重物匀速下放。

从能量观点看，电流 I_a 与电压 U、电势 E 同方向，电机不但要从电网输入功率，还要从负载中吸取机械功率，共同消耗在电枢回路的电阻上，即

$$UI_a + EI_a = I_a^2(R_a + R_{pa}) \qquad (1-30)$$

（2）电枢反接的反接制动

电枢反接的反接制动电路如图 1-24 所示。设电动机原在电动状态下运行，如突然将电枢电源反接，使供电电压反向，则理想空载转速 n_0 反向。但由于惯性作用，电机转速 n 的方向未变，结果 n 与 n_0 方向相反，此时电枢电流为

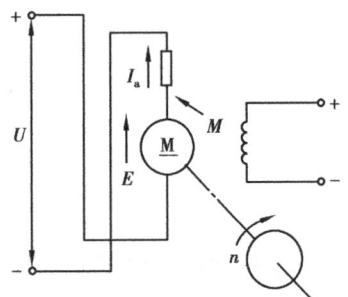

图 1-24　电枢反接的反接制动电路图

$$I_a = \frac{-U_N - E}{R_a + R_{pa}} = -\frac{U_N + E}{R_a + R_{pa}} < 0$$

I_a 方向改变，M 方向也改变，为制动转矩。机械特性方程式为

$$n = -\frac{U_N}{C_e \Phi_N} - \frac{R_a + R_{pa}}{C_e C_m \Phi_N^2} M \qquad (1-31)$$

由上式可见，n_0 为负值，M 亦为负值，机械特性位于第二象限，如图 1-25 所示。如电动机原来工作在电动状态的 A 点，现将电枢串入电阻，并突然反接，则电磁转矩变为 $-M_B$，转速不突变，$n_B s = n_A$，工作点由 A 点移到 B 点，处于反接制动。制动电流 $I_a = \dfrac{-U_N - E}{R_a + R_{pa}}$，其大小取决于 U_N 与 E 之和，制动电流非常大，产生强烈的制动作用，使电机沿特性 BC 迅速减速到零。

对于反作用负载，采用电枢反接的反接制动减速，当转速 n 减到零时，如制动转矩小于负

载转矩,电机便在 C 点停车。如 $M > M_L$,则电机反向启动,进入反向电动状态,并沿特性 CD 加速到 D 点稳定运行。对于位能性负载,当转速 n 减到零时,由于电磁转矩 M 和负载的位能转矩 M_L 方向相同,在 M 与 M_L 的共同作用下,电机沿特性 CE 反向加速,最后会进入回馈制动状态,并在正点稳定运行。

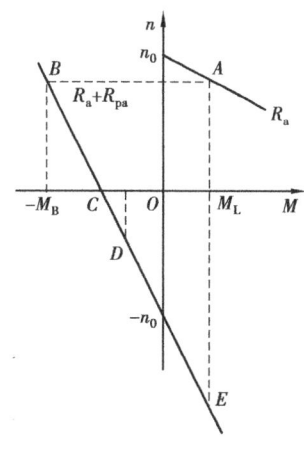

由于反接制动产生过大的电枢电流和强烈的制动作用,会引起电网电压的波动以及使系统受到很大的机械冲击。为了限制制动电流,电枢回路必须串入很大的附加制动电阻,按照最大电流不超过额定电流的两倍,可认为

$$R_a + R_{pa} \geqslant \frac{U_N + E}{2I_N} \approx \frac{2U_N}{2I_N} = \frac{U_N}{I_N}$$

图 1-25　电枢反接的反接制动特性

所以

$$R_{pa} \geqslant \frac{U_N}{I_N} - R_a \tag{1-32}$$

与式(1-28)比较,反接制动的 R_{pa} 比能耗制动的 R_{pa} 差不多大一倍,机械特性比能耗制动陡得多,因而制动作用更为强烈。

 **能力体现**

下面通过两个案例说明如何利用电动机铭牌参数和运行要求绘制机械特性曲线和确定运行条件。

案例 1-1　有一台他励直流电动机的数据为:$P_N = 40$ kW,$U_N = 220$ V,$I_N = 212$ A,$n_N = 750$ r/min。试绘制:(1)固有机械特性;(2)磁通为 $0.8\Phi_N$ 时的人为机械特性。

解:(1)绘制固有机械特性

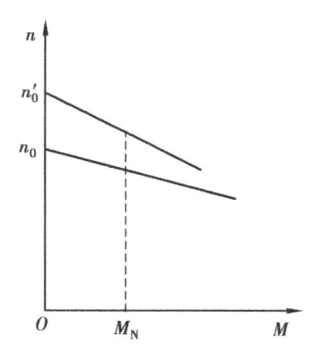

$$R_a = \frac{U_N I_N - P_N}{2I_N^2} = \frac{220 \times 212 - 40 \times 10^3}{2 \times 212^2} = 0.074 \text{ (}\Omega\text{)}$$

$$C_e\Phi_N = \frac{U_N - I_N R_a}{n_N} = \frac{220 - 212 \times 0.074}{750} = 0.272$$

$$n_0 = \frac{U_N}{C_e\Phi_N} = \frac{220}{0.272} = 808 \text{ (r/min)}$$

$$C_m\Phi_N = 9.55 C_e\Phi_N = 9.55 \times 0.272 = 2.598$$

$$M_N = C_m\Phi_N I_N = 2.598 \times 212 = 550 \text{ (N·m)}$$

图 1-26　案例 1-1 的机械特性

通过理想空载点($M = 0$,$n_0 = 808$ r/min)与额定点($M_N = 550$,$n_N = 750$ r/min)即可绘出固有机械特性,如图 1-26 所示。

(2)绘制 $\Phi = 0.8\Phi_N$ 时的人为特性

$$n_0' = \frac{U_N}{0.8 C_e\Phi_N} = \frac{220}{0.8 \times 0.272} = 1\,010 \text{ (r/min)}$$

$$\Delta n = \frac{R_a}{C_e C_m \Phi_N^2} M_N = n_0 - n_N = 808 - 750 = 58 \ (\text{r/min})$$

$$\Delta n' = \frac{R_a}{C_e C_m (0.8\Phi_N)^2} M_N = \frac{\Delta n}{0.8^2} = \frac{58}{0.64} = 90 (\text{r/min})$$

$$n'_N = n'_0 - \Delta n' = 1\,010 - 90 = 920 (\text{r/min})$$

通过点$(M = 0, n'_0 = 1\,010 \ \text{r/min})$与点$(M_M = 550, n'_N = 920 \ \text{r/min})$即可绘出人为机械特性,如图 1-26 所示。

案例 1-2 有一台他励直流电动机的数据为:$P_N = 100 \ \text{kW}, U_N = 220 \ \text{V}, I_N = 475 \ \text{A}, n_N = 475 \ \text{r/min}$。试求在 n_N 下进行能耗制动时串接的制动电阻值,并绘制机械特性曲线。

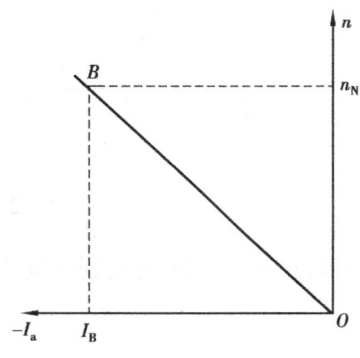

图 1-27 案例 1-2 的机械特性

解:(1)求制动电阻

根据最大制动电流不超过 $2I_N$ 的要求,即

$$I_B = 2I_N = 2 \times 475 = 950 (\text{A})$$

$$R_a = \frac{U_N I_N - P_N}{2I_N^2} = \frac{220 \times 475 - 100 \times 10^3}{2 \times 475^2} = 0.01(\Omega)$$

$$R_{pa} = \frac{U_N}{2I_N} - R_a = \frac{220}{2 \times 475} - 0.01 = 0.221(\Omega)$$

(2)绘制机械特性曲线

$$C_e \Phi_N = \frac{U_N - I_N R_a}{n_N} = \frac{220 - 475 \times 0.01}{475} = 0.453$$

$$C_m \Phi_N = 9.55 C_e \Phi_N = 9.55 \times 0.453 = 4.326$$

因能耗制动是一条位于第二象限并通过原点的直线,制动开始点的转速 $n_N = 475 \ \text{r/min}$,电流 $I_B = -950 \ \text{A}$,故

$$M_B = C_m \Phi_N I_B = 4.326 \times (-950) = -4\,110(\text{N} \cdot \text{m})$$

通过点$(-4\,110, 475)$与原点即可绘出能耗制动机械特性,如图 1-27 所示。

 操作训练

序 号	训练内容	训练要点
1	直流他励电动机固有机械特性	理想空载点、斜率、曲线基本特点。
2	直流他励电动机人为机械特性	电枢串电阻时的变化规律; 改变电枢电压时的变化规律; 改变磁场大小时的变化规律。
3	电气制动方法	各种制动方法的实现、性能特点。

任务评价

序 号	考核内容	考核项目	配 分	得 分
1	直流他励电动机固有机械特性	通过一个实际的提升系统设备分析计算理想空载点和斜率。	25	
2	直流他励电动机人为机械特性	通过一个实际的提升系统,根据提升速度的不同要求,分析计算如何采取措施满足要求。	35	
3	制动状态的分析	通过一个实际的提升系统,根据制动的要求,分析计算如何采取措施满足要求。	25	
4	遵章守纪		15	

任务 4 矿用电机车串励直流电动机的机械特性

知识点及目标

本任务重点分析串励直流电动机各种机械特性的特点和制动性能,通过学习能更好地认识和掌握该电动机的牵引特性。

能力点及目标

能根据串励直流电动机的铭牌参数和性能要求分析计算出实现该性能的外在条件和参数大小。

任务描述

串励直流电动机在矿山运输机车中得到广泛应用,对其性能特点的分析有助于正确、安全、合理地使用串励电机车。

任务分析

通过对其机械特性曲线的分析,认识串励直流电动机在负载变化时的速度自动调节、过载能力、启动能力等方面的特点,以及电气制动方法和性能。此外,掌握由电动机铭牌参数来绘制机械特性曲线,为启动、调速、制动等性能的分析打下良好的基础。

相关知识

串励直流电动机的电路如图 1-28 所示。图中 R_a 为电枢绕组电阻,R_{pa} 为电枢回路串接的

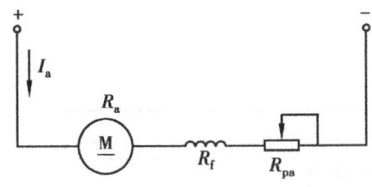

图 1-28 串励直流电动机电路图

附加电阻，R_f 为励磁绕组电阻。因励磁绕组线径粗，匝数少，所以励磁绕组的电阻值很小。

串励电动机的电枢电流 I_a 就是励磁电流，磁通 Φ 随电枢电流变化，两者的关系为 $\Phi = f(I_a)$，这就是串励直流电动机与他励直流电动机的主要区别。

一、机械特性方程式

串励直流电动机的电压平衡方程式为

$$U = E + I_a(R_a + R_f) \tag{1-33}$$

电磁转矩为

$$M = C_m \Phi I_a \tag{1-34}$$

反电势为

$$E = C_e \Phi n \tag{1-35}$$

由上述 3 个基本方程式可以求出和他励直流电动机形式上相同的特性方程。以电流 I_a 表示的转速特性方程式为

$$n = \frac{U - I_a R}{C_e \Phi} \tag{1-36}$$

以转矩 M 表示的机械特性方程式为

$$n = \frac{U}{C_e \Phi} - \frac{R}{C_e C_m \Phi^2} M \tag{1-37}$$

式中 $R = R_a + R_f + R_{pa}$，为电枢电路总电阻。

在式(1-36)、式(1-37)中，磁通 Φ 是电枢电流 I_a 的函数，它们的关系可用电机磁路的磁化曲线说明，如图 1-29 所示。因磁化曲线不能用准确的公式表示，故方程式(1-36)与式(1-37)是非线性关系，不能用解析方法表示。

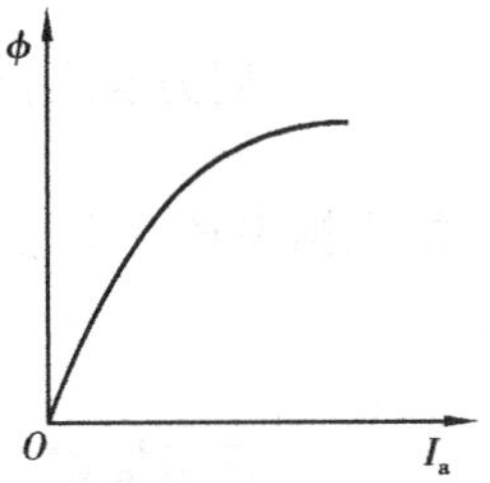

二、固有机械特性

固有特性是指当电压 $U = U_N$，电枢没有附加电阻时的特性，其固有转速特性方程式为

$$n = \frac{U - I_a(R_a + R_f)}{C_e \Phi} \tag{1-38}$$

图 1-29 串励直流电动机磁化曲线

由磁化曲线可知，串励电动机当磁路未饱和时，磁通与电流成线性关系，即

$$\Phi = K I_a \tag{1-39}$$

此时电机转矩可表示为

$$M = C_m \Phi I_a = C_m K I_a^2 = C I_a^2 \tag{1-40}$$

将式(1-39)代入式(1-38)，得

$$n = \frac{U_N}{C_e K I_a} - \frac{R_a + R_f}{C_e K I_a} I_a = \frac{a}{I_a} - B \tag{1-41}$$

式中　$a = \dfrac{U_N}{C_e K}$——常数；

$B = \dfrac{R_a + R_f}{C_e K}$——常数。

式(1-41)表明,串励直流电动机的转速特性是一条双曲线,其渐近线为 $I_a = 0$ 和 $n = -B$ 两条直线,如图 1-30 所示。

再把式(1-40)代入式(1-41),可得串励电动机的机械特性,即

$$n = \dfrac{a}{\sqrt{\dfrac{M}{C}}} - B = \dfrac{A}{\sqrt{M}} - B \tag{1-42}$$

式中　$A = a\sqrt{C} = \dfrac{U_N \sqrt{C}}{C_e K}$——常数。

式(1-42)表明,磁路未饱和时,$n = f(M)$ 接近于双曲线。

由磁化曲线看出,当 I_a 增大到磁路饱和时,$\varPhi$ 等于常数。因 $M = C_m \varPhi_N I_a$,则 M 与 I_a 成正比,机械特性可近似地认为是一条斜直线。

实际上,电机的磁化曲线是连续变化的,因此串励电动机的机械特性是由轻载时的双曲线随负载增加而逐渐趋向于一条直线,如图 1-31 所示。

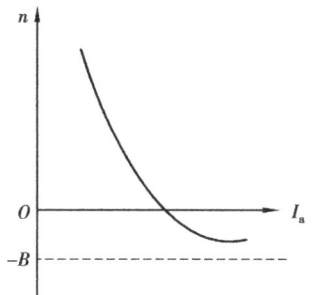

图 1-30　串励直流电动机转速特性　　　　图 1-31　串励直流电动机机械特性

应当指出,通过式(1-41)和式(1-42)得到的机械特性,只能对串励电动机进行定性的分析。

由机械特性可知,串励电动机实质上不存在理想空载转速。电机空载时,I_a 接近于零,主极磁通只有很小的剩磁,n_0 必将超过额定转速很多倍,造成电机的损坏,这是不允许的。因此串励电动机不容许空载运行,也不能用皮带传动,以免因皮带断开或脱落时电机发生飞车危险。

由机械特性可以看出,电机负载增加时,转速降落较大,特性呈"软"特性。这种特性称为牵引特性,它适用于起重运输设备。如矿用电机车采用串励电动机拖动,当负载增加时,转速自动降低,起到安全保护作用。

三、人为机械特性

串励直流电动机可以采用在电枢回路中串接附加电阻、降低电源电压以及改变磁通等方法获得各种人为特性。

1. 电枢串接附加电阻的人为特性

供电电压为额定值时,电枢串附加电阻的人为特性方程式为

$$n = \frac{U_N}{C_e\Phi} - \frac{R_a + R_f + R_{pa}}{C_eC_m\Phi^2}M \tag{1-43}$$

与固有特性比较,串接 R_{pa} 后,I_a 和 Φ 未变,但电阻压降增大。由 $E = U - I_a(R_a + R_f + R_{pa})$ 可知,在相同的负载电流下,反电势变小,转速降低。故人为特性在固有特性的下边,其形状与固有特性相似,如图 1-32 所示。

2. 降低电源电压的人为特性

电枢不串附加电阻,降低电源电压的特性方程式为

$$n = \frac{U}{C_e\Phi} - \frac{R_a + R_f}{C_eC_m\Phi^2}M \tag{1-44}$$

人为特性如图 1-33 所示。在相同的电枢电流 I_a 和电磁转矩 M 下,降低电压 U 后,电机转速 n 降低,但特性硬度未变。故人为特性由固有特性平行下移。

3. 励磁绕组并联分路电阻的人为特性

电路如图 1-34 所示。励磁绕组未并联 R_b 时,$I_f = I_a$。励磁绕组并联 R_b 后,$I_f = \frac{R_b}{R_b + R_f}$,即 $I_f < I_a$,磁通减弱。机械特性位于固有特性的上面,如图 1-35 中曲线 2 所示。与固有特性 1 比较,它的机械特性显得更"软"。

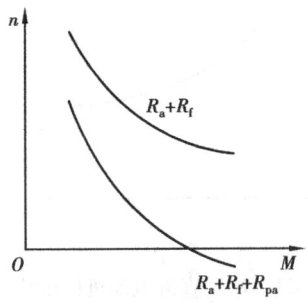

图 1-32　串励直流电动机
电枢串电阻的人为特性

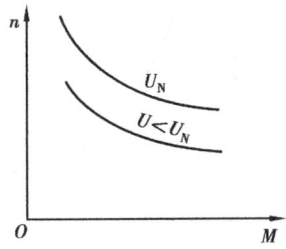

图 1-33　串励直流电动机
降低电源电压的人为特性

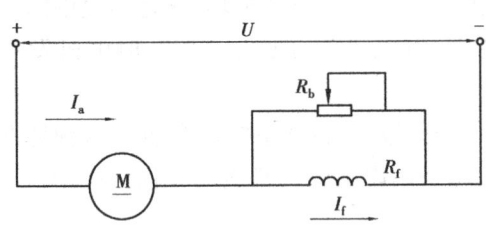

图 1-34　串励直流电动机励磁绕组
并联分路电阻的电路图

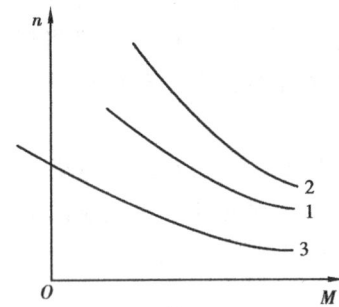

图 1-35　串励电动机
改变磁通的人为特性

4. 电枢绕组并联分路电阻的人为特性

电路如图 1-36 所示。当电枢两端并联分路电阻 R_b 后，则 $I_f = I_a + I_b$，磁通增加。同时，由于 I_b 在电阻 R_{pa} 上引起附加电压降，使电枢两端电压降低，导致转速大大降低，机械特性位于固有特性之下，如图 1-35 中曲线 3 所示。特性硬度较大，有理想空载转速。

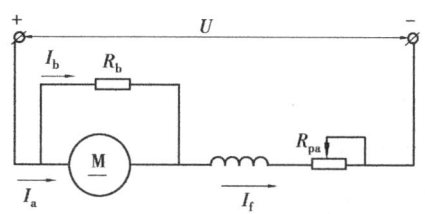

图 1-36　串励电动机电枢绕组并联分路电阻的电路图

四、电气制动方法

串励电动机有两种制动状态：能耗制动与反接制动。在正常接线情况下不能实现回馈制动，因为串励电动机的理想空载转速为无穷大，电动机的反电势 E 无法超过电网电压 U。

1. 能耗制动

实现能耗制动时，可以将励磁绕组接成自励方式，也可接成他励方式。

（1）自励能耗制动

自励能耗制动是将具有一定转速的电动机的电枢由电源断开，用附加电阻将电枢与励磁绕组接通。应该注意，自励能耗制动是靠剩磁自励的，在联接励磁绕组时，必须保持励磁电流的方向和制动前相同，使励磁电流产生的磁通对剩磁起助磁作用，如图 1-37 所示，否则不能产生制动转矩。

将电动状态的电路断开接成能耗制动电路时，剩磁磁通方向未变，电机因惯性继续旋转，切割剩磁磁通而产生电动势。在电动势的作用下，使电枢电流改变方向，故转矩 M 亦改变方向，M 为制动转矩。机械特性如图 1-38 所示。由图可知，在制动中，高速时制动转矩大，低速时制动转矩小，延迟了制动时间。

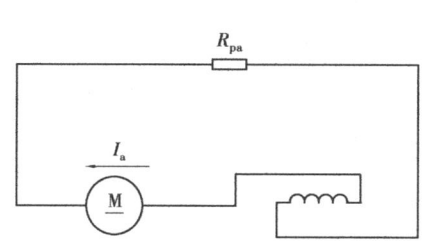

图 1-37　串励电动机自励能耗制动电路图

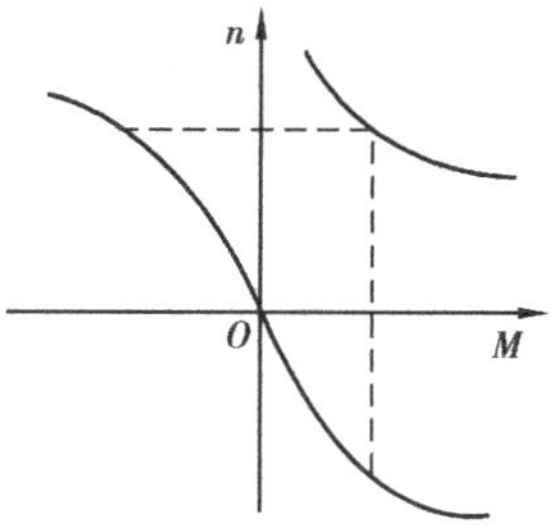

图 1-38　串励电动机自励能耗制动特性

自励能耗制动不需要外接励磁电流，因而可以在断电事故状态下进行安全制动。矿用电机车的串励电动机采用此种制动。

（2）他励能耗制动

他励能耗制动是在制动时将电枢绕组脱离电源接到电阻上，而励磁绕组仍接在电源上，形成他励。由于励磁绕组电阻很小，要在励磁回路中接入附加的限流电阻 r_{pf}，如图 1-39 所示。

这时的工作状态与他励电动机能耗制动一样，其机械特性为通过原点的斜直线，如图 1-40 所示。由图可知，当电机从 A 点开始进入他励能耗制动后，电机沿 BO 线减速，直到转速为零。若是位能负载，由于位能负载转矩的作用，使电机反转，最后在 C 点稳定运行，实现低匀速下放,以防止超速。

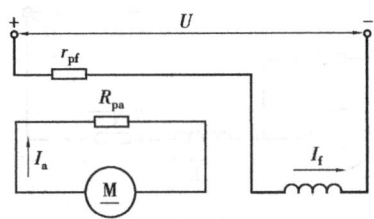

图 1-39 串励电动机他励能耗制动电路图

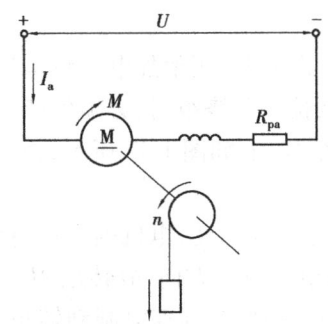

图 1-40 串励电动机他励能耗制动特性

2. 反接制动

串励电动机的反接制动有两种,即用于位能负载的转速反向反接制动(见图 1-41)和电枢反接的反接制动(见图 1-42)。

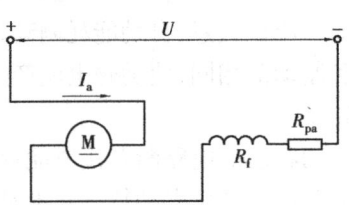

图 1-41 串励电动机转速反向反接制动电路图　　图 1-42 串励电动机电枢反接反接制动电路图

串励电动机反接制动的物理现象与他励电动机相同,转速反向的机械特性为电动状态人为特性在第四象限的延长线,如图 1-43 所示,电枢反接的特性则在第二象限,如图 1-44 所示。

必须指出,为了得到反向的转矩,磁通 Φ 与电流 I_a 只能有一个改变方向,通常是改变 I_a 的方向,即反接电枢,而励磁电流 I_f 及磁通 Φ 仍维持原来方向。反接制动时,电枢回路必须串入足够大的附加电阻,以限制制动电流。

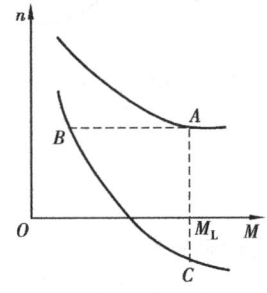

图 1-43 串励电动机转速反向特性

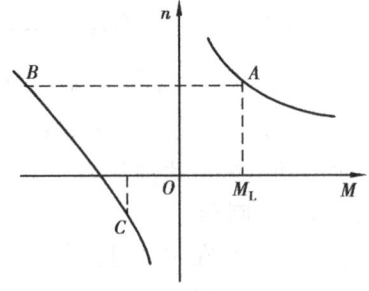

图 1-44 串励电动机电枢反接特性

操作训练

序 号	训练内容	训练要点
1	直流串励电动机固有机械特性	理想空载点、斜率、曲线基本特点。
2	直流串励电动机人为机械特性	电枢串电阻时的变化规律； 改变电枢电压时的变化规律； 改变磁场大小时的变化规律。
3	电气制动方法	各种制动方法的实现、性能特点。

 **任务评价**

序 号	考核内容	考核项目	配 分	得 分
1	直流串励电动机固有机械特性	通过一个实际的电机车系统分析计算理想空载点和斜率。	25	
2	直流串励电动机人为机械特性	通过一个实际的电机车系统，根据电机车速度的不同要求，分析计算如何采取措施满足要求。	35	
3	制动状态的分析	通过一个实际的电机车系统，根据制动的要求，分析计算如何采取措施满足要求。	25	
4	遵章守纪		15	

任务5 矿山机械设备常用电动机的机械特性

 **知识点及目标**

本任务主要分析异步电动机机械特性的性能，如何根据需要改善其性能以及运用其性能实现运行中的制动要求。

 **能力点及目标**

应能根据负载的需要和电动机的铭牌参数定量计算电动机的运行参数和运行状态，能根据制动单独需要合理选择电气制动的方法。

 **任务描述**

异步电动机是目前煤矿井下使用最广泛的电动机,掌握好该电动机的运行性能对在使用中合理进行启动、调速、正反转、制动等均具有重要意义。

 **任务分析**

异步电动机的机械性能是通过机械特性来反映的,分析其机械特性的变化规律以及特性曲线上的特殊点对掌握其运行特性是主要任务。此外,根据负载的需要改善其运行性能体现了对电动机的合理利用。

 **相关知识**

异步电动机的工作原理是在定子中通入三相交流电流,产生旋转磁场,依靠电磁感应作用,使转子绕组感生电流,产生电磁转矩,从而实现拖动作用。

所谓"异步"是指电机转速 n 低于旋转磁场转速(同步转速 n_0),转子与旋转磁场之间存在相对运动,这是异步电动机工作的关键。

旋转磁场的转速为

$$n_0 = \frac{60f}{p} \tag{1-45}$$

式中　f——电网频率;

　　　P——电机磁极对数。

电动机的转差率为

$$s = \frac{n_0 - n}{n_0} \tag{1-46}$$

异步电动机结构简单,制造方便,运行可靠,价格低廉,广泛应用于矿山电力拖动系统。

一、机械特性方程式

因异步电动机的转速与转差率存在式(1-46)的关系,所以异步电动机的机械特性除用 M 与 n 的函数形式表示外,也可以用 M 与 s 的函数形式表示。

由于异步电动机 M 与 n 的机械特性呈非线性关系,在分析机械特性表达式时,把转速 n(或转差率 s)作为自变量,把电磁转矩 M 作为因变量,写成 $M=f(n)$ 或 $M=f(s)$ 更为方便。不过,画特性曲线时,习惯上仍以横坐标为 M,纵坐标为 n(或 s)。

异步电动机的机械特性有 3 种表达形式。

1. 物理表达式

$$M = C_m \Phi I_2' \cos \varphi_2 \tag{1-47}$$

式中　C_m——异步电动机转矩系数;

　　　Φ——异步电动机每极磁通;

　　　I_2'——转子电流折算值;

　　　$\cos \varphi_2$——转子回路的功率因数。

$$C_{\mathrm{m}} = \frac{m_1 p N_1 K_1}{\sqrt{2}} \qquad (1-48)$$

式中　m_1——定子绕组相数；

　　　N_1——定子每相串联匝数；

　　　K_1——定子绕组系数。

$$I_2' = \frac{E_2'}{\sqrt{\left(r_1 + \dfrac{r_2'}{s}\right)^2 + (x_1 + x_2')}} \approx \frac{E_2'}{\sqrt{\left(\dfrac{r_2'}{s}\right)^2 + (x_1 + x_2')}} \qquad (1-49)$$

式中　E_2'——转子电势折算值；

　　　r_1, x_1——定子绕组每相的电阻和漏抗；

　　　r_2', x_2'——转子绕组每相电阻和漏抗的折算值。

$$\cos \varphi_2 = \frac{r_2'}{\sqrt{(r_2')^2 + s^2 (x_1 + x_2')^2}} = \frac{r_2'/s}{\sqrt{\left(\dfrac{r_2'}{s}\right)^2 + (x_1 + x_2')^2}} \qquad (1-50)$$

结合式(1-47)、式(1-49)与式(1-50)可以看出 M 与 s 有关。式(1-47)反映了在不同的转速时，M 与 $\varPhi$ 及转子电流有功分量 $I_2' \cos \varphi_2$ 间的关系，因此它是机械特性的一种表现形式。在物理上，这 3 个量的方向必须遵循左手定则，故称为物理表达式。用它分析异步电动机在各种运行状态下的转矩 M 与磁通 $\varPhi$ 及转子电流有功分量 $I_2' \cos \varphi_2$ 间的方向关系比较方便。

2. 参数表达式

物理表达式不能直接反映异步电动机转矩与电机一些参数的关系，为此需要知道机械特性的参数表达式。

根据电机学知识可以推导出异步电动机机械特性的参数表达式为

$$M = \frac{3p}{2\pi} \frac{U_1^2}{f_1} \frac{r_2'/s}{\sqrt{\left(r_1 + \dfrac{r_2'}{s}\right)^2 + (x_1 + x_2')^2}} \qquad (1-51)$$

当电机磁极对数 p 不变并忽略定子相电阻 r_1 时，式(1-51)可简写为

$$M = A \frac{U_1^2}{f_1} \frac{r_2'/s}{\sqrt{\left(\dfrac{r_2'}{s}\right)^2 + (x_1 + x_2')^2}} \qquad (1-52)$$

或

$$M = A \frac{U_1^2}{f_1} \frac{s r_2'}{\sqrt{(r_2')^2 + s^2 (x_1 + x_2')^2}} \qquad (1-53)$$

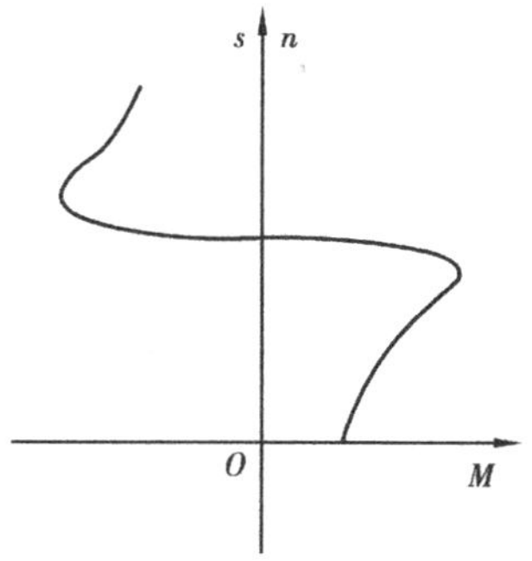

式(1-52)给出了以转差率 s 表示的异步电动机机械特性的参数表达式。当 r_1, x_1, x_2 给定后，可绘出 $M = f(s)$ 曲线，习惯上将机械特性曲线绘制成 $s = f(M)$，如图 1-45 所示。

图 1-45　异步电动机机械特性

由式(1-52)可知，当 x, x_2, f_1, U_1 恒定时，在给定某个转矩的条件下，r_2'/s 比值为一常数，表明转差率 s 与转子回路电阻折算值成正比，即

$$\frac{r'_2}{s} = \frac{r'_2 + r'_f}{s}$$

因为

$$r'_2 = K^2 r_2$$

式中 K——变比。

所以

$$\frac{r_2}{s} = \frac{r_2 + r_f}{s'} \tag{1-54}$$

式(1-54)说明,当转矩一定时,转差率与转子回路电阻成正比,也可以说在同一转矩下,转子电阻之比等于转差率之比。

式(1-52)为二次方程式,故在某一转差率 s_m 时,转矩有一最大值 M_m,称为异步电动机的最大转矩。

s_m 是产生最大转矩 M_m 时对应的转差率,称为临界转差率。将式(1-51)对转差率 s 求导数,并让 $\frac{dM}{ds} = 0$,即可求得

$$s_m = \pm \frac{r'_2}{\sqrt{r_1^2 + (x_1 + x'_2)^2}} \tag{1-55}$$

将式(1-55)代入式(1-51),得最大转矩为

$$M_m = \pm A \frac{U_1^2}{f_1} \frac{1}{2\left[\pm r_1 + \sqrt{r_1^2 + (x_1 + x'_2)^2}\right]} \tag{1-56}$$

式中,正号表示电动运行状态,负号适用于发电运行状态。

通常 $r_1 \ll x_1 + x'_2$,r_1^2 值不超过 $(x_1 + x'_2)^2$ 的 5%,故 r_1 可以忽略,上述二式可近似地写成

$$s_m \approx \pm \frac{r'_2}{x_1 + x'_2} \tag{1-57}$$

$$M \approx \pm A \frac{U_1^2}{f_1} \frac{1}{2x_1 + x'_2} \tag{1-58}$$

由式(1-57)与式(1-58)可知:

①当电机各参数及电源频率不变时,M_m 与 U_1^2 成正比,s_m 与 U_1 无关;

②当电源频率及电压不变时,s_m 和 M_m 都与 $x_1 + x'_2$ 近似地成反比;

③s_m 与 r'_2 成正比,M_m 则与 r'_2 无关。

异步电动机还有一个重要参数,即启动转矩 M_{st},它是异步电动机开始启动时的电磁转矩。因为此时 $n = 0$,$s = 1$,代入式(1-52),得

$$M_{st} \approx A \frac{U_1^2}{f_1} \frac{r'_2}{(r'_2)^2 + (x_1 + x'_2)^2} \tag{1-59}$$

对于绕线型异步电动机,转子回路可串接附加电阻 r_{pa},此时公式为

$$M_{st} \approx A \frac{U_1^2}{f_1} \frac{r'_2 + r_{pa}}{(r'_2 + r_{pa})^2 + (x_1 + x'_2)^2} \tag{1-60}$$

由式(1-60)可见,启动转矩仅与电机本身参数及电源有关,与负载无关。在转子回路串入一定的附加电阻 r_{pa},可以增大启动转矩,改善启动性能。

3. 实用表达式

参数表达式对于分析转矩与电机参数间的关系是很有用的。但是,由于定子与转子参数 r_1,x_1,r_2' 及 x_2' 未记入电机的产品目录,用参数表达式来绘制机械特性或进行分析计算很不方便,希望能用电机的一些技术参数和额定数据来绘制机械特性,为此导出只与外部运行参数有关的实用表达式。

将式(1-51)除以式(1-56),并考虑式(1-55),忽略 r_1,经整理后得

$$M = \frac{2M_\mathrm{m}}{\dfrac{s_\mathrm{m}}{s} + \dfrac{s}{s_\mathrm{m}}} \tag{1-61}$$

式(1-61)说明了 M 与 s 的关系,用它来进行特性的计算与绘制,方便实用,故称为实用表达式。式中的 M_m 与 s 可从电机产品目录中查出的数据求得。

电动机的最大转矩 M_m 与额定转矩 M_N 之比,表示了电机的过载性能。

$$\frac{M_\mathrm{m}}{M_\mathrm{N}} = \lambda_\mathrm{m}$$

所以

$$M_\mathrm{m} = \lambda_\mathrm{m} M_\mathrm{N} \tag{1-62}$$

式中 λ_m——电机过载系数,载于电机产品目录中。

$$M_\mathrm{N} = 9\,550\frac{p_\mathrm{N}}{n_\mathrm{N}}$$

当 $s = s_\mathrm{N}$ 时,$M = M_\mathrm{N}$,代入式(1-61),得

$$M_\mathrm{N} = \frac{2M_\mathrm{m}}{\dfrac{s_\mathrm{N}}{s_\mathrm{m}} + \dfrac{s_\mathrm{m}}{s_\mathrm{n}}}$$

$$\frac{2}{\dfrac{s_\mathrm{N}}{s_\mathrm{m}} + \dfrac{s_\mathrm{m}}{s_\mathrm{n}}} = \frac{M_\mathrm{N}}{M_\mathrm{m}} = \frac{1}{\lambda_\mathrm{m}}$$

$$\frac{s_\mathrm{m}}{s_\mathrm{N}} + \frac{s_\mathrm{N}}{s_\mathrm{m}} - 2\lambda_\mathrm{m} = 0$$

$$\frac{s_\mathrm{m}^2}{s_\mathrm{n}} - 2\lambda_\mathrm{m} s_\mathrm{m} + s_\mathrm{N} = 0$$

解得 $$s_\mathrm{m} = s_\mathrm{N}(\lambda_\mathrm{m} \pm \sqrt{\lambda_\mathrm{m}^2 - 1}) \tag{1-63}$$

实际情况是 $s_\mathrm{m} > s_\mathrm{N}$,故上式取正号。

一般异步电动机在额定负载范围内运行,它的转差率很小,$\dfrac{s}{s_\mathrm{m}} \ll \dfrac{s_\mathrm{m}}{s}$,如忽略 $\dfrac{s}{s_\mathrm{m}}$,式(1-61)可简化为

$$M = \frac{2M_\mathrm{m}}{s_\mathrm{m}}s \tag{1-64}$$

式(1-64)为机械特性的近似计算公式。经过上述简化,使异步电动机的机械特性呈线性变化关系,称为特性的工作部分,使用更为方便。

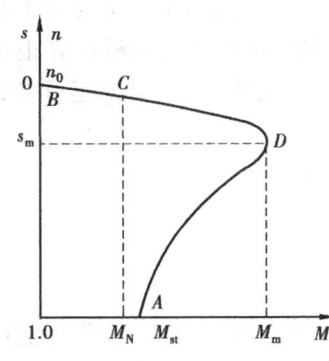

图 1-46　异步电动机固有机械特性

应用近似计算公式时,其临界转差率可用 $s = s_N$,$M = M_N$ 代入式(1-64)求得。

$$s_m = 2\lambda_m s_N \qquad (1\text{-}65)$$

二、固有机械特性

固有机械特性是指电动机工作在额定电压与额定频率下,按规定的接线方式接线(如接成星形或三角形),定、转子回路不外接电阻(电抗或电容)时所获得的特性曲线。图 1-46 所示为电动状态的固有机械特性,图中有 4 个反映电机工作的特殊运行点。

①启动点 A:特点是 $n = 0(s = 1)$,$M = M_{st}$;
②同步点 B:特点是 $n = n_0(s = 0)$,$M = 0$;
③额定点 C:特点是 $n = n_N(s = s_N)$,$M = M_N$;
④临界点 D:特点是 $s = s_m$,$M = M_m$。

三、人为机械特性

由机械特性参数表达式可知,除了自变量 s 和因变量 M 外,若改变电机的某一个参数或电源的一个参数,可得到不同的人为特性。下面仅分析两种人为特性。

1. 转子串三相对称附加电阻的人为特性

在绕线型异步电动机转子回路内三相分别串接同样大小的电阻 r_{pa},由式(1-52)、式(1-57)及式(1-58)可知,串接 r_{pa} 后,特性的形状不变,n_0 不变,M_m 也不变,s_m 则随 r_{pa} 的增加而增长。由式(1-60)可知,M_{st} 亦随 r_{pa} 改变。开始 M_{st} 随 r_{pa} 的增加而增大,当 $r_2' + r_{pa}' = x_1 + x_2'$ 时,$s_m = \dfrac{r_2' + r_f'}{x_1 + x_2'} = 1$,$M_{st} = M_m$。如 r_{pa} 再继续增加,则 M_{st} 将开始减小。如图 1-47 所示,人为特性为通过 n_0 的一簇曲线。

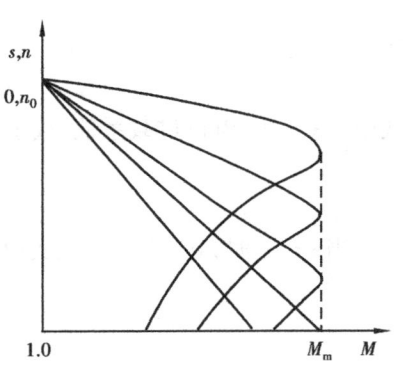

图 1-47　绕线型异步电动机
转子串对称电阻的人为特性

2. 降低定子电压的人为特性

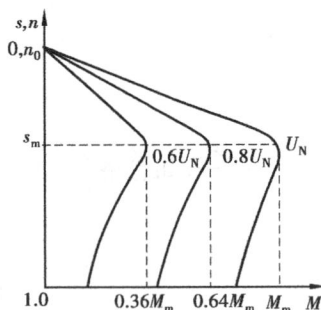

图 1-48　异步电动机降低电压的人为特性

当定子的端电压 U_1 降低时,由参数表达式可知,电动机的电磁转矩(包括最大转矩 M_m 和启动转矩 M_{st})将与 U_1^2 成正比地减小,但 s_m 因与电压无关,保持不变,n_0 也不变。降压后的转矩 M' 为

$$M' = M\left(\frac{U_1'}{U_N}\right)^2 \qquad (1\text{-}66)$$

式中　M——电压为额定值 U_N 时的转矩。

人为特性如图 1-48 所示,图中绘出了电压为0.8 U_N 及 0.6U_N 时的人为特性。

四、异步电动机的制动

异步电动机电动运行状态的特点是电动机转矩 M' 与转速 n 的方向一致,如图 1-49(a)所示。

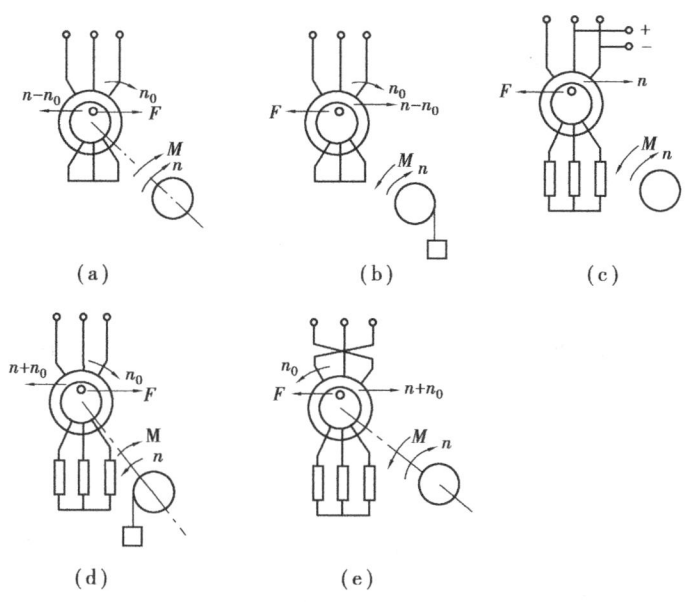

(a)　　　　　(b)　　　　　(c)

(d)　　　　　(e)

图 1-49　绕线型异步电动机各种运行状态

在电动状态下, $n < n_0$,由式(1-46)可知,这时 $0 \leqslant s \leqslant 1$,转子对定子旋转磁场的相对速度为 $n_0 - n$,方向朝左。由右手定则确定感应电势 E_2 及转子电流有功分量 $I'_2 \cos \varphi_2$ 的方向是垂直于纸面向外。再由左手定则确定带流转子在磁场中所受电磁力 F 的方向是朝右,从而确定电磁转矩 M 的方向是与转速 n 方向相同, M 为拖动转矩,以带动负载。机械特性位于第一象限或第三象限,如图 1-50 所示。图中曲线 1 为正转电动运行状态,曲线 2 为反向运行电动状态。

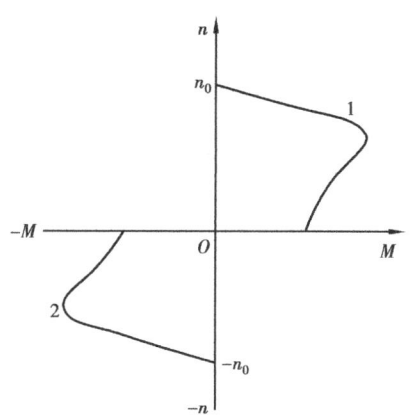

图 1-50　电动状态下异步电动机机械特性

从能量方面分析,电机的输入功率 P_1 、电磁功率 P_{em} 及输出的机械功率 P_2 分别为

$$P_1 = 3U_1 I_1 \cos \varphi \tag{1-67}$$

$$P_{em} = 3I'^2_2 \frac{r'_2}{s} \tag{1-68}$$

$$P_2 = 3I'^2_2 r'_2 \frac{1-s}{s} \tag{1-69}$$

电动运行时,电动机从电网吸取电能,输出机械能。其功率关系为 $P_1 > 0, P_{em} > 0, P_2 > 0$ 。制动运行状态有 3 种,其共同特点是:电动机转矩 M 与转速 n 方向相反, M 为制动转矩,

以实现制动。此时电机由轴上吸取机械能,并转换为电能。

笼型异步电动机与绕线型异步电动机的制动状态相同,但由于笼型电动机的制动运行性能较差,拖动煤矿机械的笼型电动机大都没有采用下述 3 种电气制动,故此处仅以绕线型异步电动机的接线图为例来分析制动运行状态。

1. 回馈制动

若异步电动机在电动运行状态时,由于某种原因(例如位能负载的作用),在转向不变的条件下使 $n > n_0$ 时,电机便处于回馈制动状态。

矿井提升机下放重物,如电机原来转矩方向与重物下放方向相同,则电动机在电磁转矩 M 与重物位能转矩 M_L 共同作用下很快加速。随着 n 的升高,M 将减小,当 $n = n_0$ 时,$M = 0$。由于尚有负载位能转矩的作用,电机仍朝下放方向继续加速,于是出现了 $n > n_0$,转子对定子旋转磁场的相对转速变为 $n - n_0$,方向朝右,如图 1-49(b)所示。这时转子切割磁场的方向与电动运行时相反,用右手定则确定转子感应电势及感应电流的方向是垂直于纸面向里,用左手定则指出电磁力 F 方向朝左,改变了转矩 M 的方向,使 M 与 n 方向相反,M 为制动转矩,限制了重物下放的速度。

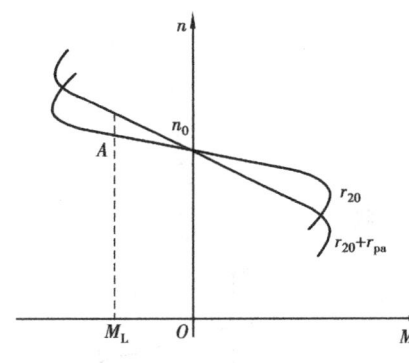

图 1-51 回馈制动机械特性

制动时,电机接线方式未变,电源及电机参数也未变,机械特性方程式与电动状态时相同。这时 n 与 n_0 同向,但因 $n > n_0$,则 $s = \dfrac{n_0 - n}{n} < 0$,$I_2' \cos \varphi_2 < 0$,$M < 0$,故特性位于第二象限。如图 1-51 所示。当制动转矩与负载位能转矩平衡时,电动机便以大于 n_0 的速度稳定运行,图中 A 点即为电机高匀速下放重物的稳定运行点。

如在转子回路中串接附加电阻,可得人为特性。但转子回路串入电阻越大,稳定的转速也越高,所以一般在回馈制动时,转子回路不串接电阻,以免转速过高。

由于转子电流 $I_2' \cos \varphi_2 < 0$,则从电动机相量图的分析得知定子电流 $I_1 \cos \varphi_1 < 0$,电机输入功率 $P_1 < 0$。同时因 $s < 0$,则电磁功率 $P_{em} < 0$,输出机械功率 $P_2 < 0$。由此可见,此时电机已成为发电机,它吸取负载的机械功率转换成电磁功率,由转子传递到定子,再向电网回馈,故为回馈制动。但在制动中,转子电流的无功分量 $I_2' \sin \varphi_2 > 0$,这说明电机仍必须从电网吸取无功电流(励磁电流),以建立旋转磁场。

2. 能耗制动

图 1-49(c)为能耗制动接线图。设电机原来在电动状态下运行,为了制动停车,将电机脱离三相交流电源,并立即在定子两相绕组内通入直流电流,在定子内形成一个不旋转的恒定直流磁场。转子因惯性继续旋转,切割此恒定磁场,从而感应出电势,产生转子电流。根据左手定则确定转子电流和恒定磁场作用所产生的转矩方向与转子转速方向相反,故是制动转矩。此时电机把原来储存的动能或重物的位能吸收后变成电能,消耗在转子电路中,所以称为能耗制动。为限制和得到不同的制动特性,在转子回路中须串接附加电阻。

定子通直流后,感应电机已成为稳极同步发电机,其负载为转子回路电阻。为了分析制动运行特性的方便,要把它看成感应发电机。为此可以用三相交流电流产生的旋转磁势 F_1 等效代替直流电流产生的直流磁势 F_{dc},也就是用一个等效的三相交流电流 I_1 代替实际的直流励

磁电流 I_{dc}。这样就可以应用电动状态时机械特性的分析方法和所得到的结论。

直流励磁电流与交流电流的等效关系与电动机定子绕组的接法以及通入直流的方式有关,假设定子一相断开,另外两相串联介入直流电时,可以证明其等效关系为

$$I_{dc} = \sqrt{\frac{3}{2}} I_1 = 1.33 I_1 \tag{1-70}$$

能耗制动的转差率为

$$s = \frac{n}{n_0} \tag{1-71}$$

因为所谓转差率是指转子对定子磁场的相对转速与同步转速之比,现定子磁场静止,相对转速就是转子本身的转速。

制动开始时,$n \approx n_0$,$s = 1$。制动结束时,$n = 0$,$s = 0$。所以 s 的变化范围为 $1 \sim 0$。

经过交流等效后,能耗制动机械特性方程式可仿照式(1-52)写出,即

$$M = A \frac{(I_1 x_m)^2}{f} \frac{r_2'/s}{\left(\dfrac{r_2'}{s}\right)^2 + (x_m + x_2')} \tag{1-72}$$

式中　　x_m——励磁电抗;

　　　　x_2'——制动开始时转子的漏抗。

临界转差率为

$$s_m = \frac{r_2'}{x_m + x_2'} \tag{1-73}$$

最大转矩为

$$M_m = A \frac{(I_1 x_m)^2}{f} \frac{1}{2(x_m + x_2')} \tag{1-74}$$

能耗制动转矩实用公式为

$$M = \frac{2 M_m}{\dfrac{s}{s_m} + \dfrac{s_m}{s}} \tag{1-75}$$

从上述公式可以看出,能耗制动机械特性具有和电动状态相似的形状,位于第二象限,如图1-52所示。

当增大转子回路电阻时,则 s_m 增大,但 M_m 不变,如图1-52中特性曲线1和3所示。如保持转子回路电阻不变,增加直流励磁电流 I_{dc},则 s_m 不变,I_1 增加,M_m 与 I_1^2 成正比增加,如图1-52中特性曲线2所示。所以调节转子回路电阻或调节直流励磁电流,可得到所需的制动特性。

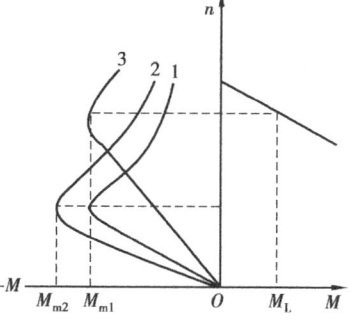

图1-52　能耗制动机械特性

采用能耗制动时,考虑到既要有较大的制动转矩,又不要使定、转子回路电流过大而引起绕组过热,根据经验,对绕线型异步电动机能耗制动所需直流励磁电流和转子串接的附加电阻可按式(1-76)和式(1-77)计算,即

$$I_{dc} = (2 \sim 3) I_0 \tag{1-76}$$

一般可取 $I_0 = (0.2 \sim 0.5)I_{1N}$

$$r_{pa} \approx (0.2 \sim 0.4)\frac{E_{2N}}{\sqrt{3}I_{2N}} \qquad (1\text{-}77)$$

式中　E_{2N}——转子堵转时,滑环间的感应电势;

　　　I_{2N}——转子额定电流。

特性曲线 1,2,3 是在假定电机磁路不饱和的情况下绘制的。如果磁路饱和,则励磁电抗 x_m 将随着 s 变化。所以要想精确计算能耗制动的机械特性,还需知道异步电动机的磁化曲线。

3. 反接制动

异步电动机的反接制动可分为定子两相反接和转速反向两种制动状态。

(1)转速反向的反接制动

接线如图 1-49(d)所示。在电动机转子回路中串接较大电阻,并按提升重物的方向接入电源。则电动机产生启动转矩 M_{st} 的方向与重物位能转矩 M_L 的方向相反,且 $M_{st} < M_L$。于是在重物转矩 M_L 的作用下,迫使电动机以与 M_{st} 相反的方向加速旋转,这就是转速反向。这时电动机的转矩 M 起着限制下放速度的作用,故为制动转矩。

转速反向后,$n_0 > 0$,$n < 0$,则 $s = \dfrac{n_0 - (-n)}{n_0} > 1$,$I_2' \cos\varphi_2 > 0$,$M > 0$,故机械特性位于第四象限,是电动运行机械特性的延长线,如图 1-53 所示。随着反向转速的增加,制动转矩 M 也增大,直到 $M = M_L$ 时,转速稳定于 $-n_B$,重物匀速下放。

(2)定子两相反接的反接制动

设电机原在电动状态下稳定运行,为了迅速停车或反向,突然将定子两相反接,使定子相序改变,旋转磁场方向改变,$n_0 < 0$。但转子因惯性仍继续朝原方向旋转,$n > 0$,这时转子对定子旋转磁场的相对速度为 $n + n_0$,方向朝右,如图 1-49(e)所示。由于转子切割磁场的方向与电动运行时相反,则由右手定则和左手定则可知,转子的感应电势、电流方向改变,转矩 M 的方向改变,出现了反接制动。

由于 $n_0 < 0$,$n > 0$,$s = \dfrac{-n_0 - n}{-n_0} > 1$,$I_2' \cos\varphi_2 < 0$,$M < 0$,故机械特性位于第二象限,是反转电动运行机械特性的延长线,如图 1-54 所示。由图看出,在制动转矩 M 和负载转矩 M_L 共同作用下,电机转速很快下降,相当于特性的 BC 段,当到达 C 点时,$n = 0$,制动过程结束。

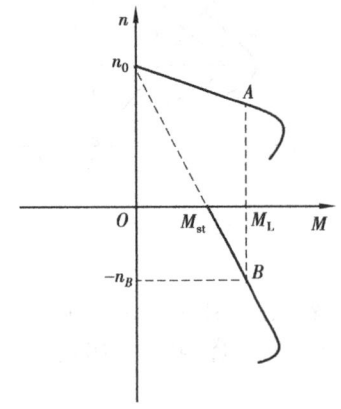

图 1-53　转速反向反接制动的机械特性

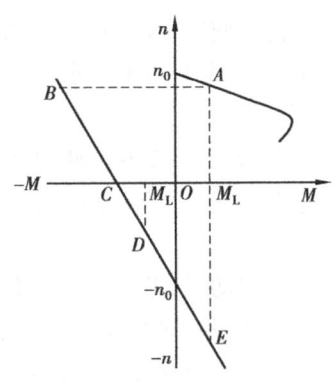

图 1-54　定子两相反接的反接制动机械特性

如要停车,应立即切断电源,否则电机将会反向启动。当负载是较小的反抗性负载时,工作点会由第二象限过渡到第三象限,进入反向电动状态,沿着 CD 线段加速到 D 点稳定运行。

当负载是位能转矩时,则转速将超过 | −n_0 |,最后进入第四象限的回馈制动,并于正点匀速下放。

转差率 $s>1$ 是反接制动的特点。不论是转速反向的反接制动,还是定子两相反接的反接制动,其功率关系都是 $P_1>0,P_{em}>0,P_2<0$,即电动机从轴上输入机械功率,电网又向电机输入电功率,两部分功率都消耗在转子电阻上,所以能量损耗是很大的。为了限制制动电流,转子回路中应串入足够大的电阻,以保护电机不致由于过热而损坏。

 **能力体现**

一、机械特性的绘制

1. 完整机械特性的绘制

绘制方法如下:

(1)固有机械特性的绘制

根据电机铭牌和产品目录的技术数据算出 M_m 和 s_m,并在 s 的变化范围内取若干个不同的 s 值,代入实用表达式,解出相应的 M 值,逐点绘制。

(2)转子串附加电阻人为机械特性的绘制

串电阻后特性方程式不变,最大转矩不变,临界转差率改变。将新的临界转差率代入实用表达式,由给出的各 s 值计算出相应的各 M 值,逐点绘出。

2. 工作部分的绘制

由式(1-64)可知,异步电动机机械特性的工作部分为一条直线,故只要求出两点的坐标即可绘出。

(1)固有机械特性的绘制

为运算方便起见,可选用同步点与额定点绘制,也可选用同步点与临界点绘制,如图 1-55 中的 n_0 与 A 点或 n_0 与 C 点。

同步点坐标为:$M=0,s=0$(或 $n=n_0$)。

额定点坐标为:$M=M_N,s=s_N$(或 $n=n_N$)。

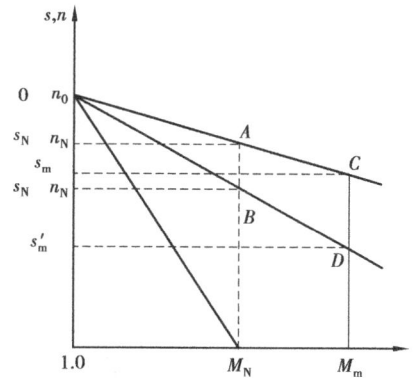

图 1-55 固有特性与转子串电阻的人为特性

其中额定转矩由公式 $M_N=9\,550\dfrac{p_N}{n_N}$ 算出。

临界点坐标为:$M=M_m,s=s_m$。其中 $M_m=\lambda_m M_N,s_m=2\lambda_m s_N$。

(2)转子串入电阻人为机械特性的绘制

转子串入附加电阻后,同步点未变。但在额定转矩的条件下,额定转差率随电阻成正比增大,在最大转矩条件下,临界转差率也随电阻成正比增大。故可用同步点与额定点绘制,或采用同步点与临界点绘制。

若取额定点,需算出在 $M=M_N$ 时加电阻后新的额定转差率 s'_N。从图 1-55 可见,在额定转

矩 M_N 下,按照式(1-54)有

$$\frac{r_2}{s_N} = \frac{R_{2N}}{s_{st}}$$

式中 $s_{st} = 1$ ——电动机启动瞬间的转差率;

r_2 ——转子绕组电阻;

R_{2N} ——转子回路额定电阻,是一个没有物理含义的借用数值。

$$R_{2N} = \frac{E_{2N}}{\sqrt{3}I_{2N}} \qquad (1-78)$$

所以

$$r_2 = s_N R_{2N} = s_N \frac{E_{2N}}{\sqrt{3}I_{2N}} \qquad (1-79)$$

转子串接电阻 r_{pa} 后,在额定转矩 M_N 下,仍按照式(1-54)有

$$\frac{r_2 + r_{pa}}{s'_N} = \frac{R_{2N}}{s_N}$$

所以

$$s'_N = \frac{r_2 + r_{pa}}{R_{2N}} \qquad (1-80)$$

如选临界点绘制,则必须计算出在 $M = M_m$ 时加电阻后的临界转差率 s'_m。从图 1-55 可见,在最大转矩 M_m 下,按照式(1-54)有

$$\frac{r_2}{s_m} = \frac{r_2 + r_{pa}}{s'_m}$$

所以

$$s'_m = s_m\left(\frac{r_2 + r_{pa}}{r_2}\right) = s_m\left(1 + \frac{r_{pa}}{r_2}\right) \qquad (1-81)$$

二、案例分析

案例 1-3 一台绕线型异步电动机技术数据如下: $P_N = 5$ kW, $U_{1N} = 380$ V, $n_N = 940$ r/min, $I_{1N} = 14.9$ A, $E_{2N} = 164$ V, $I_{2N} = 20.6$ A, $r_1 = 1.11$ Ω。进行能耗制动时,直流电压 $U = 220$ V。试计算定子回路及转子回路串接的电阻。

解: (1)直流励磁电流按式(1-76)取

$$I_{dc} = 3I_0 = 3 \times 7.5 = 22.5(\text{A})$$

(2)定子回路总电阻为

$$R_s = \frac{U}{I_{dc}} = \frac{220}{22.5} = 9.78(\Omega)$$

(3)定子回路串接电阻为

$$r = R_s - 2r_1 = 9.78 - 2 \times 1.11 = 7.56(\Omega)$$

(4)转子串接电阻按式(2-81)有

$$r_{pa} = 0.3\frac{E_{2N}}{\sqrt{3}I_{2N}} = 0.3 \times \frac{164}{\sqrt{3} \times 20.6} = 1.4(\Omega)$$

案例 1-4 一台绕线型异步电动机技术数据如下:$P_N = 60$ kW,$U_{1N} = 380$ V,$n_N = 577$ r/min,$E_{2N} = 253$ V,$I_{2N} = 160$ A,$\lambda_m = 2.9$。试绘制:

(1)固有机械特性;

(2)转子串接电阻 $r_{pa} = 2r_2$ 时的人为特性。

解:(1)绘制固有机械特性

①计算电动机的 M_N,s_N,M_m 和 s_m

$$M_N = 9\,550\frac{P_N}{n_N} = 9\,550 \times \frac{60}{577} = 993.1\ (\text{N} \cdot \text{m})$$

$$s_N = \frac{n_0 - n_N}{n_0} = \frac{600 - 577}{600} = 0.038$$

$$M_m = \lambda_m M_N = 2.9 \times 993.1 = 2\,880\ (\text{N} \cdot \text{m})$$

$$s_m = s_N(\lambda_m + \sqrt{\lambda_m^2 - 1}) = 0.038 \times (2.9 + \sqrt{2.9^2 - 1}) = 0.214$$

②将 M_m,s_m 代入实用表达式,即

$$M = \frac{2 \times 2\,880}{\dfrac{s}{0.214} + \dfrac{0.214}{s}}$$

③在 $0 \sim 1$ 的范围内取不同的 s 值代入上式中,解出相应的 M 值,列入表 1-1 中。按表中 M,s 值逐点绘出曲线,如图 1-56 中的曲线 1 所示。

表 1-1 案例 1-4 中的 M,s,s' 值

M	0	993	1 280	2 210	2 709	2 880	2 726	2 396	1 824	1 438	1 175
s	0	0.038	0.05	0.1	0.15	0.214	0.3	0.4	0.6	0.8	1.0
s'	0	0.115	0.15	0.3	0.45	0.642	0.9				

(2)绘制 $r_{pa} = 2r_2$ 的人为机械特性

①计算电动机转子回路电阻

$$r_2 = s_N \frac{E_{2N}}{\sqrt{3}I_{2N}} = 0.038 \times \frac{253}{\sqrt{3} \times 160} = 0.035\ (\Omega)$$

$$r_2 + 2r_2 = 0.035 + 0.035 \times 2 = 0.105\ (\Omega)$$

②计算电阻为 $0.105\ \Omega$ 时的 s'_m

$$s'_m = s_m\left(1 + \frac{r_{pa}}{r_2}\right) = 3s_m = 3 \times 0.214 = 0.642$$

③将 M_m,s'_m 代入实用表达式

$$M = \frac{2 \times 2\,880}{\dfrac{s'}{0.642} + \dfrac{0.642}{s'}}$$

④在给定 M 值下,分别算出相应的各 s' 值。对于线性特性可用下式计算:

$$s' = s\frac{r_2 + r_{pa}}{r_2} = s\frac{3r_2}{r_2} = 3s$$

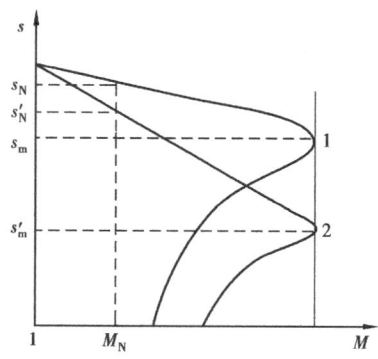

图 1-56 案例 1-4 的机械特性

计算结果列入表 1-1 中,按 M,s' 逐点绘出曲线,如图 1-56 曲线 2 所示。

 操作训练

序　号	训练内容	训练要点
1	异步电动机固有机械特性	理想空载点、斜率、曲线基本特点。
2	异步电动机人为机械特性	转子串电阻时的变化规律; 改变定子电压时的变化规律。
3	电气制动方法	各种制动方法的实现、性能特点。

 任务评价

序　号	考核内容	考核项目	配　分	得　分
1	根据铭牌参数计算异步电动机固有机械特性	确定 4 个特殊点,绘制机械特性曲线。	25	
2	根据铭牌参数和性能要求,计算异步电动机人为机械特性	通过一个实际的提升系统,根据提升速度的不同要求,分析计算串入多大电阻满足要求。	35	
3	制动状态的分析	通过一个实际的提升系统,根据制动的要求,分析计算如何采取措施满足要求。	25	
4	遵章守纪		15	

任务6　矿山机械设备常用电动机的调速

 **知识点及目标**

调速性能的评价是通过技术经济指标来衡量的,因而掌握调速指标是分析和确定调速方法的重要内容和前提条件。

通过机械特性曲线来分析交直流电动机调速实现的方法,调速过程及其性能特点。

 **能力点及目标**

建立起拖动系统的安全、经济、高效运行应该是在整个运行过程,而不仅仅只是额定状态这样一种观念。

能通过特性分析技术经济指标,并能根据负载需要选择适当的调速方法。

任务描述

生产机械(如矿井提升机、电机车等)在不同转速下工作,其工作的可靠性、安全性、运行效率可能会有很大的区别。因而,如何根据运行中各方面的要求选用合理的运行速度就具有十分重要的意义。

矿井大型提升机常采用他励直流电动机拖动,拖动中对速度的调节是经常性的。分析调速的过程和技术经济性对合理使用、管理提升拖动系统具有现实意义。

串励直流电动机是煤矿井下电机车的拖动电动机,对其调速方法、性能的认识直接关系到使用电机车时的可靠、安全和经济性能。

异步电动机是煤矿井下、地面运用最为广泛的电动机,在对很多机械设备的拖动中都有调速的要求。因此,掌握其调速的方法、性能具有最为现实的意义。

任务分析

分析调速技术指标的内涵、各个指标之间的联系和制约关系,通过分析应建立起技术指标与经济指标之间合理关系的概念,建立起技术指标应根据生产的够用需要提出来,而不应无限拔高的观念。

分析交直流电动机实现调速的方式、调速的理论依据、调速的动态过程,并通过特性曲线和方程式详细分析其技术经济指标。

相关知识

一、调速的意义与指标

根据生产工艺的要求,人为地改变电力拖动系统的转速,称为转速调节。

某些生产机械(如矿井提升机、电机车等)要求在不同的情况下以不同的转速工作,而良好的调速特性不仅可以满足生产工艺的要求,而且可以实现高产、优质、安全地生产。

电力拖动系统的调速方法有机械和电气两种方式。前者是采用机械变速装置,电动机本身的转速是不变的;后者是改变电动机参数或电源参数,从而改变电动机的机械特性,达到调速的目的。电气调速方式可以简化传动系统,提高机械效率,操作方便,便于实现自动控制。

调速与转速波动是两个不同的概念。转速波动是指电动机在某条特性曲线上运行时,由于负载变化而引起了转速变化,此时电动机的稳定工作点偏离了原来特性曲线上的工作点,但负载恢复后,还应该返回原工作点。如图 1-57(a)所示,原工作点为 A 点,当负载增加时,转速略有降低,工作点偏移至 B 点;当负载复原后,工作点应仍返回 A 点。电气调速是在负载不变的条件下,人为地改变机械特性,从而改变转速,此时的稳定工作点是从一条特性曲线转移到另一条特性曲线。如图 1-57(b)所示,电动机原来稳定运行在特性曲线 1 上的 A 点,调速后将运行在特性曲线 2 或 3 上的 C 点,但负载没有变化。

由于同一种电机有许多不同的调速方法,为了合理地选择调速方法,分析、比较其调速性能,规定了一些技术与经济指标。

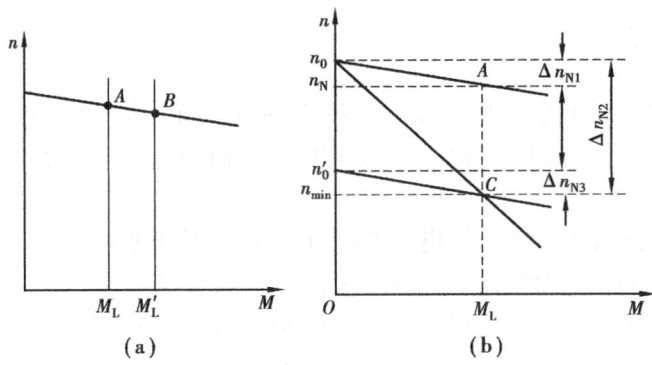

图 1-57　转速波动与转速调节

(a)转速波动　(b)转速调节

(一)技术指标

用以衡量技术性能的优劣,有以下 4 项指标:

1. 调速范围

调速范围定义为电动机在额定负载下可能获得的最大转速 $n_{\max}$ 与最小转速 $n_{\min}$ 的比值,用 D 来表示。

$$D = \frac{n_{\max}}{n_{\min}} \qquad (1\text{-}82)$$

不同的生产机械要求调速范围是不同的,例如矿井提升机 $D = 20 \sim 50$,机床 $D = 20 \sim 120$。

2. 静差率

为了比较调速前后电动机运行在不同机械特性曲线上转速变化的大小,采用静差率来表示。

电动机在某条机械特性上运行时,由理想空载到额定负载的转速降落 Δn_{N} 与理想空载转速(同步转速) n_0 之比值,称为静差率,用占 $\delta\%$ 来表示。

$$\delta\% = \frac{\Delta n_{\mathrm{N}}}{n_0} \times 100\% = \frac{n_0 - n_{\mathrm{N}}}{n_0} \times 100\% \qquad (1\text{-}83)$$

由上式可以看出,静差率与电动机机械特性的硬度及理想空载转速有关。如图 1-57(b)所示,当 n_0 相同时,特性硬度越大,静差率越小,相对稳定性越高,图中特性 1 与特性 2 的 n_0 相同,但特性 1 的硬度高于特性 2,故特性 1 比特性 2 的稳定性高。当特性硬度相同时,n_0 越高,相对稳定性越高,图中特性 1 与特性 3 平行,硬度相同,$\Delta n_{\mathrm{N1}} = \Delta n_{\mathrm{N3}}$,$n_0 > n_0'$,则 $\delta_1\% < \delta_3\%$,故特性 1 比特性 3 的稳定性高。

静差率的大小也是由生产机械的工艺要求所决定的,它的大小反映了生产机械对调速精度的要求。但是静差率越小,调速范围就会越窄,二者是相互制约的,其关系如下:

由图 1-57(b)可知,调速前 $n_{\max} = n_{\mathrm{N}}$,调速后由特性 1 变为特性 3。

$$\Delta n_{\mathrm{N1}} = \Delta n_{\mathrm{N3}} = \Delta n_{\mathrm{N}}$$

$$n_{\min} = n_0' - \Delta n_{\mathrm{N}}$$

一般调速系统对静差率的要求是指在最低稳态转速下的静差率,即空载转速为最小值时的静差率

$$\delta = \frac{\Delta n_{\mathrm{N}}}{n_0^2}$$

将以上关系代入式(1-82),得

$$D = \frac{n_{\max}}{n_{\min}} = \frac{n_N}{n_0' - \Delta n_N} = \frac{n_N}{n_0'\left(1 - \frac{\Delta n_N}{n_0'}\right)} = \frac{n_N}{\frac{\Delta n_N}{\delta}(1 - \delta)} = \frac{n_N \delta}{\Delta n_N(1 - \delta)} \quad (1-84)$$

3. 调速平滑性

调速平滑性与调速级数有关,在调速范围内,电动机转速变化的次数叫调速级数,级数越多,平滑性越好。平滑性用平滑系数 φ 表示,其定义为相邻两级转速的比值。如某个调速级转速为 n_i,则

$$\varphi = \frac{n_i}{n_{i-1}} \quad (1-85)$$

当 $\varphi = 1$ 时,为无级调速,平滑性最好。

4. 调速的允许输出

允许输出是指电动机在不同转速时所能承担负载的大小。电动机在稳定运行时,其允许输出功率主要决定于电机的发热,而发热又主要决定于负载电流的大小。在调速过程中,转速不同,只要电流不超过额定值 I_N,电机长期运行时,其发热就不会超过允许限度。因此额定电流是电机长期工作的利用限度。

不同电动机使用不同的调速方法时,其允许输出转矩与功率的变化规律是不同的,基本上可分为恒转矩输出与恒功率输出两类。

例如,他励直流电动机采用电枢串电阻与降压调速时,$\Phi = \Phi_N$,$I = I_N$。此时

$$M = C_m \Phi_N I_N = M_N = 常数$$

$$P = \frac{Mn}{9\,550} = Cn$$

可见,电枢串电阻和降压调速时,允许输出转矩为常数,而允许输出功率则与转速成正比,故属于恒转矩调速方式。

而采用弱磁调速时,Φ 是变化的。Φ 与 n 的关系为

$$\Phi = \frac{U_N - I_N R_N}{C_e n} = \frac{A}{n} \quad (1-86)$$

得

$$M = C_m \frac{A}{n} I_N = \frac{B}{n}$$

$$P = \frac{B}{n} \frac{n}{9\,550} = 常数$$

可见,弱磁调速时,其允许输出转矩与转速成反比,允许输出功率为常数,因此属于恒功率调速方式。

由此可知,采用不同的调速方法时,其最大允许输出的转矩、功率的变化规律是不同的。而不同负载在实际运行中工作在不同速度时,其转矩、功率的大小变化也是不同的。当调速方法与负载性质相一致时,可以实现在高速、中速、低速各个阶段电动机容量都得到充分利用。例如,恒转矩负载应该采用恒转矩的串电阻或降压调速,而恒功率的负载则应该采用恒功率的弱磁调速。

调速时的最大允许输出既是技术指标(保证调速运行中不因过载损坏),也是经济指标

（各个调速阶段均能充分利用）。

（二）经济指标

选择调速方式时，在满足了技术指标的同时，还应考虑经济指标，它主要取决于调速系统的设备投资、电能损耗、维修费用等，应力求做到设备投资少、耗电小、维修费用低。

二、他励直流电动机的调速

他励直流电动机机械特性方程为

$$n = \frac{U}{C_e\Phi} - \frac{R}{C_eC_m\Phi^2}M$$

由上式分析可知，他励直流电动机的调速方法有 3 种，即电枢串电阻、降低供电电压和减小工作磁通。

（一）电枢串电阻调速

电枢回路串电阻后，在电阻上产生压降，使电枢端电压降低。

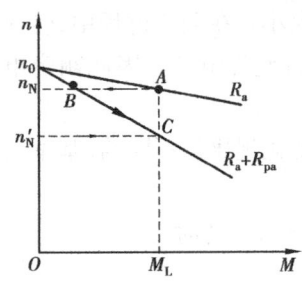

图 1-58　他励直流电动机
电枢串电阻调速过程

电枢串电阻的调速过程如图 1-58 所示。串电阻前，电机稳定运行于固有特性曲线的 A 点；当串入电阻 r_{pa} 时，转速 n 及电势 E 不能突变，I_a 及 M 必然减小，电动机工作点移至人为机械特性的 B 点；由于 $M < M_L$，电机将沿着 $R_a + R_{pa}$ 特性曲线减速，E 减小，I_a 与 M 增加；当到 C 点时，$M = M_L$，电机则以较低转速 n'_N 稳定运行，完成调速。

因为电枢串电阻后人为机械特性软化，所以调速范围不大（$D = 2$ 左右），稳定性较差（$\delta\% = 30 \sim 50$），平滑性不好。

电枢串电阻调速的优点是方便简单，控制设备不复杂，调速电阻可兼做启动电阻，因而适用于短时调速。

（二）降低电枢电压调速

改变电动机供电电压可以调速，因为电枢电压一般只能在低于额定电压的范围内变化，因此，只能采用降压调速。降压调速的过程如图 1-59 所示。设电动机原来稳定运行于固有特性曲线的 A 点，其转速为 n_N，当供电电压由 U_N 降为 U 时，电动机运行点过渡到 B 点。

显然电机此时处于回馈制动状态，在制动转矩作用下，电机很快减速，到 C 点开始进入电动减速；随着转速降低，电机转矩增加，到 D 点时电机 $M = M_L$，又开始稳定运行，但转速却降为 n'_N。如继续降低供电电压，转速仍可降低。

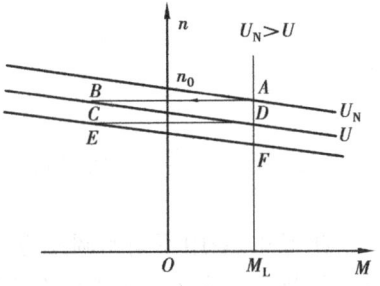

图 1-59　他励直流电动机
降低电枢电压调速特性

降低供电电压调速特性的硬度不变，所以此种调速的调速范围大，静差率较小，稳定性好，平滑性好。在调速过程中可以实现回馈制动，节省电能，比较经济。

（三）弱磁调速

弱磁调速就是在电动机励磁回路接入调节电阻，使磁通减小，实现调速。

从他励直流电动机机械特性方程可知，磁通减弱时，理想空载转速升高，特性斜率增大，但前者较后者增加得快,一般用于从额定转速向上调速。

弱磁调速的调速过程如图 1-60 所示。调速前,电动机稳定运行于 A 点,减弱磁通后,电动机工作点过渡到磁通为 Φ 的特性上的 B 点,由于 $M > M_L$,电动机便加速;到达 C 点时,即以高于 n_N 的转速稳定运行。

如果保持调速前后电动机电压和电流不变,减弱磁通后,电动机转矩和输出功率分别为

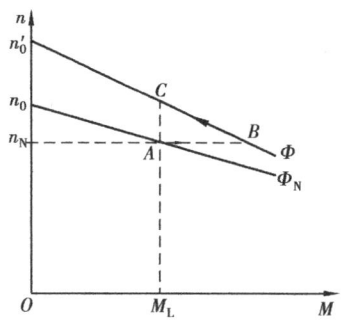

$$M = C_m \Phi I_N = C_m I_N \frac{U_N - I_N R_a}{C_e n} = \frac{K}{n}$$

$$P_2 \approx E I_N = U_N I_N - I_N^2 R_a = C$$

式中,K 和 C 均为常数,由于输出功率保持不变,故属于恒功率调速。

图 1-60　他励直流电动机弱磁调速特性

弱磁调速是控制功率较小的励磁回路,所以控制方便,能量损耗小,平滑性较好,但调速范围不大,所以常和降压调速配合使用,以扩大调速范围。

三、串励直流电动机的调速

串励直流电动机调速方法与他励电动机相似,也有串电阻、降电压、变磁通 3 种调速方法。电枢串电阻的调速方法及其性能与他励电动机相似,这里只分析其他两种调速。

(一)降低端电压调速

这种调速方法一般用在双电动机的拖动系统中。矿用电机车采用两台串励电动机拖动,利用两台电动机串、并联接线可以改变其端电压,如图 1-61 示。当两台电动机并联接入电源时,每台电动机全压运行,转速最高;当两台电动机改为串联接到电源上时,每台电动机端电压降低一半,转速也降为一半,从而可得到两个调速级,其机械特性如图 1-62 所示。

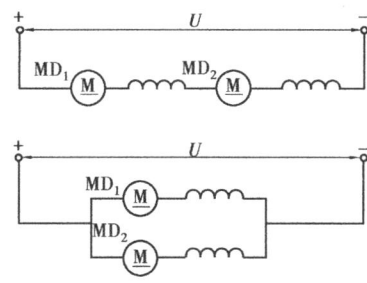

图 1-61　双机拖动串、并联接线

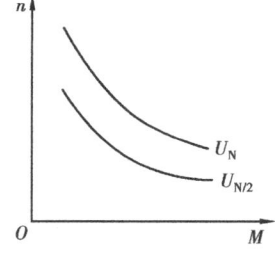

图 1-62　双机拖动串并联机械特性

如果再与串电阻调速相配合,还可得到多个调速级。

串励电动机降压调速的性能与他励电动机相似。

(二)改变磁通调速

改变磁通的调速方法,可以通过电枢并分流电阻或励磁绕组并分流电阻的方法实现。

图 1-63 为电枢并分流电阻的接线与调速特性。当负载电流 I_a 相同时,减小电枢分流电阻 R_b,励磁电流 I_f 增加,磁通增加,转速降低。调速后的特性曲线硬度提高,并且具有理想空载转速,可以在一定范围内得到回馈制动运转。

电枢并分流电阻调速特性适用于恒转矩负载,调速范围约为 2,调速时能耗大,不经济,但

可以得到较低的稳定转速。某些起重机械的拖动电动机采用这种调速方法。

励磁绕组并分流电阻的调速特性与接线如图1-64所示。当减小分流电阻R时,电动机的磁通减小,转速升高。调速后特性曲线的硬度降低,调速范围约为1.6。因为分路电阻较小,所以能耗低,比较经济。这种调速属于恒功率调速。露天矿大型电机车采用这种调速方法。

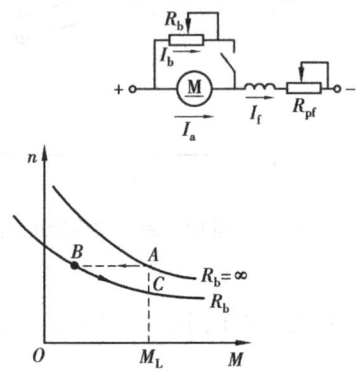
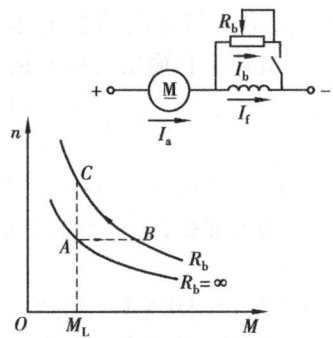

图1-63　串励电动机电枢　　　　　　图1-64　串励电动机励磁绕组
并分流电阻调速接线与特性　　　　　　并分流电阻调速接线与特性

四、异步电动机的调速

异步电动机的转速表达式为

$$n = n_0(1 - s) = \frac{60f_1}{p}(1 - s) \tag{1-87}$$

要调节异步电动机的转速,可从改变上式中的 f, p, s 三个参数入手,所以最基本的调速方法有3种,即:

①改变电机的极对数(变极调速);

②改变供电电源的频率(变频调速);

③改变转差率。

其中,改变电动机极对数,可以改变电动机的同步转速,从而实现调速。这种调速级差较大,不能连续调节转速,一般适用于笼型电动机。实现这种调速方法是采用极对数可以改变的多速电动机。改变极对数一般采用两种方法,即定子装设一套绕组,改变绕组的接法,可得到不同的极数;也可以在定子槽内安放两套极对数不同的独立绕组。如将两种方法配合应用,则可得到较多的调速级数。

改变转差率的调速方法有:改变定子电压、转子回路串电阻、转子回路引入外加电势(串级调速)、电磁转差离合器等。

随着新型电力电子器件的出现和微电子技术的发展,以及现代控制理论的应用,交流调速已经获得了突破性的发展,出现了许多效率高、能耗低、性能好的调速系统。

下面对转子回路串电阻调速、串级调速和变频调速3种方法进行分析。

(一)转子回路串电阻调速

转子回路串电阻是绕线型异步电动机传统的调速方法。由人为机械特性可知,转子回路串电阻后,机械特性变软,转速降低,其调速过程如图1-65所示。电动机原来稳定运行于固有

特性 r_{20} 的 A 点,转子回路串入电阻后,机械特性软化,变为 $r_{20} + r_{pa}$,运行点过渡到人为特性 $r_{20} + r_{pa}$ 的 B 点。由于 $M < M_L$,电动机减速,当减速到 C 点时,$M = M_L$,电动机又低速运行于新的稳定工作点 C。

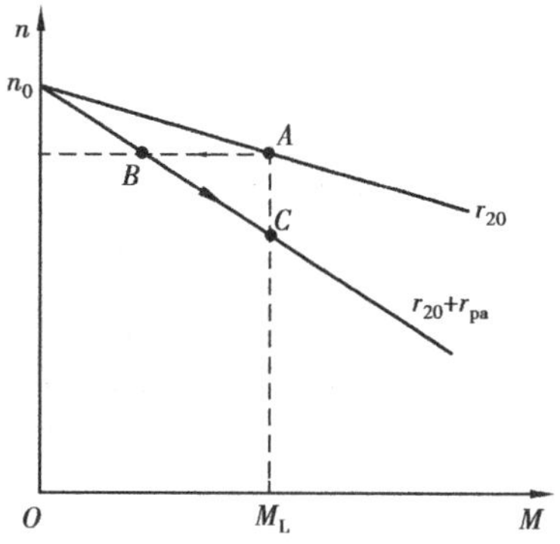

调速时,当电源电压为 U_N,磁通为 Φ_N,两者均不变,转子电流限制为 $I_2 = I_{2N}$,功率因数 $\cos \varphi_2$ 基本不变,故电动机转矩 $M = C_m \Phi I_2' \cos \varphi_2$,为定值,属恒转矩输出。

转子回路串入电阻后,转差率增大。电动机转子铜损即转差功率为

$$\Delta p_2 = s P_{em} = 3 I_2'^2 (r_{20}' + r_{pa}')$$

如忽略机械损耗,则输出功率为

$$P_2 = P_{em}(1 - s)$$

调速时,转子回路的效率为

$$\eta = \frac{P_2}{P_2 + \Delta p_2} = \frac{P_{em}(1-s)}{P_{em}(1-s) + s P_{em}} = 1 - s$$

图 1-65　绕线型异步电动机转子串电阻调速特性

由以上 3 式可以看出,随着转速降低、转差率增加,转子铜耗增大,输出功率减小,效率降低,因而经济性差。

转子回路串电阻调速的调速范围不大($D = 2 \sim 3$),稳定性较差,平滑性不好,但因方法简单,又可与启动电阻合用一套电阻,故以往的调速系统中采用较多,例如在交流拖动的绞车上可采用脉动接入电阻的方法得到低速爬行速度。

(二)串级调速

串级调速是在绕线型异步电动机转子回路内串入附加电势 E_{pa},实现调速。串入电势的频率必须与转子频率相同。改变串入电势 E_{pa} 的方向和大小,就可以调节电动机的转速。

1. E_{pa} 与 sE_{20} 同相(相位差 $\theta = 0°$)

当未串入 E_{pa} 时,转子电流为

$$I_2 = \frac{sE_{20}}{\sqrt{r_{20}^2 + (sx_{20})^2}}$$

式中　E_{20}——转子不动时的电势;

　　　x_{20}——转子不动时的漏抗。

串入 E_{pa} 后,I_2 变为

$$I_2 = \frac{sE_{20} + E_{pa}}{\sqrt{r_{20}^2 + (sx_{20})^2}}$$

可见,转子电流增加了,转矩 $M = C_m \Phi I_2' \cos \varphi$ 也增加,使 $M > M_L$,电动机转速增加,同时,转差率 s 减小,又使 $(sE_{20} + E_{pa})$ 的数值下降,I_2 及 M 也下降。当 $M = M_L$ 时,电动机又处于新的稳定运行状态,实现了高于额定转速的调速。

2. E_{pa} 与 sE_{20} 反相($\theta = 180°$)

串入 E_{pa} 后,I_2 变为

$$I_2 = \frac{sE_{20} - E_{pa}}{\sqrt{r_{20}^2 + (sx_{20})^2}}$$

故 I_2 及 M 均下降，$M < M_L$，使电动机转速下降，直到 $M = M_L$ 时，电动机将在低速下新的工作点稳定运行。

由以上分析可知，串级调速可以是双向的，电动机可在低于额定转速下运行，也可在高于额定转速或同步转速上运行，其调速特性如图 1-66 所示。

由图 1-66 可以看出，当串入反相电势时（$E_{pa} < 0$），由于过载能力降低，使其调速范围受到限制，因而一般适用于启动转矩不大，调速范围不宽的通风机、钢丝绳胶带输送机的调速。通风机串级调速特性如图 1-67 所示，调速性能与生产机械得到了较好的配合。

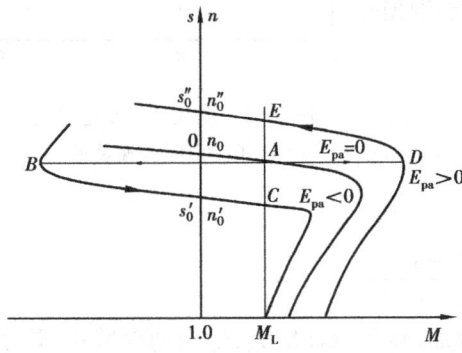

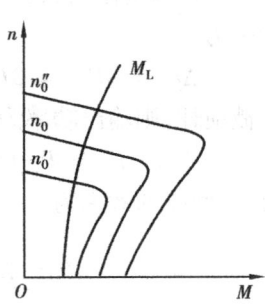

图 1-66　串级调速特性　　　　　　图 1-67　通风机串级调速特性

（三）变频调速

变频调速是一种理想的高效率、高性能调速方法，它将在很多领域中逐步取代一些传统的直流拖动系统，是最具有发展前途的交流调速方法。

供电电源的额定频率称为基频，变频可以从基频向下调，也可以向上调。

1. 从基频向下变频调速

由电机原理可知，异步电动机定子电压 U_1、电源频率 f_1 和磁通 Φ 有以下关系：

$$U_1 \approx E_1 = 4.44 f_1 K_1 N_1 \Phi$$

式中　K_1——定子绕组系数；

　　　N_1——定子绕组每相匝数。

上式说明，如果降低电源频率时保持电源电压不变，则随着 f_1 下降，磁通 Φ 会增加，磁路饱和，励磁电流增加，导致铁损急剧增加，这是不允许的。

如果在 f_1 降低时，U_1 也相应降低，可以维持 Φ 为恒值，这样既能充分利用电机出力，又不会因磁路过饱和而引起铁芯发热。采用 U_1/f_1 为常数的控制原则，从理论上分析属恒转矩调速，机械特性硬度可保持不变。但当 f_1 很低时，最大转矩与启动转矩也将减小，对恒转矩负载，如想维持最大转矩不变，也可采用 E_1/f_1 为常数的控制原则。

2. 从基频向上变频调速

当频率升高时，如升高电源电压显然是不允许的，所以只能维持 U_1 不变。由于频率 f_1 升高，则磁通 Φ 将减小，因此在同一定子电流下的转矩也将减小。若维持 I_1 额定不变，因为频率升高时，功率 $P = \sqrt{3} U_1 I_1 \cos \varphi$ 可以维持基本不变，因此属恒功率调速。

通过理论分析，变频调速的机械特性如图 1-68 所示。

变频调速的调速范围大，稳定性好，频率可以连续变化，平滑性好，可实现 4 象限运行，控制方便。变频调速主要用于笼型电动机调速,也可以用于绕线型电动机,如矿井提升机采用低频减速和爬行就获得了良好的效果。运行特性如图1-69所示。

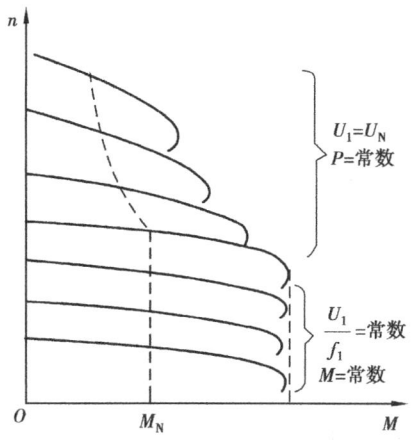

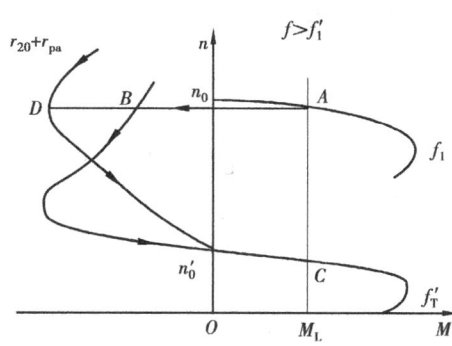

图1-68　变频调速的机械特性　　　　　图1-69　提升机低频减速与爬行特性

提升机等速运行时,电动机运行在固有特性的 A 点。当提升机达到减速点时,切除工频 f_1 电源,通入低频电源,特性变为 f_1',电动机运行点由 A 点过渡到 B 点。此时电动机进入发电反馈制动,在制动转矩作用下,电动机开始减速,如此时在转子内串入适当附加电阻 r_{pa},则可得到较大制动转矩,如 D 点。减速到 n_0' 时开始进入低频电动运行阶段,C 点为低频爬行工作点,开始低速稳定运行。

变频调速的关键是要有性能良好的变频器。过去采用变频机变频,设备多、效率低、性能差。现在一般采用静止的晶闸管变频装置,它具有体积小、性能优异、可靠性高等优点,已经被大量采用。

 能力体现

一、调速指标的确定

案例1-5　一直流调速系统采用降压调速方法,已知电动机的 $n_N = 900$ r/min,高速机械特性的理想空载转速 $n_0 = 1\ 000$ r/min。如果在额定负载下低速机械特性的转速 $n_{min} = 100$ r/min,相应的理想空载转速 $n_0' = 200$ r/min。试求:

(1)电动机在额定负载下运行的调速范围和静差率;

(2)如果要求低速静差率 $\delta\% \leqslant 20\%$,则额定负载下的调速范围是多少? 能否满足原有的要求?

解:(1)低速调速范围和静差率

$$D = \frac{n_{max}}{n_{min}} = \frac{900}{100} = 9$$

$$\delta\% = \frac{n_0' - n_{min}}{n_0'} \times 100\% = \frac{200 - 100}{200} \times 100\% = 50\%$$

(2)当 $\delta\% \leqslant 20\%$ 时

$$D' = \frac{n_N \delta}{\Delta n_N (1 - \delta)} = \frac{900 \times 0.2}{100 (1 - 0.2)} = 2.25$$

显然不能满足原调速范围 $D = 9$ 的要求。

二、调速电阻与调速性能的计算

案例 1-6 一台绕线型异步电动机,技术数据为: $P_N = 260$ kW, $U_{1N} = 6\,000$ V, $I_N = 50$ A, $E_{2N} = 445$ V, $I_{2N} = 375$ A, $n_N = 590$ r/min。用以拖动提升机,最大提升速度 $v_m = 8$ m/s,低速爬行速度 $v_4 = 0.5$ m/s。求提升机低速爬行时转子串入的附加电阻和静差率。

解:低速爬行转速

$$n_4 = \frac{v_4}{v_m} n_N = \frac{0.5}{8} \times 590 = 37 \, (\text{r/min})$$

电动机额定转差率

$$s_N = \frac{n_0 - n_N}{n_N} = \frac{600 - 590}{600} = 0.016\,7$$

转子绕组电阻

$$r_{20} = \frac{s_N E_{2N}}{\sqrt{3} I_{2N}} = \frac{0.016\,7 \times 445}{\sqrt{3} \times 375} = 0.011\,4 \, (\Omega)$$

低速爬行时电动机转差率

$$s_4 = \frac{n_0 - n_4}{n_0} = \frac{600 - 37}{600} = 0.944$$

转子回路串入的附加电阻

$$r_{pa} = r_{20} \frac{s_4}{s_N} - r_{20} = 0.011\,4 \times \frac{0.94}{0.016\,7} - 0.011\,4 = 0.63 \, (\Omega)$$

低速爬行时的静差率

$$\delta\% = \frac{n_0 - n_4}{n_0} \times 100\% = \frac{600 - 37}{600} \times 100\% = 94\%$$

显然静差率过大,稳定性很差。

三、调速方法的选择

异步电动机调速的方法较多,各自的性能差异较大。其调速效果的好坏不能简单地用技术性能指标来衡量,而是应该以负载的需要来选择,凡是能恰到好处地适合负载需要的就是合理的调速方法。例如,现代大型提升机,其功率大,对调速的技术和经济指标要求均很高,采用变频调速能适应技术指标的要求,特别是低速稳定运行的要求,保证了安全可靠运行,而设备成本可通过节约的电能很快得到回报。而像生活中使用的电风扇本身成本低,对调速的技术要求不高,若采用一套成本较高的变频装置进行调速则显得有些得不偿失。

操作训练

序　号	训练内容	训练要点
1	串励直流电动机的调速性能	选择一台实际矿用电机车,根据其技术参数分析其调速指标具体值大小,并评价其性能特点。
2	异步电动机的调速性能	选择一台实际提升设备,根据其技术参数分析其调速指标具体值大小,并评价其性能特点。

 任务评价

序　号	考核内容	考核项目	配　分	得　分
1	调速指标	4个调速指标的含义和意义。	25	
2	他励直流电动机的调速方法	3种方法的实现、性能特点、应用意义。	25	
3	异步电动机的调速方法	各种方法的实现、性能特点、应用意义。	35	
4	遵章守纪		15	

任务巩固

1-1　什么是电力拖动系统?它包括哪些部分?各起什么作用?举例说明。

1-2　电力拖动系统的阻转矩分哪几种?各有什么特点?

1-3　负载转矩和惯性转矩有什么区别和联系?

1-4　转矩的正负号是怎样确定的?

1-5　试由拖动系统的运动方程式说明系统的加速、减速、稳定或静止的各种工作状态。

1-6　什么是电动机机械特性的硬度系数?什么叫绝对硬特性、硬特性与软特性?

1-7　电动运行与制动运行的根本区别在哪里?

1-8　电动机有哪几种运行状态?试说明各种运行状态的物理现象。

1-9　正向电动状态和反向电动状态的机械特性为什么在直角坐标的第一、第三象限?

1-10　他励直流电动机电枢串附加电阻、降低电枢电压或减少主磁通时,机械特性有什么变化?

1-11　电动机固有机械特性与人为机械特性在运行条件上有何区别?

1-12　试说明他励直流电动机特性的理想空载转速 n_0、速度降落 Δn 及斜率 β 的物理

概念。

1-13 试说明他励直流电动机在各种运行状态下的能量转换关系。

1-14 转速反向的反接制动和电枢反接的反接制动有什么异同?

1-15 为什么说串励直流电动机具有优良的牵引特性?

1-16 串励直流电动机为什么不能空载运行?

1-17 为什么串励直流电动机在事故断电时常采用自励能耗制动停车?

1-18 串励直流电动机进行自励能耗制动时,为什么要将电枢绕组反接?

1-19 异步电动机的机械特性有几种表达式? 各应用于什么场合?

1-20 异步电动机的 M_m、S_m 与哪些参数有关?

1-21 说明异步电动机在各种运行状态下转矩 M 与转差率 s 的大小及正负符号。

1-22 异步电动机能耗制动是怎样产生的?

1-23 如何调节绕线型异步电动机的能耗制动特性?

1-24 一台他励直流电动机的技术数据如下:$P_N = 30$ kW,$U_N = 220$ V,$I_N = 160$ A,$n_N = 750$ r/min,$R_a = 0.1$ Ω,在额定状态下工作。现进行电枢反接制动,最大制动转矩为额定转矩的两倍。试求反接制动时串接的附加电阻值,并绘出机械特性。

1-25 一台他励直流电动机的额定数据是:$P_N = 22$ kW,$U_N = 220$ V,$I_N = 125$ A,$n_N = 1\ 450$ r/min,试绘出下列机械特性。

(1)固有机械特性;

(2)当电枢回路总电阻为 $50\% R_N$ 时的人为机械特性;

(3)当电枢回路总电阻为 $150\% R_N$ 时的人为机械特性;

(4)当电枢电压为 $50\% U_N$ 时的人为机械特性;

(5)当主极磁通为 $80\% \Phi_N$ 时的人为机械特性。

1-26 题 1-25 中的电机采用能耗制动,制动开始时转速 $n = 1\ 000$ r/min,制动电流为 $2I_N$,电枢应串多大的附加电阻? 画出机械特性。

1-27 一台他励直流电动机的技术数据为:$P_N = 29$ kW,$U_N = 440$ V,$I_N = 76.2$ A,$n_N = 1\ 050$ r/min,求:

(1)额定电磁转矩与轴上额定转矩;

(2)理想空载转速;

(3)固有机械特性方程;

(4)电枢串接 $R_{pa} = 2R_N$ 时的机械特性方程式;

(5)主磁通为 $50\% \Phi_N$ 时的机械特性方程式。

1-28 一台他励直流电动机的技术数据为:$P_N = 10$ kW,$U_N = 220$ V,$I_N = 53$ A,$n_N = 1\ 100$ r/min,$R_a = 0.3$ Ω,试求在回馈制动状态下:

(1)当回馈电流为 53 A 时,在固有机械特性上的转速;

(2)在额定转矩下以 $n = 1\ 450$ r/min 运行时,电枢串接的附加电阻值。

1-29 题 1-28 中的电机作起重机电动机用,拖动额定负载。试问:

(1)如何实现以 $n = 600$ r/min 的速度下放重物;

(2)如何实现以 $n = 1\ 400$ r/min 的速度下放重物。

1-30 用题 1-28 的电机数据,试求:

（1）负载转矩为 $0.8M_N$ 时，电动机的稳定转速；

（2）负载转矩为 $0.8M_N$ 时，电枢串接 $R_{pa} = 3R_a$ 时的稳定转速。

1-31　一绕线型异步电动机的技术数据如下：$P_N = 300\ \text{kW}$，$U_{1N} = 6\ 000\ \text{V}$，$I_{1N} = 35\ \text{A}$，$n_N = 1\ 480\ \text{r/min}$，$E_{2N} = 380\ \text{V}$，$I_{2N} = 491\ \text{A}$，$\lambda_m = 2.4$。试求：

（1）额定转矩 M_N，最大转矩 M_m 和临界转差率 s_m；

（2）负载为 $1.4M_N$ 时电机的转速；

（3）电动机的转速为 $600\ \text{r/min}$ 时，电机的转矩。

1-32　一绕线型异步电动机技术数据如下：$P_N = 132\ \text{kW}$，$U_{1N} = 380\ \text{V}$，$I_{1N} = 260\ \text{A}$，$n_N = 580\ \text{r/min}$，$E_{2N} = 232\ \text{V}$，$I_{2N} = 360\ \text{A}$，$\lambda_m = 2$。试求：

（1）负载转矩为 $0.6M_N$ 时，电机的转速；

（2）保持负载不变，欲使转速下降为 $400\ \text{r/min}$，转子应串的附加电阻。

1-33　一绕线型异步电动机技术数据如下：$P_N = 75\ \text{kW}$，$U_{1N} = 380\ \text{V}$，$I_{1N} = 148\ \text{A}$，$n_N = 720\ \text{r/min}$，$E_{2N} = 223\ \text{V}$，$I_{2N} = 220\ \text{A}$，$\lambda_m = 2.4$。试绘制：

（1）固有机械特性；

（2）转子串 $50\%R_{2N}$ 时的人为机械特性。

1-34　一台电动机技术数据如题 1-33，试求：

（1）启动转矩；

（2）启动转矩等于最大转矩时，转子回路的总电阻。

1-35　一台电动机技术数据如题 1-29，电机带位能性负载，$M_L = M_N$。试求：

（1）以转速 $n = -150\ \text{r/min}$ 稳定下放时，转子应串的附加电阻；

（2）以转速 $n = -300\ \text{r/min}$ 稳定下放时，转子应串的附加电阻。

1-36　一绕线型异步电动机技术数据如下：$P_N = 112\ \text{kW}$，$U_{1N} = 380\ \text{V}$，$I_{1N} = 209\ \text{A}$，$n_N = 970\ \text{r/min}$，$E_{2N} = 153\ \text{V}$，$I_{2N} = 468\ \text{A}$，$\lambda_m = 1.8$。

（1）绘出固有机械特性；

（2）欲使启动转矩为 $1.2M_N$ 时，转子串入的附加电阻是多少？

（3）欲使电机在满载条件下转速降为 $700\ \text{r/min}$，转子串入的附加电阻是多少？

1-37　以题 1-33 的电机数据，设电机原来拖动重物 $M_L = \dfrac{1}{3}M_N$ 向上提升，现采用定子两相反接的反接制动，其制动转矩不超过 $2M_N$。试求：

（1）反接制动时，转子应串入的附加电阻；

（2）当制动到 $n = 0$ 时不切断电源，电机最终的运行状态及此状态下的稳定转速。

1-38　一绕线型异步电动机 $P_N = 132\ \text{kW}$，$U_{1N} = 380\ \text{V}$，$n_N = 584\ \text{r/min}$，$E_{2N} = 232\ \text{V}$，$I_{2N} = 360\ \text{A}$，$\lambda_m = 2$。

（1）绘出固有机械特性的工作部分；

（2）当 $M_L = 0.8M_N$，$n = 0.4n_0$ 时，转子应串入的附加电阻是多少？

1-39　转速调节与转速波动有什么区别？试用机械特性加以说明。

1-40　调速的技术指标有哪几项？其含义是什么？

1-41　电动机调速时允许输出与实际输出有何不同？为什么调速时允许输出要与负载相匹配？

1-42　他励直流电动机有哪几种调速方法？试用特性曲线说明其调速过程,并比较其优缺点。

1-43　串励直流电动机有哪几种调速方法？试比较其优缺点。

1-44　试分析交流异步电动机的调速方法与调速性能。

1-45　试述串级调速的基本原理,并绘出其机械特性曲线。

1-46　晶闸管变频调速系统为什么是交流调速的发展方向？

1-47　一台他励直流电动机技术数据如下:$P_N = 30$ kW,$U_N = 220$ V,$I_N = 153$ A,$n_N = 1\ 000$ r/min,$R_a = 0.11\ \Omega$。在额定负载时,试求:

(1)串入电阻 $r_{pa} = 1.6\ \Omega$ 时的转速;

(2)电源电压降为 110 V 时,电枢不串电阻时的转速;

(3)磁通减小20%,电枢不串电阻时的转速。

1-48　一台绕线型异步电动机技术数据如下:$P_N = 75$ kW,$U_{1N} = 380$ V,$I_N = 142$ A,$n_N = 975$ r/min,$E_{2N} = 167$ V,$\lambda_m = 1.8$,试求:

(1)负载转矩 $M_L = 0.8M_N$ 时电动机的转速;

(2)使转速降为 200 r/min 时,转子应串入的附加电阻。

情境 **2**
矿用电动机及启动设备的选择

任务 1 绕线型异步电动机启动电阻的计算选择

知识点及目标

启动电阻计算的理论依据来自于对机械特性曲线的分析,阻值大小是由启动性能的要求决定的,还应注意启动平稳性、启动级数对启动电阻的大小均有影响。

能力点及目标

在理解计算方法和影响启动性能因素的基础上能够利用经验公式进行启动电阻值的计算。

任务描述

启动是电动机工作的第一个过程,保证启动按性能需要进行是通过启动电阻的大小来实现的。所以合理计算确定启动电阻的大小对拖动性能具有重要意义。

任务分析

启动电阻的大小是根据启动加速度的要求为条件进行计算的,同时要考虑到启动时电动机的上下切换转矩大小,以保证启动的速度和平稳性。此外,还应该考虑预张力在提升机中的作用。只有综合考虑了各方面的因素,所选择的启动电阻才是合理的。

相关知识

绕线型异步电动机可采用转子串金属电阻和频敏变阻器两种方法启动,对于需要调速的设备一般选配金属电阻。

合理选择启动电阻,既可以限制启动电流,又能增大启动转矩,并使电动机平稳启动。

根据启动电阻切除方法不同,可分为平衡启动电阻和不平衡启动电阻两种。煤矿大中型提升机的绕线型电动机都采用平衡电阻启动,这里介绍平衡启动电阻解析计算法。

一、三相平衡启动电阻的计算依据

绕线型电动机在启动过程中每切除一段电阻,启动电流就要冲击一次。启动电阻段数越多,电流冲击越小,但控制就越复杂,所以启动电阻段数的确定要综合考虑,一般如电机容量较大,段数也应该较多。我国目前生产的电控设备有 3 种常用产品,即五级、八级和十级,下面以五级为例来分析计算依据。

五级电阻中有一级预备级,四级加速级,八级和十级则有二级预备级,其余为加速级。五级启动电阻的接线简图如图 2-1 所示,启动特性如图 2-2 所示。启动过程可简述如下:

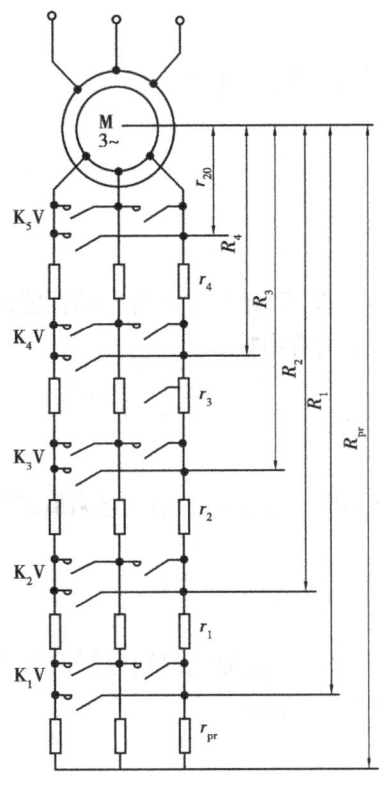

图 2-1　绕线型异步电动机
转子串五级平衡启动电阻

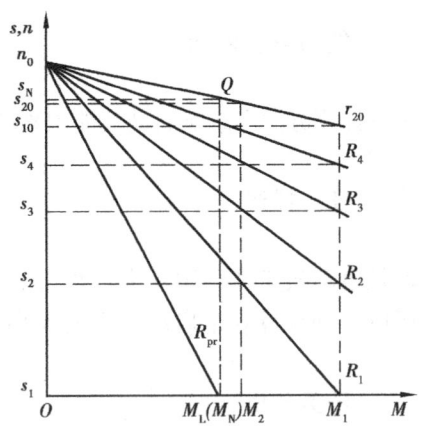

图 2-2　五级平衡启动电阻的启动特性

当电动机定子接通电源时,转子串入全部电阻,电动机运行在预备级电阻 R_{pr} 特性曲线上,此时电动机启动转矩等于负载转矩 M_L。在 R_{pr} 上作短暂停留便用加速接触器 K_1V 短接预备段电阻 r_{pr},使电动机运行在加速级 R_1 上,此时电动机转矩等于尖峰转矩 M_1。随着电动机转速升高,转矩逐渐减小,当电动机转矩达到切换转矩 M_2 时,再用加速接触器 K_2V 短接 r_1,使电动机运行于第二级加速级电阻 R_2 上。以后用同样方法切除电阻 r_2,r_3,r_4,电动机便运行于固有特性曲线的 r_{20} 上的 Q 点,此时电动机转矩等于负载转矩 M_L,开始等速运行,启动完毕。

一般取尖峰转矩 $M_1 \leq M_\mathrm{m}$，取切换转矩 $M_2 = (1.1 \sim 1.2)M_\mathrm{L}$（一般情况负载转矩 M_L 等于电动机额定转矩 M_N）。由于转子串入的启动电阻值较大，可认为功率因数基本不变，M 与 I 成正比，因此图中横坐标也可以用电流表示。转子绕组的固有电阻 r_{20} 可按下式计算：

$$r_{20} = s_\mathrm{N} R_{2\mathrm{N}} = s_\mathrm{N} \frac{E_{2\mathrm{N}}}{\sqrt{3} I_{2\mathrm{N}}}$$

如转子绕组与启动电阻之间的联接引线较长，可取转子电阻为转子绕组固有电阻的 1.5 倍，即

$$r'_{20} = 1.5 r_{20} \tag{2-1}$$

加速级电阻的计算：

由异步电动机机械特性方程分析可知："在同一转矩下，转子电阻之比等于转差率之比"，这是加速级电阻计算的理论依据。

对应于图 2-2 中的转矩 M_1，有

$$\left. \begin{aligned} \frac{R_1}{R_2} &= \frac{s_1}{s_2} \\[4pt] \frac{R_2}{R_3} &= \frac{s_2}{s_3} \\[4pt] \frac{R_3}{R_4} &= \frac{s_3}{s_4} \\[4pt] \frac{R_4}{r_{20}} &= \frac{s_4}{s_{10}} \end{aligned} \right\} \tag{2-2}$$

对应于转矩 M_2，则有

$$\left. \begin{aligned} \frac{R_1}{R_2} &= \frac{s_2}{s_3} \\[4pt] \frac{R_2}{R_3} &= \frac{s_3}{s_4} \\[4pt] \frac{R_3}{R_4} &= \frac{s_4}{s_{10}} \\[4pt] \frac{R_4}{r_{20}} &= \frac{s_{10}}{s_{20}} \end{aligned} \right\} \tag{2-3}$$

式中　s_{10}——在固有特性曲线上对应于 M_1 的转差率；

　　　s_{20}——在固有特性曲线上对应于 M_2 的转差率。

由以上两式可得到各级启动电阻之间的关系为

$$\frac{R_1}{R_2} = \frac{R_2}{R_3} = \frac{R_3}{R_4} = \frac{R_4}{r_{20}} = q \tag{2-4}$$

由此可见，各加速级启动电阻成等比级数，q 称为公比。如已知公比 q 和转子电阻 r_{20}，则各级电阻为

$$\left. \begin{aligned} R_4 &= q r_{20} \\[4pt] R_3 &= q R_4 = q^2 r_{20} \\[4pt] R_2 &= q R_3 = q^3 r_{20} \\[4pt] R_1 &= q R_2 = q^4 r_{20} \end{aligned} \right\} \tag{2-5}$$

如有 n 级,则

$$R_1 = q^n r_{20} \tag{2-6}$$

或

$$\frac{R_1}{r_{20}} = q^n \tag{2-7}$$

各段启动电阻为

$$\left. \begin{array}{l} r_4 = R_4 - r_{20} = r_{20}(q-1) \\ r_3 = R_3 - R_4 = qr_{20}(q-1) = qr_4 \\ r_2 = R_2 - R_3 = q^2 r_{20}(q-1) = qr_3 \\ r_1 = R_1 - R_2 = q^3 r_{20}(q-1) = qr_2 \end{array} \right\} \tag{2-8}$$

根据加速电阻的计算原理,对应 M_1 有

$$\frac{R_1}{r_{20}} = \frac{s_1}{s_2} = \frac{1}{s_{10}} \tag{2-9}$$

在固有特性曲线的工作段上 $M \propto s$,则

$$\frac{s_N}{s_{10}} = \frac{M_N}{M_1}$$

或

$$\frac{1}{s_{10}} = \frac{M_N}{s_N M_1} \tag{2-10}$$

比较式(2-7)、式(2-9)和式(2-10),有如下关系:

$$q^n = \frac{R_1}{r_{20}} = \frac{1}{s_{10}} = \frac{M_N}{s_N M_1} \tag{2-11}$$

故

$$q = \sqrt[n]{\frac{M_N}{s_N M_1}} \tag{2-12}$$

由于 $M_1 = qM_2$,上式也可写成

$$q = \sqrt[n+1]{\frac{M_N}{s_N M_2}} \tag{2-13}$$

用这种方法计算启动电阻时,首先要确定 M_1 或 M_2。对于频繁启动或重载启动的机械,一般预选尖峰转矩 $M_1 = 0.9M_m$,计算公比后,校核切换转矩是否满足 $M_2 \geq (1.1 \sim 1.2)M_L$(或 M_N);对于不经常启动的机械,往往预选切换转矩 $M_2 = (1.1 \sim 1.2)M_L$,计算公比后,校核尖峰转矩 M_1 是否满足 $M_1 \leq 0.9M_m$。如果不满足,则需重新确定 M_1 或 M_2,重新计算公比。

对于有加速要求的机械设备,还要计算平均启动转矩,看其是否满足加速要求。平均启动转矩 M_{av} 可用尖峰转矩与切换转矩的几何或算术平均值来计算,即

$$M_{av} = \sqrt{M_1 M_2} \quad \text{或} \quad M_{av} = \frac{M_1 + M_2}{2} \tag{2-14}$$

二、三相平衡启动电阻的计算方法

在制造厂家供货时,为了简化计算方法,一般按经验公式法提供启动电阻,虽然准确性较差,但安装时经适当调整,也可用于工作不繁忙的提升机。经验公式列于表2-1和表2-2中。

表 2-1 电动机转子五级电阻计算的经验公式

级　数	各级编号	计算公式		
		各段电阻	通电持续率 JC%	平均启动电流
五级磁力站	$Q_0 \sim Q_{11}$	$r_1 = 1.75R_{2N}$	$JC_1\% = 40 \sim 100$	$0.4I_{2N}$
	$Q_{11} \sim Q_{21}$	$r_2 = 0.3R_{2N}$	$JC_2\% = 0.9JC\%$	$1.3I_{2N}$
	$Q_{21} \sim Q_{31}$	$r_3 = 0.2R_{2N}$	$JC_3\% = 0.7JC\%$	$1.9I_{2N}$
	$Q_{31} \sim Q_{41}$	$r_4 = 0.1R_{2N}$	$JC_4\% = 0.8JC\%$	$2I_{2N}$
	$Q_{41} \sim Q_{51}$	$r_5 = 0.04R_{2N}$	$JC_5\% = 0.9JC\%$	$2I_{2N}$

表 2-2 电动机转子八级电阻计算的经验公式

级　数	各级编号	计算公式		
		各段电阻	通电持续率 JC%	平均启动电流
八级磁力站	$Q_0 \sim Q_{11}$	$r_1 = 1.4R_{2N}$	$JC_1\% = 40 \sim 100$	$0.4I_{2N}$
	$Q_{11} \sim Q_{21}$	$r_2 = 0.5R_{2N}$	$JC_2\% = 0.9JC\%$	$0.9I_{2N}$
	$Q_{21} \sim Q_{31}$	$r_3 = 0.3R_{2N}$	$JC_3\% = 0.4JC\%$	$1.7I_{2N}$
	$Q_{31} \sim Q_{41}$	$r_4 = 0.2R_{2N}$	$JC_4\% = 0.7JC\%$	$1.7I_{2N}$
	$Q_{41} \sim Q_{51}$	$r_5 = 0.12R_{2N}$	$JC_5\% = 0.8JC\%$	$1.7I_{2N}$
	$Q_{51} \sim Q_{61}$	$r_6 = 0.07R_{2N}$	$JC_6\% = 0.85JC\%$	$1.7I_{2N}$
	$Q_{61} \sim Q_{71}$	$R_7 = 0.04R_{2N}$	$JC_7\% = 0.9JC\%$	$1.7I_{2N}$
	$Q_{71} \sim Q_{81}$	$R_8 = 0.02R_{2N}$	$JC_8\% = 0.95JC\%$	$1.7I_{2N}$

预备级电阻的计算：

在矿井提升机的拖动系统中,为了防止传动机构和工作机械在启动时受到尖峰转矩的过大冲击,在电动机加速级电阻之前串入较大的预备级电阻,产生一个小于或等于负载转矩的预备级转矩。此时作用在工作机械的拖动转矩不能使提升机启动加速,经短暂停留后,切除预备级电阻,提升机才开始加速。

对于具有一级预备级的启动系统,一般取预备级转矩 $M_{pr} = M_N$,则转子电流为额定值,即 $I_{pr} = I_{2N}$,所以预备级电阻可由下式计算:

$$R_{pr} = \frac{E_{2N}}{\sqrt{3}I_{pr}} = \frac{E_{2N}}{\sqrt{3}I_{2N}} = R_{2N} \qquad (2-15)$$

对于具有两级预备级的启动系统,一般选取第一预备级转矩 $M_{pr1} = \frac{1}{3}M_N$,则 $I_{pr1} = \frac{1}{3}I_{2N}$。第一预备级电阻为

$$R_{pr1} = \frac{E_{2N}}{\sqrt{3} \times \frac{1}{3}I_{2N}} = 3R_{2N} \qquad (2-16)$$

第二预备转矩仍取 $M_{\text{pr2}} = M_{\text{N}}$，则第二预备级电阻为

$$R_{\text{pr2}} = R_{\text{2N}}$$

 **能力体现**

案例 2-1 一台绕线型电动机，已知 $P_{\text{N}} = 380\ \text{kW}$，$n_{\text{N}} = 735\ \text{r/min}$，$E_{\text{2N}} = 527\ \text{V}$，$I_{\text{2N}} = 445\ \text{A}$，$\lambda_{\text{m}} = 2.3$，启动电阻加速级 $n = 6$，重载启动。试求各级电阻。

解：(1)计算转子电阻

$$s_{\text{N}} = \frac{n_0 - n_{\text{N}}}{n_0} = \frac{750 - 735}{750} = 0.02$$

$$R_{\text{2N}} = \frac{E_{\text{2N}}}{\sqrt{3} I_{\text{2N}}} = \frac{527}{\sqrt{3} \times 445} = 0.684(\Omega)$$

$$r_{20} = s_{\text{N}} R_{\text{2N}} = 0.02 \times 0.684 = 0.013\,7(\Omega)$$

(2)预选尖峰转矩

$$M_1 = 0.9 M_{\text{m}} = 0.9 \lambda_{\text{m}} M_{\text{N}} = 0.9 \times 2.3 M_{\text{N}} = 2.07 M_{\text{N}}$$

(3)计算公比

$$q = \sqrt[n]{\frac{M_{\text{N}}}{s_{\text{N}} M_1}} = \sqrt[6]{\frac{1}{0.02 \times 2.07}} = 1.7$$

(4)校核切换转矩

$$M_2 = \frac{M_1}{q} = \frac{2.07 M_{\text{N}}}{1.7} = 1.218 M_{\text{N}}$$

$$M_2 > 1.2 M_{\text{N}}$$

符合要求。

(5)计算各段电阻

$$r_6 = (q - 1) r_{20} = (1.7 - 1) \times 0.013\,7 = 0.009\,6(\Omega)$$

$$r_5 = q r_6 = 1.7 \times 0.009\,59 = 0.016\,3(\Omega)$$

$$r_4 = q r_5 = 1.7 \times 0.016\,3 = 0.027\,7(\Omega)$$

$$r_3 = q r_4 = 1.7 \times 0.027\,7 = 0.047\,1(\Omega)$$

$$r_2 = q r_3 = 1.7 \times 0.047\,1 = 0.08(\Omega)$$

$$r_1 = q r_2 = 1.7 \times 0.08 = 0.136(\Omega)$$

 **操作训练**

训练内容	训练要点
异步电动机转子串平衡电阻启动方法和性能	启动控制过程分析； 技术经济指标分析； 启动电阻的经验计算法。

**任务评价**

序　号	考核内容	考核项目	配　分	得　分
1	启动过程的控制原理	工作点的跳变、跳变的控制因素。	25	
2	各级电阻的作用	预备级电阻的作用和大小、启动级电阻的作用和大小要求。	25	
3	三相平衡启动电阻的计算方法	根据性能指标要求采用经验法计算。	35	
4	遵章守纪		15	

任务2　异步电动机启动电抗器及自耦变压器的选择

知识点及目标

分析计算启动降压电抗器、自耦变压器时所需要计算的内容,影响计算结果的因素,以及参数不合理的问题。

**能力点及目标**

能根据计算要求、计算方法和产品样本合理计算选择所需启动降压电抗器、自耦变压器的各个项目。

任务描述

直接启动不能满足启动电流限制要求时,比较简单的启动方法就是降压启动。而降压电抗器或自耦变压器参数不合理时可能导致无法启动或达不到限制启动电流的目的。所以,合理选择运行参数是降压启动必须进行的工作。

**任务分析**

启动参数的计算是根据启动电压、启动转矩、启动电流的要求进行的。要根据条件的要求确定所选择设备的型号、额定参数和工作参数。

**相关知识**

一、启动电抗器的计算与选择

1. 根据生产机械实际需要的启动转矩求允许的启动电压相对值

61

$$K_u = \frac{U_{st}}{U_N} \geqslant \sqrt{\frac{M'_{st}}{M_{st}}} \tag{2-17}$$

式中　U_{st}——实际启动电压，V；

　　　M'_{st}——生产机械实际需要的启动转矩，一般 $M'_{st} = (0.45 \sim 0.7)M_N$；

　　　M_{st}——额定电压下的启动转矩。

2. 计算电动机的启动阻抗

$$Z_{st} = \frac{U_N}{\sqrt{3}I_{st}} \tag{2-18}$$

式中　I_{st}——电动机的全压启动电流，A。

3. 计算每相外加电抗值

$$X_R = \sqrt{\left(\frac{Z_{st}}{K_u}\right)^2 - R_{st}^2} - X_{st} \tag{2-19}$$

式中　R_{st}——电动机的启动电阻，$R_{st} = Z_{st}\cos\varphi_{st}$；

　　　X_{st}——电动机的启动电抗，$X_{st} = Z_{st}\sin\varphi_{st}$；

　　　$\cos\varphi_{st}$——电动机启动时的功率因数，一般取 $\cos\varphi_{st} = 0.25 \sim 0.3$。

4. 计算电抗器的额定电流

因电抗器的启动时间是按短时设计的，故应把电动机的启动电流换算到电抗器设计启动时间下的电流值：

$$I_R = K_u I_{st} \sqrt{\frac{nt_{st}}{t_R}} \tag{2-20}$$

式中　n——连续启动次数，按实际情况而定，一般选 3 次；

　　　t_{st}——启动一次所需要的时间；

　　　t_R——电抗器的设计启动时间。

因 t_{st} 很难事先求得，可按 $I_R = K_u I_{st}$ 来选择电抗器，根据实际生产中 t_{st} 来限制连续启动次数 n。

5. 计算加入电抗器后实际的启动电流

$$I'_{st} = \frac{U_N}{\sqrt{3}(Z_{st} + X_R)} \tag{2-21}$$

根据计算的电抗值、启动电流，可从产品样本中选择合适的电抗器。

二、自耦变压器的选择

启动自耦变压器一般与控制电器组装在一起，构成自耦减压启动器或称启动补偿器。在电动机功率较大，而又不适于用星三角启动的低压电动机上，可以选用这种启动方式。

常用的自耦减压启动器有 QJ2A，QJ3 和 XJ01 型等几种，每种型号有若干个规格，可控制电动机容量在 28～300 kW，自耦变压器有 80% 和 65%（或 60%）的抽头，以供选择。

自耦减压启动器技术数据中给出了额定电流、启动时间和所控制电动机的功率，选择时可根据电动机的额定数据对照产品样本确定其型号、规格。

　能力体现

案例 2-2　已知 JKZ 2500-2 型笼型电动机，$U_N = 6\ 000$ V，$I_N = 280$ A，$P_N = 2\ 500$ kW，$I_{st}/I_N = 5.75$，$M_{st}/M_N = 0.99$，试计算启动外加电抗值。

解： (1)计算允许的启动电压相对值

$$K_u = \frac{U_{st}}{U_N} = \sqrt{\frac{M'_{st}}{M_{st}}} = \sqrt{\frac{0.45M_N}{0.99M_N}} = 0.672$$

(2)直接启动时的电流

$$I_{st} = 5.75I_N = 5.75 \times 280 = 1\ 610(A)$$

(3)接入电抗器后的启动电流

$$I'_{st} = K_u I_{st} = 0.672 \times 1\ 610 = 1\ 080(A)$$

(4)电动机每相的启动阻抗

$$Z_{st} = \frac{U_N}{\sqrt{3}I_{st}} = \frac{6\ 000}{\sqrt{3} \times 1\ 610} = 2.15(\Omega)$$

(5)接入电抗器后每相启动阻抗

$$Z'_{st} = \frac{U_N}{\sqrt{3}I'_{st}} = \frac{6\ 000}{\sqrt{3} \times 1\ 080} = 3.2(\Omega)$$

(6)计算每相外加电抗

$$X_R \approx Z'_{st} - Z_{st} = 3.2 - 2.15 = 1.05(\Omega)$$

查产品样本，选取 QKSJ-5600/6 型电抗器，额定电流 1 350 A，标准电抗值 1.05 Ω。由于选择值与计算值相同，故不必计算实际启动电流。

　操作训练

序　号	训练内容	训练要点
1	启动电抗器的计算与选择	根据生产机械实际需要的启动转矩要求和电动机允许的启动电压计算所需电抗器参数。
2	自耦变压器的选择	根据生产机械实际需要的启动转矩要求和电动机允许的启动电压进行设备选型，并计算所需自耦变压器的参数。

　任务评价

序　号	考核内容	考核项目	配　分	得　分
1	生产机械启动转矩确定	根据生产机械实际需要确定启动转矩。	15	
2	电动机的启动阻抗计算	根据全压时的启动电流。	20	
3	确定所串入的启动阻抗	根据所限制的启动电流。	20	

续表

序 号	考核内容	考核项目	配 分	得 分
4	确定自耦变压器型号	根据用途确定。	20	
5	确定自耦变压器参数	根据负载功率和启动要求。	10	
6	遵章守纪		15	

任务 3　矿用电动机的选择

知识点及目标

掌握电动机选择内容及要求。

明确电动机工作方式的划分方法及类型,在各种工作状态下发热的特点。

在连续、短时、断续运行情况下合理确定容量大小。

能力点及目标

能根据充分利用、过载能力和启动的要求确定容量的大小。

从本质上理解电动机额定容量的含义,以此指导实际工作中合理选择电动机的容量。

能根据负载运行的发热特点及等效功率大小,选择采用何种工作制的电动机及其容量大小。

能根据电动机使用的环境、负载要求全面选择电动机各个项目。

任务描述

容量选择过大会导致不经济运行,而容量选择过小又会产生电动机的损坏。所以,合理选择电动机容量既是经济问题,也是技术问题。

电动机的损坏主要是因发热造成的,在不同工作状态下发热规律不同,发热量大小也不同。从发热的角度去分析电动机的运行是合理选择容量的理论依据和基础。

由于实际负载大小种类繁多,功率大小不断变化,如何比较准确计算负载大小是合理选择电动机容量大小的前提条件。所以只有正确计算出负载大小,才可能合理选择电动机容量大小。

电动机容量选择是电动机选择的核心问题。但是,如果在结构形式、电压等其他方面选择不合理,仍然可能使电动机不能合理运行,甚至无法工作。

任务分析

通过分析能较为深刻地认识容量大小在技术和经济上的重要性,其大小是从哪些方面影响电动机的合理运行的;如何保障电动机在正常运行时的充分利用和启动能力、短时过载能力。

电动机在工作中不因发热而损坏,不仅与发热有关,还与绝缘材料的承受能力有关。本任务介绍了电动机常用的绝缘材料等级及特点,还更多地分析了电动机发热的内部机理和在各种情况下的发热特点,并说明了在短时、断续运行状态下的有关标准。

负载大小的表现形式多种多样,应根据负载特性所容易获得的功率、电流、转矩、力的大小中的某项参数来计算等效负载大小,与电动机对应项目的能力进行比较来选择容量大小。

不同运行制下电动机容量大小从本质上仍然是承受温度升高的能力,对同一个负载可以选择不同工作制下的电动机,只要温升接近而不超过材料的允许温升就是合理的。

 **相关知识**

一、电动机的选择内容

在电力拖动系统中,作为原动机的电动机,对它的选择,首要的是在各种运行状态下电机容量的选择。除此之外,在机械性能(启动、制动、调速等)方面应符合生产机械的特点,在结构上应适应工作环境的条件,同时还要确定电动机的电流种类、额定电压与额定转速。

二、正确选择电动机容量的意义

选择电动机容量,不仅是一个技术问题,还是一个经济问题。只有正确地选择电动机的容量,电力拖动装置才能可靠而经济地运行。

如果电动机容量选得过大,不仅增加了设备费用,电动机也不能得到充分利用。经常处于欠负载运行状态,效率和功率因数(对异步电动机而言)都将降低,运行费用较高,造成浪费。

反之,如果电动机容量选得过小,电动机在工作中将经常过载,容易使电动机过热和使绝缘材料提前老化,造成电机过早损坏。因此,电动机容量选得过大或过小,都是不合适的。

三、选择电动机容量的要求

选择电动机容量时,应满足下述 3 方面的要求:

(1)电动机在工作时,其稳定温升应接近但不超过绝缘材料的允许温升;

(2)电动机应具有一定的过载能力,以保证在短时过载的情况下能正常工作。检验电动机的短时过载能力可按下列条件:

$$\lambda_s \geqslant \frac{M_{\mathrm{Lm}}}{M_{\mathrm{N}}} \tag{2-22}$$

式中 M_{Lm}——电动机在工作中承受的最大负载转矩;

      M_{N}——电动机的额定转矩;

      λ_s——短时过载系数。

对于异步电动机,λ_s 取决于 λ_{m},其关系为

$$\lambda_s = (0.8 \sim 0.85)\lambda_{\mathrm{m}} \tag{2-23}$$

式中 $\lambda_{\mathrm{m}} = \dfrac{M_{\mathrm{m}}}{M_{\mathrm{N}}}$——异步电动机最大转矩 M_{m} 对额定转矩 M_{N} 的倍数;

      $0.8 \sim 0.85$——考虑电网电压下降引起 M_{m} 及 λ_{m} 下降的系数。

对于直流电动机,过载能力受换向所允许的最大电流值的限制。一般 Z 型与 Z_2 型直流电机,在额定磁通下,λ_s 可选为 $1.5 \sim 2$。对 ZZ 型、ZZY 型直流电机以及同步电动机,可取 $\lambda_s =$

2. 5 ~ 3。

(3)电动机应具有生产机械所需要的启动转矩。

在大多数情况下的电动机容量选择,首先从发热的条件考虑,然后再按过载能力进行校验。对笼型电动机,有时还需进行启动能力校验,看其是否满足生产机械的要求。对直流电动机与绕线型异步电动机,因其启动转矩的数值是可调的,则不必校验启动能力。

四、电动机的发热与冷却特点

电动机的发热是由于在能量转换过程中,其内部产生的损耗变成了热量而使温度升高的缘故。在电动机中,耐热最差的是绕组的绝缘材料,不同等级的绝缘材料,其最高允许温度也不同。电机常用的绝缘材料有 5 种等级,如表 2-3 所列。

表 2-3　绝缘等级、绝缘材料及对应的最高允许温度

绝缘等级	绝缘材料	最高允许温度/℃
A	包括经过绝缘浸渍处理过的棉纱、丝、纸等有机材料或其组合物,普通漆包线的绝缘漆。	105
E	包括高强度漆包线的绝缘漆,环氧树脂,三醋酸纤维薄膜及青壳纸,纤维填料塑料,高强度漆包线的聚脂漆。	120
B	包括由云母、玻璃纤维、石棉等制成的绝缘材料,用有机材料粘合或浸渍,矿物填料或塑料。	130
F	包括与 B 级绝缘相同的材料,但粘合剂及浸渍漆不同。为了加强机械强度,可加入少量 A 级材料。	155
H	包括与 B 级绝缘相同的材料,但用耐温 180 ℃的硅有机树脂粘合或浸渍,硅有机橡胶,无机填料塑料。	180

当电动机的结构尺寸和冷却方式确定后,绝缘等级越高,输出功率就越大,功率损耗也越大。显然,绝缘等级越高,价格也越高。

电动机的损耗主要是由导体热损耗(即铜损,包括绕组铜损、电缆铜损、电刷、滑环和换向器铜损等),铁磁热损耗(即铁损,包括涡流损耗和磁滞损耗两部分),摩擦损耗(包括轴承摩擦损耗、电刷摩擦损耗和风阻损耗)等。

(一)电动机的发热过程

由于电动机构造上存在的非同一材料、非均匀质体,同时由于在能量转换过程中存在着电、磁、热、力、冷却介质、空气等众多的能量流及不可避免的能量损失,因此用精确的解析式分析电动机的发热过程是不可能的,实际上也没有必要。通常为了定性地分析电动机的发热过程,假设电动机是一个均匀的发热体。

电动机运行时,在其内部产生的铜损、铁损和摩擦损耗等能量损失均变成热能,使电动机的温度逐渐升高,这个过程称为发热过程。发热过程的变化规律可用图 2-3 中曲线表示。由图可以看出,电动机在发热初期,其温升较低,与外界的温差较

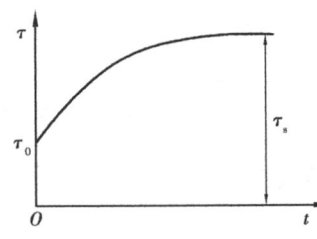

图 2-3　电动机发热时的温升曲线

小,所以散发到周围介质中去的热量也较少,电动机产生的热量大部分为电动机本身所吸收,这时电动机的温升上升比较快。随着电动机本身温度的升高,散发到周围介质中去的热量越来越多,而电动机本身吸收的热量越来越少,因此电动机的温升上升速度就逐渐变慢,直到电动机的发热量与散热量相等时,电动机的温升达到稳定而不再升高,即发热过程达到平衡状态。

(二)电动机的冷却过程

电动机的冷却过程是温升下降的过程。温升下降有两种情况:一是电动机运行时,因负载减小而引起的温升下降;二是电动机断电引起的温升下降。只要断电时间足够长,温升就可下降到零。这两种冷却过程对应的温升变化如图 2-4 所示。

从图 2-4 所示曲线可以看出,冷却开始时,虽然电动机的发热量减小或者为零,但因为电动机的温升较高,单位时间内的散热量较多,温升下降较快。随着温升的下降,散热量减小,温升下降也逐渐缓慢,直到电动机的温升下降到负载减小时对应的稳定值或者下降到电动机断电后对应的零值为止。

(三)电动机运行状态的分类

电动机的温升与结构材料有关(用发热时间常数大小表示,反应了电动机的热惯性大小),还与发热量,即负载持续的时间长短有关。根据电动机的运行时间与发热时间常数之间的关系,其运行状态可以分为以下 3 种:

1. 连续运行状态

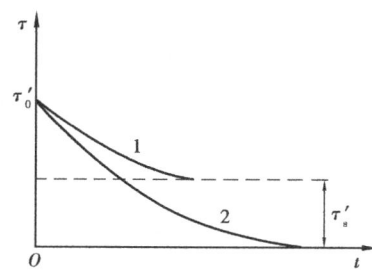

图 2-4 电动机冷却时的温升曲线
1—负载减小时;2—断电时

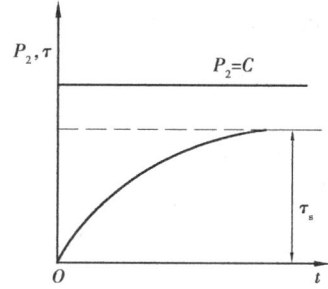

图 2-5 连续运行状态

连续运行状态又称为长时运行状态。如果电动机的运行时间 t 大于 3 ~ 4 倍发热时间常数,即电动机运行时间内能达到稳定温升,这种运行状态属于连续运行状态。连续运行时,电动机的负载功率和温升变化曲线如图 2-5 所示。这种状态下电动机的运行时间往往长达几十分钟、数小时或几昼夜,甚至更长。如矿井主通风机、主排水泵以及空气压缩机等。

2. 短时运行状态

如果电动机的运行时间 t 较短,停车时间 t' 较长,在运行时间内电动机的温升来不及达到稳定值,而在停车时间内其温升可以降到零,这种运行状态就称为短时运行状态。短时运行状态下电动机的输出功率和温升变化曲线如图 2-6 所示。矿井主通风机房控制风门的电动机就属于这种运行状态。

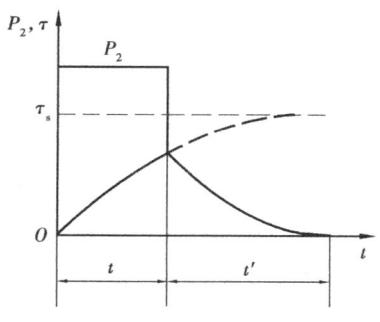

我国生产的专用短时运行电动机的标准运行时间为 15 min,30 min,60 min 和 90 min 四个等级。

图 2-6 短时运行状态

3. 断续运行状态

断续运行状态又称为重复短时运行状态或间歇式运行状态,在这种状态下运行的电动机以运行时间 t 和停歇时间 t' 周期性重复交替运行。断续运行时每个周期的运行时间按国家标准规定不超过 10 min。在断续运行状态下,电动机在运行时间内温升来不及达到稳定温升,在停歇时间内,其温升又来不及降到零。但每经过一个周期,温升就有所上升,经过几个周期的运行后,温升最终会在某一范围内上下波动,对应的电动机输出功率和温升变化曲线如图 2-7 所示。矿井提升机的电动机属于这种运行状态。不过,在实际应用中,往往把矿井提升机作为变化负载连续运行的生产机械来处理。

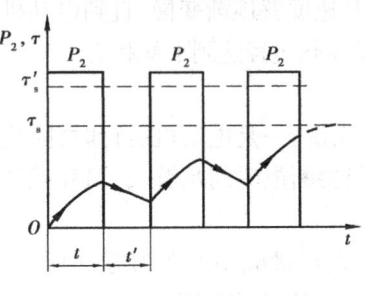

图 2-7　短时运行状态

断续运行时,电动机的运行时间 t 与运行周期 T 之比称为负载持续率,即

$$\varepsilon\% = \frac{t}{T} \times 100\% \tag{2-24}$$

我国规定的标准负载持续率为 15%,25%,40% 和 60% 4 种。

五、电动机容量的选择方法

(一)连续运行状态下电动机容量的选择

连续运行电动机的负载有两类:一类为恒值负载,这种情况电动机容量的选择比较简单;另一类为变化负载,在这种负载条件下选择电动机容量时,一般先把变化负载等效成恒值负载,然后再按恒值负载选择电动机的容量。

1. 恒值负载下电动机容量的选择

当负载功率 P_L 确定后,在产品目录中选出额定功率 P_N 等于或略大于 P_L 的电动机,即

$$P_N \geqslant P_L \tag{2-25}$$

通常,电动机是按恒值负载连续运行设计的,因此按式(2-25)选出的电动机在额定功率下运行时,其温升不会超过允许值,不需要进行发热校验。如选用笼型电动机,一般还要校验启动能力。

当电动机的实际工作环境温度与标准环境温度(40 ℃)相差较大时,由于散热条件的变化,其允许输出功率与额定功率有所不同。为了充分利用电动机的容量,可按式(2-26)计算电动机的允许输出功率。

$$P = P_N \sqrt{\frac{\theta_m - \theta_0}{\theta_m - 40}(K + 1) - K} \tag{2-26}$$

式中　P_N——电动机的额定功率,kW;

　　　P——电动机的允许输出功率,kW;

　　　θ_m——绝缘材料允许的最高温度,℃;

　　　θ_0——实际的环境温度,℃;

　　　K——不变损耗与额定负载下可变损耗之比,一般取 0.4~1.1。

根据经验,环境温度不同时,电动机的允许输出功率可以粗略地按表 2-4 相应地增减。

表 2-4 不同环境温度下电动机功率的修正值

环境温度/℃	30	35	40	45	50	55
修正百分数/%	+8	+5	0	−5	−12.5	−25

煤矿两种典型生产机械所需电动机的功率计算如下：

（1）主通风机电动机容量的计算

在已知主通风机工况点对应的风量和风压条件下，负载功率的计算公式为

$$P_{\mathrm{L}} = \frac{KQH}{\eta_{\mathrm{v}}\eta_{\mathrm{G}}} \times 10^{-3} \qquad (\mathrm{kW}) \tag{2-27}$$

式中　K——功率备用系数，一般取 1.1~1.2；

　　　Q——通风机的流量，$\mathrm{m^3/s}$；

　　　H——通风机的风压，Pa，轴流式为静压，离心式为全压；

　　　η_{v}——通风机效率；

　　　η_{G}——传动效率。

（2）水泵电动机容量的计算

在已知水泵工况点对应的流量和扬程的条件下，水泵负载功率的计算公式为

$$P_{\mathrm{L}} = K\frac{\gamma QH}{\eta_{\mathrm{v}}\eta_{\mathrm{G}}} \times 10^{-3} \qquad (\mathrm{kW}) \tag{2-28}$$

式中　K——功率备用系数，一般取 1.1~1.15；

　　　γ——矿水的比重，$\mathrm{N/m^3}$；

　　　Q——水泵的流量，$\mathrm{m^3/s}$；

　　　H——水泵的扬程，m；

　　　η_{v}——水泵机效率；

　　　η_{G}——传动效率。

2. 变化负载下电动机容量的选择

负载变化时，电动机的输出功率随之变化，因此电动机内部的损耗也在变化，从而引起发热量和温升的变化。当负载周期性地变化时，其温升也必然周期性波动。温升波动的最大值将低于对应于最大负载的稳定温升，但高于对应于最小负载时的稳定温升。显然，在这种情况下，如果按照最大负载选择电动机的容量，电动机将得不到充分利用，而按照最小负载选择电动机的容量，又有过热的危险。因此，既要保持电动机不过热，又要充分利用其容量，计算就比较复杂。在这种情况下，通常采用"等效法"来计算电动机的容量。所谓"等效法"是指如果已经知道负载的电流、转矩、受力情况，按发热等效的原则将其等效为在恒值电流、转矩、受力时的等效功率，按等效功率来选择电动机的容量。具体方法在此不做详细介绍。

电动机容量确定后，还要校验过载是否能满足要求。

（二）短时运行状态下电动机容量的选择

对于短时运行状态，可选择连续运行状态的电动机用于短时工作，也可选用专为短时运行而设计的电动机。

1. 选用为连续运行所设计的电动机用于短时工作

选择连续运行状态的电动机用于短时工作时,为了使电动机在短时的工作时间内的温升能达到稳定温升,即达到绝缘材料允许的最高温升,以便使电动机得到充分利用,可以增加电动机的使用容量。

电动机短时运行的使用容量为

$$P = P_N \sqrt{\frac{1 + K e^{-t_{op}/T}}{1 - e^{-t_{op}/T}}} = \lambda_s P_N \tag{2-29}$$

式中 λ_s——连续运行电动机作短时运行时的过载系数。

由上式可知:λ_s 与工作时间 t_{op} 有关,t_{op} 越长,λ_s 越小;反之,t_{op} 越短,则 λ_s 越大。

在实际工作中,要求比较准确地确定上式中的系数是困难的,通常是根据经验来估计使用功率。

2. 选用专为短时运行状态而设计的电动机

在 4 种标准的短时运行时间中,对于同一台电动机而言,对应不同的运行时间,允许输出的功率也不同,其功率关系为 $P_{15} > P_{30} > P_{60} > P_{90}$。这说明运行时间越短,过载系数越大,允许输出功率也越大,因此可以根据短时运行时生产机械的功率、运行时间及转速要求,从产品目录中直接选取,所选电动机的额定功率大于或等于负载功率。

如果短时运行负载的运行时间 t_L 与短时运行电动机的标准运行时间 t_s 相差较大,应先把实际运行时间 t_L 下的负载功率 P'_L 折算到标准运行时间 t_s 下的功率 P_L,然后再选择电动机。折算的原则为发热相等,折算的关系式为

$$P_L = \frac{P'_L}{\sqrt{\frac{t_s}{t_L} + K\left(\frac{t_s}{t_L} - 1\right)}} \tag{2-30}$$

当 t_L 与 t_s 相差不大时,可略去 $K\left(\dfrac{t_s}{t_L} - 1\right)$ 项,得

$$P_L \approx \frac{P'_L}{\sqrt{\frac{t_s}{t_L}}} \tag{2-31}$$

折算时,应取与 t_L 最接近的 t_s 值代入上式。确定了电动机的容量后,再进行过载能力的校验。

（三）断续运行状态下电动机容量的选择

与短时运行状态相似,断续运行的生产机械既可以选用连续运行电动机,也可以选用标准的断续运行电动机。

选用连续运行电动机时,应将断续运行时的负载等效为连续运行负载,再按连续运行负载的方法选择电动机容量。

如果选用标准的断续运行电动机,当断续运行的负载恒定时,并且当实际的负载持续率接近或等于标准的负载持续率时,可以直接选用标准负载持续率的电动机,再进行过载能力的校验。

如果断续运行时负载变化,仍可采用等效法,把断续运行的变化负载等效成断续运行的恒值负载,但公式中不应把停歇时间 t' 计入,因为它已在 $\varepsilon\%$ 中考虑过了。经过等效折算后,再

从产品目录中选用标准的断续运行电动机。

如果实际的负载持续率 $\varepsilon_\mathrm{L}\%$ 与标准的负载持续率 $\varepsilon_\mathrm{s}\%$ 相差较大,则应先将 $\varepsilon_\mathrm{L}\%$ 下的负载功率 P'_L 折算到 $\varepsilon_\mathrm{s}\%$ 下的负载功率 P_L,然后再选用标准的断续运行电动机。折算的原则仍是发热等效,折算公式为

$$P_\mathrm{L} = P'_\mathrm{L}\sqrt{\frac{\varepsilon_\mathrm{L}\%}{\varepsilon_\mathrm{s}\%}} \tag{2-32}$$

当 $\varepsilon_\mathrm{L}\% < 10\%$ 时,应选用短时运行状态的电动机;

当 $\varepsilon_\mathrm{L}\% > 60\%$ 时,应选用连续运行状态的电动机。

六、电动机结构类型的选择

选择电动机时,除根据不同的运行状态确定合适的容量,使电动机在工作中温升不超过允许值,并满足生产机械对启动、制动、调速及过载能力等方面的要求外,还应根据技术经济指标以及工作环境等,选择电动机的类型、电压等级和结构型式。

(一)电动机类型的选择

笼型异步电动机因其结构简单、价格便宜、运行可靠、维护方便,应用非常广泛,在矿井中,如水泵、运输机、局部通风机及采煤机等均采用笼型电动机。

当电网容量较小,或启动转矩要求很大,采用笼型电动机在技术上不可能或经济上不合理时,可采用绕线型异步电动机。对于需要调速的生产机械,如中、小容量矿井提升机,也采用绕线型电动机。

同步电动机的优点是可以提高电网的功率因数,缺点是结构较复杂,操作与维护较麻烦,一般用于要求恒速或需要改善功率因数的场合,如大功率的通风机、空气压缩机等。

对于需要调速和改善启动性能的生产机械,也可采用直流电动机,如大型矿井提升机采用他励直流电动机,矿用电机车则采用串励直流电动机。

(二)电动机额定电压的选择

对于交流电动机,目前矿山井下采用 380 V 或 660 V 的额定电压,大型采煤机组采用 1 140 V 电压,矿山固定设备当所需容量较大时,应尽量采用 6 kV 的高压电动机。

对于直流电动机,一般有 110 V,220 V,440 V 等电压等级。

(三)电动机结构型式的选择

根据电动机不同的工作环境,可以把电动机分为下述 4 种型式:

1. 开启式

这种电动机两侧的端盖上有很大的开口,散热条件好,价格较低,但易受灰尘、水滴和铁屑的侵入,影响电动机的正常工作和寿命,因此只能在干燥、清洁的环境中使用,如地面提升机房、主通风机房等。

2. 防护式

这类电动机分为网罩式和防滴式两种,通风冷却条件较好,可以防止水滴、尘土及铁屑从上面落入电机内部,但不能防止潮气和灰尘从侧面侵入,适用于比较干燥、灰尘不多、没有腐蚀性和爆炸性气体的工作环境,如机修车间。

3. 封闭式

这类电动机又分为自扇风冷式、强迫风冷式和密封式 3 类。前两类适用于潮湿、有腐蚀性

气体、易受风雨侵蚀等环境,如低瓦斯矿井的井底车场。密封式电动机一般用于浸入水中的机械,如潜水泵电动机。

4. 隔爆式

这类电动机的外壳具有足够的强度,能够承受内部气体的最大爆炸压力,而且内部爆炸发生的火花也不会涉及外部,引起周围可燃性气体发生爆炸。这类电动机适用于井下采区,如采、掘、运机械。

 能力体现

案例 2-3 某矿井采用轴流式风机作为主通风机,初始静态转矩的相对值 $M_{i*} = 0.3$,排风量 $Q = 80\ m^3/s$,风压 $H = 3\ 530\ Pa$,转速 $n_N = 750\ r/min$,效率 $\eta_v = 0.67$,环境温度 $\theta = 50\ ℃$。试选择电动机。

解:轴流式风机采用联轴器联接,传动效率 $\eta_G = 0.98$,则风机的负载功率为

$$P_L = \frac{KQH}{\eta_v \eta_G} \times 10^{-3} = \frac{1.2 \times 80 \times 3\ 550}{0.67 \times 0.98} = 516(kW)$$

考虑到环境温度为 $50\ ℃$,根据表 2-4 的修正值,电动机允许输出功率将低于额定功率 12.5%。为此,采用额定功率 $P_N = 630\ kW$ 的电动机,其实际允许输出功率为

$$P = P_N(1 - 0.125) = 630 \times (1 - 0.125) = 551(kW)$$

因为电动机功率较大,故选用 6 kV 的同步电动机,额定转速选 750 r/min。从产品目录中查得牵入转矩相对值 $M_* = 0.9$。

同步电动机的额定转矩为

$$M_N = 9\ 550\frac{P}{n_N} = 9\ 550 \times \frac{551}{750} = 7\ 016(N \cdot m)$$

同步电动机的牵入转矩为

$$M = M_* M_N = 0.9 \times 7\ 016 = 6\ 314.4(N \cdot m)$$

当转差率 $s = 0.05$ 时,风机负载转矩的相对值可用下式计算:

$$\begin{aligned} M_{L*} &= M_{i*} + (1 - M_{i*})(1 - s)^2 \\ &= 0.3 + (1 - 0.3)(1 - 0.05)^2 \\ &= 0.932 \end{aligned}$$

风机轴上的额定功率为

$$P_{LN} = \frac{QH}{\eta_v} \times 10^{-3} = \frac{80 \times 3\ 530}{0.67} \times 10^{-3} = 421(kW)$$

风机轴上的额定转矩为

$$M_{LN} = 9\ 550\frac{P_{LN}}{\eta_N} = 9\ 550 \times \frac{421}{750} = 5\ 361(N \cdot m)$$

当转差率 $s = 0.05$ 时,风机的负载转矩为

$$M_L = M_{L*} M_{LN} = 0.932 \times 5\ 361 = 4\ 996.5(N \cdot m)$$

因为 $M = 6\ 314.4 > 1.2\ M_L$,所以牵入转矩满足要求。

案例 2-4 已知生产机械所需功率 $P'_L = 50\ kW$,$n = 570\ r/min$,$\varepsilon_L\% = 20\%$,试选择电动机容量。

解:因为与 $\varepsilon_L\% = 20\%$ 最接近的标准值为 $\varepsilon_s\% = 25\%$,所以折算成 $\varepsilon_s\%$ 下的功率为

$$P_L = P'_L\sqrt{\frac{\varepsilon_L\%}{\varepsilon_s\%}} = 50\sqrt{\frac{20\%}{25\%}} = 44.7(\text{kW})$$

从产品目录中按 $\varepsilon_s\% = 25\%$ 之值选择容量为 45 kW 的 JZR62-10 型电动机。

 操作训练

序号	训练内容	训练要点
1	绝缘材料的认识	认识各种常用绝缘材料的外形结构、特征、使用场所和最高允许温度值。
2	观察测试电风扇、闸门、电梯电机的运行,测试运行时间特点	根据测试参数分析长时运行、短时运行、断续运行的时间规律和发热规律。
3	通风机拖动电动机的选择	根据提供的通风机技术参数对拖动电动机进行功率和结构形式的选择。

 **任务评价**

序号	考核内容	考核项目	配分	得分
1	电动机容量选择的意义	选大选小的不当分析。	15	
2	选择电动机容量的要求	允许温升、过载能力、启动能力分析。	15	
3	电动机的发热和冷却特点	停车、不同负载时的变化。	10	
4	电动机的运行状态	各种运行状态的特点和国家规定。	20	
5	电动机容量的选择方法	不同负载大小的确定。	20	
6	电动机结构类型的选择	根据使用环境和性能要求选择。	10	
7	遵章守纪		10	

 **任务巩固**

2-1　电动机常用的绝缘材料分几类? 最高允许温度各是多少?

2-2　电动机容量选择应遵循哪些原则? 为什么要遵循这些原则?

2-3　电机发热时间常数的含义是什么? 电机冷却条件不同时,其发热时间常数是否一样?

2-4　电动机的稳定温升与哪些因素有关? 电动机额定功率的定义是什么? 欲提高额定功率应采取什么措施?

2-5 电动机运行状态分为几类? 各有何特点?

2-6 变化负载连续运行时,可采用哪几种等效方法? 各适用于什么条件?

2-7 当采用等效法选择电动机时,为什么要修正启动、制动和间歇时间段对应的负载线? 如何修正?

2-8 当负载线为三角形或梯形时,如何计算负载的等效值?

2-9 在实际应用中,电机的使用容量、电流、温升能否超过额定值? 为什么?

2-10 负载持续率的含义是什么? 当 $\varepsilon_s\% = 15\%$ 时,能否让电动机工作 15 min,休息 85 min?

2-11 在额定负载下,电动机由周围介质温度升至 85 ℃时,需要 2.5 h,电机的稳定温升为 80 ℃,周围介质温度为 25 ℃,求发热时间常数。

2-12 对于短时负载,如何选用专为短时运行的电动机或选用连续运行的电动机? 如果负载按断续状态运行,如何选择电动机?

2-13 已知电动机的额定功率 $P_N = 10$ kW,允许温升 $\tau_N = 80$ ℃,铁损和铜损相等,当环境温度为 50 ℃和 25 ℃时,电动机的允许输出功率应为多少?

2-14 已知电动机的铭牌数据:额定功率 P_N、额定电压 U_N 及额定电流 I_N,允许温升为 70 ℃,铁损和铜损之比为 2:3。求当环境温度分别为 25 ℃和 45 ℃时,如何修正电动机的铭牌数据?

2-15 某台多级离心式水泵,流量为 155 m³/h,扬程为 92.1 m,转速为 1 480 r/min,水泵效率 $\eta_P = 0.77$,传动效率 $\eta_G = 1$,水的比重为 $\gamma = 9\ 810$ N/m³。现有一台电动机,其 $P_N = 55$ kW,$U_N = 380$ V,$n_N = 1\ 470$ r/min,问是否能用?

2-16 某短时运行负载功率 $P_L = 18$ kW,现有两台电动机可供选用:

(1)$P_N = 10$ kW,$n_N = 1\ 460$ r/min,$\lambda_m = 2.5$,启动转矩倍数 $M_{st}/M_N = 2$;

(2)$P_N = 14$ kW,$n_N = 1\ 460$ r/min,$\lambda_m = 2.8$,启动转矩倍数 $M_{st}/M_N = 2$。

试校验过载能力及启动能力。

2-17 某台容量为 35 kW、工作时间为 30 min 的短时运行电动机,突然发生故障。现用一台连续运行的电动机代替,若此电机 $t = 90$ min,$K = 0.6$,试问使用容量应该有多大?(不考虑过载能力)

2-18 绕线型异步电动机加速级启动电阻计算的理论依据是什么?

2-19 提升机为什么要设置两个预备级? 各起何作用?

2-20 一台 JR-126-6 绕线型异步电动机,技术数据如下:$P_N = 155$ kW,$U_{1N} = 380$ V,$I_{1N} = 292$ A,$n_N = 980$ r/min,$E_{2N} = 218$ V,$I_{2N} = 453$ A,$\lambda_m = 1.9$,用以拖动绞车,采用五级平衡启动电阻($n = 4$)。试计算启动电阻值。

2-21 一台笼型电动机,技术数据如下:$P_N = 460$ kW,$U_N = 6\ 000$ V,$I_N = 54$ A,$I_{st}/I_N = 506$,$M_{st}/M_N = 1.18$,$n_N = 988$ r/min。试计算串电抗器降压启动的电抗值。生产机械要求最小启动转矩不低于 $0.5M_N$。

情境 **3**

电动机基本控制电路

任务1　电气元件的符号与看图方法

知识点及目标

了解电气符号的组成、特点,掌握电气线路图的种类和组成规律,能熟练掌握各种电器元件在电路图中的表达形式和线圈、接点之间的动作关系。

能力点及目标

能通过电路图的绘制原则熟练划分主回路和控制回路,能掌握电气原理图和电气安装图各自的作用和结构特点。

任务描述

电气设备的功能是通过电器元件的不同组合来实现的,从电路图中认识电器元件是认识分析电气设备功能的基础,掌握电路图绘制和分析的方法是分析电气设备工作的关键,不同种类的电路图其作用不同,结构特点也不同。

任务分析

电器元件在电路图中的表达是通过符号来实现的,应通过不断的对电路的分析来熟悉电气符号的形式;电气设备的功能则是通过电器元件的不同组合来实现的,本任务应使学习者掌握电气线路图的组成特点,充分掌握其看图的方法规律,为进一步看懂电路图打下良好的基础。

相关知识

继电器—接触器的控制方式称作电器控制,其电气控制电路是由各种有触点电器,如接触器、继电器、按钮、开关等组成。它能实现电力拖动系统的启动、反向、制动、调速和保护,实现生产过程自动化。

随着生产的发展,对电力拖动系统的要求不断提高,在现代化的控制系统中采用了许多新的控制装置和元器件,如 MP、MC、PC、晶闸管等,用以实现对复杂的生产过程的自动控制。尽管如此,目前在我国工业生产中应用最广泛、最基本的控制仍是电器控制。而任何复杂的控制电路或系统,都是由一些比较简单的基本控制环节、保护环节根据不同要求组合而成的。因此,掌握这些基本控制环节是学习电气控制电路的基础。

一、常用电气控制系统的图文符号

电力拖动控制系统由电动机和各种控制电器组成。为了表达电气控制系统的设计意图,便于分析系统工作原理、安装、调试和检修控制系统,必须采用统一的图形符号和文字符号来表达。国家标准局参照国际电工委员会(IEC)颁布的文件,制定了我国电气设备的有关国家标准,如:

CB 4728—85 《电气图常用图形符号》

GB 5226—85 《机床电气设备通用技术条件》

GB 7159—87 《电气技术中的文字符号制定通则》

GB 6988—86 《电气制图》

GB 5094—85 《电气技术中的项目代号》

电气图形符号有图形符号、文字符号及回路标号等。

1. 图形符号

图形符号通常用于图样或其他文件,用以表示一个设备或概念的图形、标记或字符。电气控制系统图中的图形符号必须按国家标准绘制,附录一绘出了电气控制系统的部分图形符号。图形符号含有符号要素、一般符号和限定符号。

1)符号要素

它是一种具有确定意义的简单图形,必须同其他图形组合才构成一个设备或概念的完整符号。如接触器常开主触点的符号就由接触器触点功能符号和常开触点符号组合而成。

2)一般符号

一般符号是用以表示一类产品和此类产品特征的一种简单的符号。如电动机可用一个圆圈表示。

3)限定符号

限定符号是用于提供附加信息的一种加在其他符号上的符号。

运用图形符号绘制电气系统图时应注意:

①符号尺寸大小、线条粗细依国家标准可放大与缩小,但在同一张图样中,同一符号的尺寸应保持一致,各符号间及符号本身比例应保持不变。

②标准中示出的符号方位,在不改变符号含义的前提下,可根据图面布置的需要旋转,或成镜像位置,但文字和指示方向不得倒置。

③大多数符号都可以附加上补充说明标记。

④有些具体器件的符号由设计部门根据国家标准的符号要素、一般符号和限定符号组合而成。

⑤国家标准未规定的图形符号,可根据实际需要,按突出特征、结构简单、便于识别的原则进行设计,但需报国家标准局备案。当采用其他来源的符号或代号时,必须在图解和文件上说明其含义。

2. 文字符号

文字符号适用于电气技术领域中技术文件的编制,用以标明电气设备、装置和元器件的名称及电路的功能、状态和特征。

文字符号分为基本文字符号和辅助文字符号。常用文字符号见附录一。

1)基本文字符号

基本文字符号有单字母符号和双字母符号两种。单字母符号按拉丁字母顺序将各种电气设备、装置和元器件划分为 23 大类,每一类用一个专用单字母符号表示,如"C"表示电容器类,"R"表示电阻器类等。

双字母符号由一个表示种类的单字母符号与另一个字母组成,且以单字母符号在前,另一字母在后的次序列出,如"F"表示保护器件类,"FU"则表示熔断器。

2)辅助文字符号

辅助文字符号是用来表示电气设备、装置和元器件以及电路的功能、状态和特征的。如"RD"表示红色,"L"表示限制等。辅助文字符号也可以放在表示种类的单字母符号之后组成双字母符号,如"SP"表示压力传感器,"YB"表示电磁制动器等。为简化文字符号,当辅助文字符号由两个以上字母组成时,允许只采用其第一位字母进行组合,如"MS"表示同步电动机。辅助文字符号还可以单独使用,如"ON"表示接通,"M"表示中间线等。

3)补充文字符号的原则

规定的基本文字符号和辅助文字符号如不够使用,可按国家标准中文字符号组成规律和下述原则予以补充。

(1)在不违背国家标准文字符号编制原则的条件下,可采用国家标准中规定的电气技术文字符号。

(2)在优先采用基本和辅助文字符号的前提下,可补充国家标准中未列出的双字母文字符号和辅助文字符号。

(3)使用文字符号时,应按电气名词术语国家标准或专业技术标准中规定的英语术语缩写而成。

(4)基本文字符号不得超过两位字母,辅助文字符号一般不超过三位字母。文字符号采用拉丁字母大写正体字,且拉丁字母中"I"和"O"不允许单独作为文字符号使用。

3. 主电路各接点标记

三相交流电源引入线采用 L_1, L_2, L_3 标记。

电源开关之后的三相交流电源主电路分别按 U, V, W 顺序标记。

分级三相交流电源主电路采用三相文字代号 U,V,W 的前边加上阿拉伯数字 1,2,3 等来标记,如 1U,1V,1W;2U,2V,2W 等。

各电动机分支电路各接点标记采用三相文字代号后面加数字来表示,数字中的个位数表示电动机代号,十位数字表示该支路各接点的代号,从上到下按数值大小顺序标记。如 U_{11} 表示 M1 电动机的第一相的第一个接点代号,U_{21} 为第一相的第二个接点代号,以此类推。

电动机绕组首端分别用 U, V, W 标记,尾端分别用 U', V', W' 标记。双绕组的中点则用 U'', V'', W'' 标记。

控制电路采用阿拉伯数字编号,一般由三位或三位以下的数字组成。标注方法按"等电位"原则进行,在垂直绘制的电路中,标号顺序一般由上而下编号,凡是被线圈、绕组、触点或电阻、电容等元件所间隔的线段,都应标以不同的电路标号。

二、电气控制系统图

电气控制系统图包括电气原理图、电气安装图、电器位置图、互连图和框图等。各种图的图纸尺寸一般选用 297×210,297×420,297×630 和 297×840(mm²)4 种幅面,特殊需要可按 GB 126—74《机械制图》国家标准选用其他尺寸。

1. 电气原理图

用图形符号和项目代号表示电路各个电器元件连接关系和电气工作原理的图称为电气原理图。由于电气原理图结构简单、层次分明、适用于研究和分析电路工作原理,在设计部门和生产现场得到广泛的应用,其绘制原则是:

(1)电器应是未通电时的状态;二进制逻辑元件应是置零时的状态;机械开关应是循环开始前的状态。

(2)原理图上的动力电路、控制电路和信号电路应分开绘出。

(3)原理图上应标出各个电源电路的电压值、极性或频率及相数,某些元、器件的特性(如电阻、电容的数值等),不常用电器(如位置传感器、手动触点等)的操作方式和功能。

(4)原理图上各电路的安排应便于分析、维修和寻找故障,原理图应按功能分开画出。

(5)动力电路的电源电路绘成水平线,受电的动力装置(电动机)及其保护电器支路,应垂直电源电路画出。

(6)控制和信号电路应垂直地绘在两条或几条水平电源线之间。耗能元件(如线圈、电磁铁、信号灯等)应直接接在接地的水平电源线上。而控制触点应连在另一电源线上。

(7)为阅图方便,图中自左至右或自上而下表示操作顺序,并尽可能减少线条和避免线条交叉。

(8)在原理图上将图分成若干图区,标明该区电路的用途与作用;在继电器、接触器线圈下方列有触点表,以说明线圈和触点的从属关系。

图 3-1 为 CW6132 型普通车床电气原理电路图。

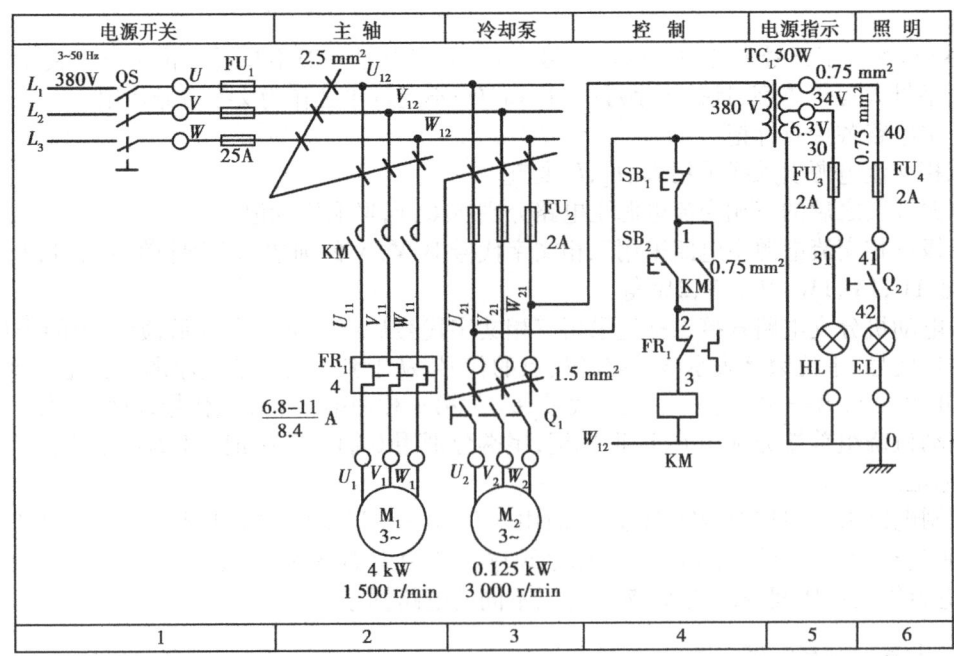

图 3-1　CW6132 型车床电气原理电路图

2. 电气安装图

电气安装图用来表示电气控制系统中各电器元件的实际安装位置和接线情况。它有电器位置图和互连图两部分。

1）电器位置图

电器位置图详细绘制出电气设备零件安装位置。图中各电器代号应与有关电路图和电器清单上所有元器件代号相同,在图中往往留有 10% 以上的备用面积及导线管(槽)的位置,以供改进设计时用。图中不需标注尺寸。图 3-2 为 CW6132 型普通车床电器位置。图中 $FU_1 \sim FU_4$ 为熔断器、KM 为接触器、FR 为热继电器、TC 为照明变压器、XT 为接线端板。

2）电气互连图

电气互连图用来表明电气设备各单元之间的接线关系。它清楚地表明了电气设备外

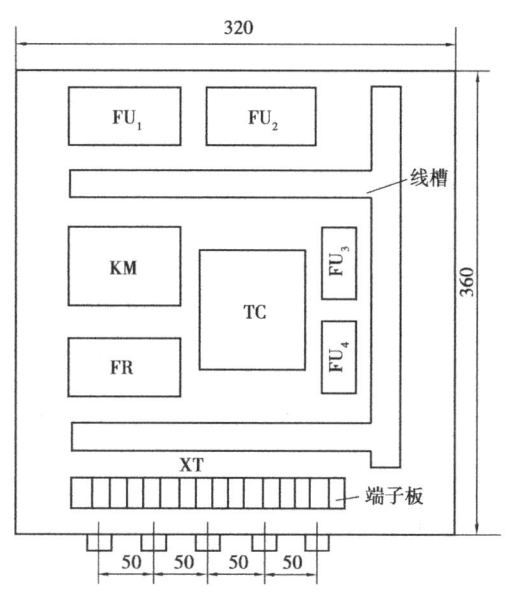

图 3-2　CW6132 型车床电器位置图

部元件的相对位置及它们之间的电气连接,是实际安装接线的依据,在具体施工和检修中能够起到电气原理图所起不到的作用,在生产现场得到广泛应用。

绘制电气互连图的原则是:

①外部单元同一电器的各部件画在一起,其布置尽可能符合电器实际情况。

②各电气元件的图形符号、文字符号和回路标记均以电气原理图为准,并保持一致。

③不在同一控制箱和同一配电屏上的各电气元件的连接,必须经接线端子板进行。互连图中电气互连关系用线束表示,连接导线应注明导线规范(数量、截面积等),一般不表示实际走线途径,施工时由操作者根据实际情况选择最佳走线方式。

④对于控制装置的外部连接线应在图上或用接线表表示清楚,并标明电源的引入点。

图 3-3 为 CW6132 型普通车床电气互连图。

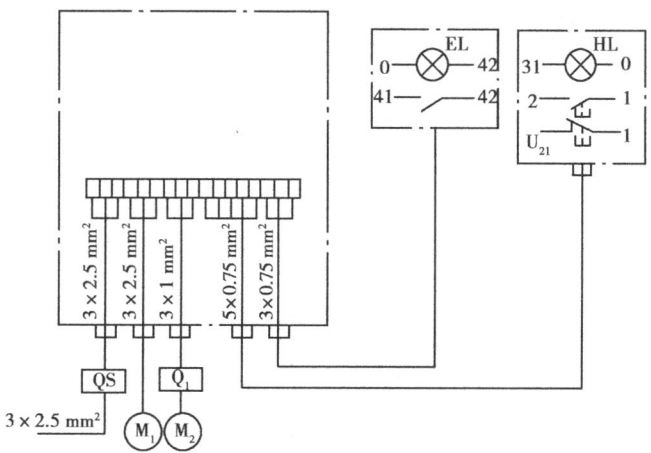

图 3-3　CW6132 型车床电气互连图

3.看电气原理图的方法

在控制线路的设计,以及生产现场的安装、调试设备、分析、维修故障等工作中,电气原理图都有着非常重要的作用。

分析、阅读电气原理图有一个逐渐熟悉的过程,只能在生产实践中逐步提高技术水平。根据广大工人和技术人员的实践经验,可以归纳为以下几点:

(1)电气原理图是用表示电器设备的特定图形符号和文字符号,按规定的制图原则绘制的,因此必须首先熟悉图形符号表示的意义、各种标注法以及制图原则。

(2)对于一张具体的电气原理图,应了解控制对象的生产工艺过程,按照工艺过程,搞清线路动作的全过程。一般是从某一主令电器(或保护电器)的动作开始,到电动机的运行进入稳定状态(或完成一个工作循环停机)而结束。

(3)电气原理图中有主回路、控制回路和辅助回路等,可以按其基本功能分类,有助于分析和理解电路原理,同时还要标清线路中每台电机和每个电器元件的原理、性能和作用,以及元件之间的闭锁关系。

(4)电气原理图中的电器元件通常不表示空间实际位置,例如同一个接触器的线圈和触点往往分开画在图中的不同位置,甚至画在两张图上,因此,当接触器动作后,应考虑到全部触点转换状态后在电路中起到的作用。此外,对于同时动作的电器,应注意触点转换的逻辑关系和是否有延时过程。

(5)电气原理图中触点、开关的状态均是处于该电器未受力(电磁、机械及人工操作等)时的状态,机械开关应是循环开始前的状态。另外,在旧标准中,对触点符号通常规定:当触点符号垂直放置时,动触点在静触点左侧为动合触点,而在静触点右侧为动断触点;当触点符号水平放置时,动触点在静触点上方为动合触点,而在下方为动断触点。新标准中没有这种严格规定,识图时应注意从符号的图形区分是动合还是动断触点。

(6)为了安装与维修方便,电气原理图中各导线联接点,电机和电器的接线端子都需编号。编号可以是阿拉伯数字,或根据需要将数字和拉丁字母组合使用,但不能使用字母"I"和"O"。

例如,CW6132型车床电气原理如图3-1所示,三相交流引入线采用L_1,L_2,L_3标记,电源开关之后的三相交流主电路分别按U,V,W顺序标记。图中各导线联接点,以及线圈、绕组、触点等联接点均用数字或字母标注。还有导线的截面、保护电器的整定值等已在图上标明。按图幅分区的方式,表明各部分的基本功能,为读者分析电路提供方便。

 **操作训练**

序号	训练内容	训练要点
1	电气设备线路认识和符号标识	利用实训室现有电气设备,让学生根据实物接线绘制电气原理图,并规范标注电气符号。注意导线的规格、颜色、接线工艺等。
2	电气原理图的识读	利用较为简单的电气原理图训练学生识读电路图的能力。注意读图的方法步骤,电器元件的认识、电路划分、主回路控制功能、控制电路的控制过程等。

任务评价

序号	考核内容	考核项目	配分	得分
1	电气符号的标注	标注规定、方法、图形符号的统一性和区别。	20	
2	电气原理图	作用、识读的方法步骤。	40	
3	电气安装图	种类、作用、特点、识读方法。	20	
4	遵章守纪		20	

任务2　基本控制电路

知识点及目标

分析各种常见电气控制线路的工作原理,通过分析掌握电气控制线路的分析方法和各种控制线路的功能特点。

能力点及目标

通过对电气控制线路的分析体会和把握分析方法,达到能熟练运用分析方法分析一些未知控制线路,并能分析解决一些简单的电气故障现象。

任务描述

任何电气控制线路都是由一些基本控制线路所组成,牢固掌握这些基本控制线路的结构特点、控制原理,对以后分析实际电气设备的控制线路具有非常重要的意义,所以必须对基本控制线路的分析做到熟练和举一反三。

任务分析

本任务从最简单的点动控制、单向连续运转控制分析入手,逐渐深入到正反转、自动往返控制、各种降压启动控制、转子串电阻控制、转子串频敏变阻器控制、电气制动控制以及直流电动机控制等常见控制形式,通过大量实例的分析应能比较熟练地掌握电气控制线路的分析方法、各种控制电路的结构性能特点。

相关知识

一、三相笼型异步电动机全压启动控制电路

三相笼型异步电动机具有结构简单、坚固耐用、价格便宜、维修方便等优点,获得了广泛的应用。对它的启动控制有趋势启动与降压启动两种方式。

笼型异步电动机的直接启动是一种简单、可靠、经济的启动方法。由于直接启动电流可达电动机额定电流的 4~7 倍,过大的启动电流会造成电网电压显著下降,直接影响在同一电网工作的其他电动机,甚至使它们停转或无法启动,故直接启动电动机的容量受到一定限制。可根据启动电动机容量、供电变压器容量和机械设备是否容许来分析,也可用下面经验公式来确定:

$$\frac{I_{ST}}{I_N} \leqslant \frac{3}{4} + \frac{S}{4P} \tag{3-1}$$

式中 I_{ST}——电动机全压启动电流,A;

I_N——电动机额定电流,A;

S——电源变压器容量,kV·A;

P——电动机容量,kW。

一般容量小于 10 kW 的电动机常用直接启动。

1.单向旋转控制电路

三相笼型异步电动机单方向旋转可用开关或接触器控制,相应的有开关控制电路和接触器控制电路。

1)开关控制电路

图 3-4 为电动机单向旋转控制电路,其中图(a)为刀开关控制电路,图(b)为自动开关控制电路。

采用开关控制的电路仅适用于不频繁启动的小容量电动机,它不能实现远距离控制和自动控制,也不能实现零压、欠压和过载保护。

2)接触器控制电路

图 3-5 为接触器控制电动机单向旋转电路。图中 Q 为三相转换开关、FU_1、FU_2 为熔断器、KM 为接触器、FR 为热继电器、M 为笼型异步电动机,SB_1 为停止按钮、SB_2 为启动按钮。

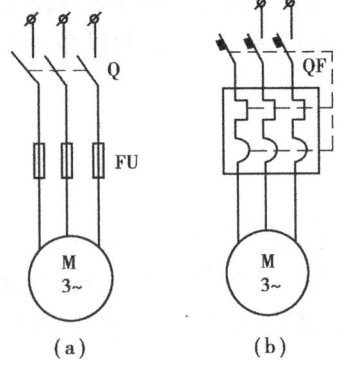

图 3-4　电动机单向旋转控制电路

(a)刀开关控制电路　(b)自动开关控制电路

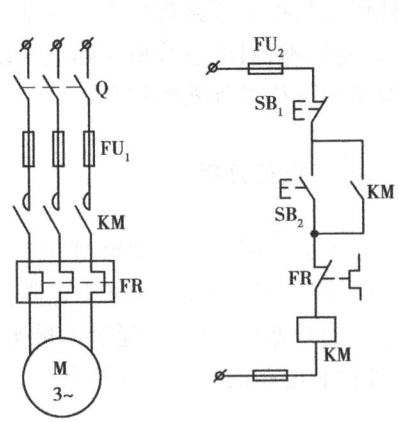

图 3-5　接触器控制单向旋转电路

（1）电路工作情况：

合上电源开关 Q，引入电源，按下启动按钮 SB₂，KM 线圈通电，常开主触点闭合，电动机接通电源启动。同时，与启动按钮并联的接触器开触点也闭合，当松开 SB₂ 时，KM 线圈通过其本身常开辅助触点继续保护通电，从而保证了电动机连续运转。这种用接触器自身辅助触点保持线圈通电的电路，称为自锁或自保电路。辅助常开触点称为自锁触点。

当需电动机停止时，可按下停止按钮 SB₁，切断 KM 线圈电路，KM 常开主触点与辅助触点均断开，切断电动机电源电路和控制电路，电动机停止运转。

（2）电路保护环节

①短路保护。由熔断器 FU₁，FU₂ 分别实现主电路和控制电路的短路保护。为扩大保护范围，在电路中熔断器应安装在靠近电源端，通常安装在电源开关下边。

②过载保护。由于熔断器具有反时限保护特性和分散性，难以实现电动机的长期过载保护，为此采用热继电器 FR 实现电动机的长期过载保护。当电动机出现长期过载时，串接在电动机定子电路中的双金属片因过热变形，致使其串接在控制电路中的常闭触点打开，切断 KM 线圈电路，电动机停止运转，实现过载保护。

③欠压和失压保护。当电源电压由于某种原因严重欠压或失压时，接触器电磁吸力急剧下降或消失，衔铁释放，常开主触点与自锁触点断开，电动机停止运转。而当电源电压恢复正常时，电动机不会自行运转，避免事故发生。因此具有自锁的控制电路具有欠压与失压保护。

2. 点动控制电路

生产机械除需要正常连续运转外，往往还需要作调整运动，这时就需要进行"点动"控制。图 3-6 为具有点动控制的几种典型电路，其中图（a）为点动控制电路的最基本形式，按下 SB，KM 线圈通电，常开主触点闭合，电动机启动旋转；松开 SB，KM 断开，电动机停止运转。因此点动控制电路的最大特点是取消了自锁触点。

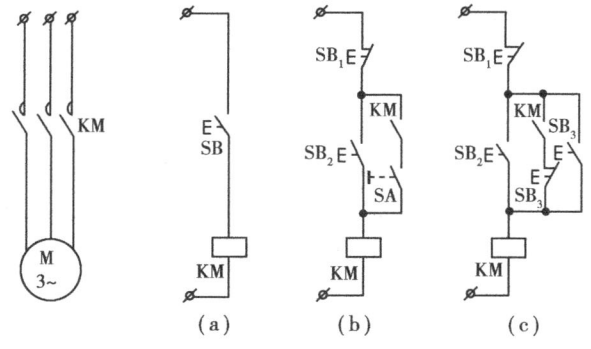

图 3-6 具有点动控制的电路

图（b）为采用开关 SA 断开自锁回路的点动控制电路，该电路可实现连续运转和点动控制，由开关 SA 选择，当 SA 合上时为连续控制；SA 断开时为点支控制。

图 3-6（c）为用点动按钮常闭触点断开自锁回路的点动控制电路。SB₂ 为连续运转启动按钮，SB₁ 为连续运行停止按钮，SB₃ 为点动按钮。当按下 SB₃ 时，常闭触点先将自锁回路切断，而后常开触点才接通，使 KM 线圈通电，常开主触点闭合，电动机启动旋转；当松开 SB₃ 时，常

开触点先断开,KM 线圈断电,常开触点断开,电动机停转,而后 SB₃ 常闭触点才闭合,但 KM 常开辅助触点已断开,KM 线圈无法通电,实现点动控制。

3.可逆旋转控制电路

生产机械往往要求运动部件可以实现正反两个方向的运动,这就要求拖动电动机能作正、反向旋转。由电动机工作原理可知,改变电动机三相电源的相序,就能改变电动机的转向,常用的可逆旋转控制电路有如下几种:

1)倒顺开关控制电路

倒顺开关是组合开关的一种,也称为可逆转换开关。图 3-7 为用倒顺开关控制的可逆运行电路。图 3-7(a)为直接操作倒顺开关实现电动机正反转的电路,因转换开关无灭弧装置,所以仅适用于电动机容量为 5.5 kW 以下的控制电路中。在操作中,使电动机由正转到反转,或反转到正转时,应将开关手柄扳至"停止"位置,并稍加停留,这样就可以避免电动机由于突然反接造成很大的冲击电流,防止电动机过热而烧坏。

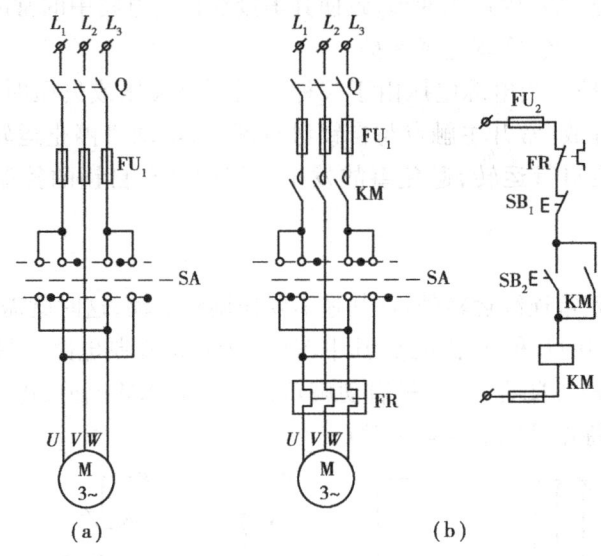

图 3-7　用倒顺开关控制的电动机正反转控制电路

对于容量大于 5.5 kW 的电动机,可用图 7-7(b)控制电路进行控制。它是利用倒顺开关来改变电动机相序,预选电动机旋转方向,而由接触器 KM 来接通与断开电源,控制电动机启动与停止。由于采用接触器通断负载电路,则可实现过载保护和零压与欠压保护。

2)按钮控制的可逆旋转控制电路

图 3-8 为两个按钮分别控制两个接触器来改变电动机相序,实现电动机可逆旋转的控制电路。图 3-8(a)最为简单,按下正转启动按钮 SB₂ 时,KM₁ 线圈通电并自锁,接通正序电源,电动机正转。此时若按下反转启动按钮 SB₃,KM₂ 线圈也通电,由于 KM₁,KM₂ 同时通电,其主触点闭合,将造成电源两相短路,因此,这种电路不能采用。图 3-8(b)是在图 3-8(a)基础上扩展而成,将 KM₁,KM₂ 常闭辅助触点串接在对方线圈电路中,形成相互制约的控制,称为互锁或联锁控制。这种利用接触器(或继电器)常闭触点的互锁又称为电气互锁。该电路欲使电动机由正转到反转,或由反转到正转,必须先按下停止按钮,而后再反向启动。

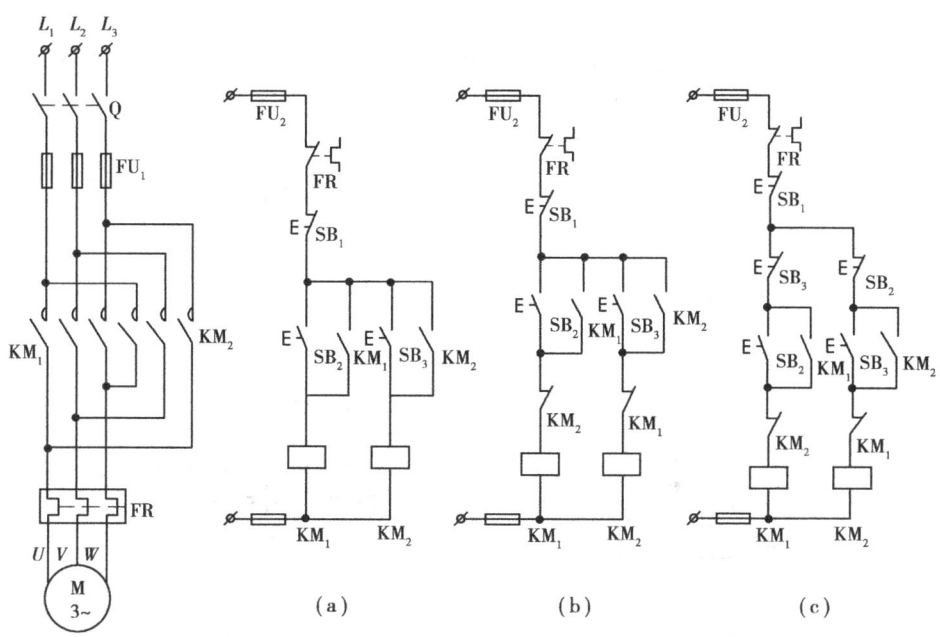

图 3-8　按钮控制的电动机正反转控制电路

对于要求频繁实现正反转的电动机,可用 3-8(c)控制电路控制,它是在图 3-8(b)电路基础上将正转启动按钮 SB_2 与反转启动按钮 SB_3 的常闭触点串接在对方常开触点电路中,利用按钮的常开、常闭触点的机械联接,在电路中互相制约的接法,称为机械互锁。这种具有电气、机械双重互锁的控制电路是常用的、可靠的电动机可逆旋转控制电路,它既可实现正转—停止—反转—停止的控制,又可实现正转—反转—停止的控制。

3)具有自动往返的可逆旋转控制电路

机械设备中如机床的工作台、高炉的加料设备等均需自动往返运行,而自动往返的可逆运行通常是利用行程开关来检测往返运动的相对位置,进而控制电动机的正反转来实现生产机械的往复运动。

图 3-9 为机床工作台往复运动的示意图。行程开关 SQ_1,SQ_2 分别固定安装在床身上,反映加工终点与原位。撞块 A,B 固定在工作台上,随着运动部件的移动分别压下行程开关 SQ_1,SQ_2,使其触点动作,改变控制电路的通断状态,使电动机正反向运转,实现运动部件的自动往返运动。

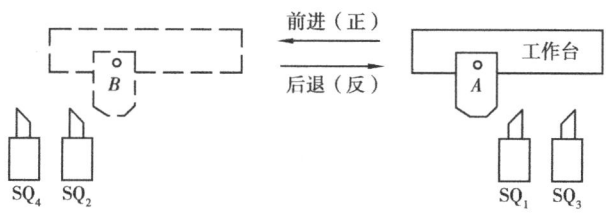

图 3-9　工作台往复运动示意图

图 3-10 为往复自动循环的控制电路。图中 SQ_1 为反向转正向行程开关,SQ_2 为正向转反向行程开关,SQ_3,SQ_4 为正反向极限保护用行程开关。合上电源开关 Q,按下正向启动按钮

SB_2, KM_1 通电并自锁, 电动机正向旋转, 拖动运动部件前进, 当前进加工到位, 撞块 B 压下 SQ_2, 其常闭触点断开, KM_1 断电, 电动机停转, 但 SQ_2 常开触点闭合, 又使 KM_2 通电, 电动机反向启动运转, 拖动运动部件后退, 当后退到位时, 撞块 A 压下 SQ_1, 使 KM_2 断电, KM_1 通电, 电动机由反转变为正转, 拖动运动部件变后退为前进, 如此周而复始地自动往复工作。按下停止按钮 SB_1 时, 电动机停止, 运动部件停下。若换向因行程开关 SQ_1, SQ_2 失灵, 则由极限保护行程开关 SQ_3, SQ_4 实现保护, 避免运动部件因超出极限位置而发生事故。

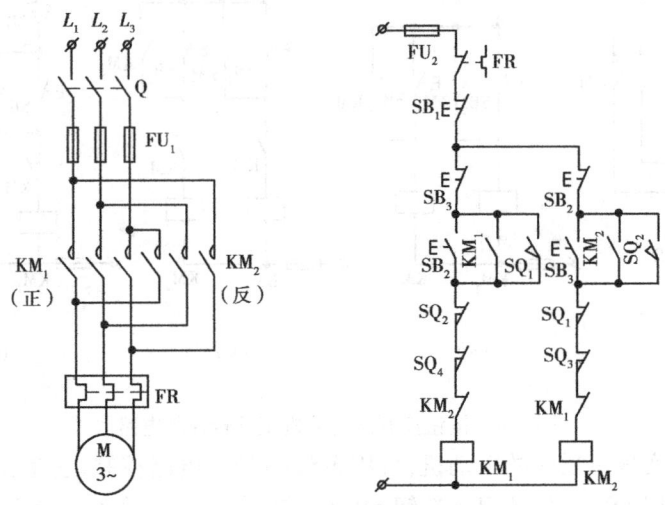

图 3-10　往复自动循环控制电路

上述利用行程开关按照机械设备的运动部件的行程位置进行的控制, 称为行程控制原则。行程控制是机械设备自动化和生产过程自动化中应用最广泛的控制方法之一。

4. 双速笼型异步电动机变速控制电路

为使生产机械获得更大的调整范围, 除采用机械变速外, 还可采用电气控制方法实现电动机的多速运行。

由电动机工作原理可知, 感应式异步电动机转速表达式为

$$n = n_0(1 - s) = \frac{60f}{p}(1 - s) \tag{3-2}$$

电动机转速与供电电源频率 f、转差率 s 及定子绕组的极对数 p 有关。由于变频调速与串级调速的技术和控制方法比较复杂, 尚未普遍采用, 目前多见的仍是采用多速电动机来实现变速。下面以常用的双速电动机为例介绍其控制电路。

1) 双速感应电动机按钮控制的调速电路

图 3-11 为双速电动机按钮控制电路。图中 KM_1 为 D 联接接触器, KM_2、KM_3 为双 Y 联接接触器, SB_2 为低速按钮, SB_3 为高速按钮, HL_1、HL_2 分别为低、高速指示灯。

电路工作时, 合上开关 Q 接通电源, 当按下 SB_2, KM_1 通电并自锁, 电动机作 D 联接, 实现低速运行, HL_1 亮。需高速运行时, 按下 SB_3, KM_2、KM_3 通电并自锁, 电动机接成双 Y 联接, 实现高速运行, HL_2 亮。

由于电路采用了 SB_2、SB_3 的机械互锁和接触器的电气互锁, 能够实现低速运行直接转换为高速, 或由高速直接转换为低速, 无须再操作停止按钮。

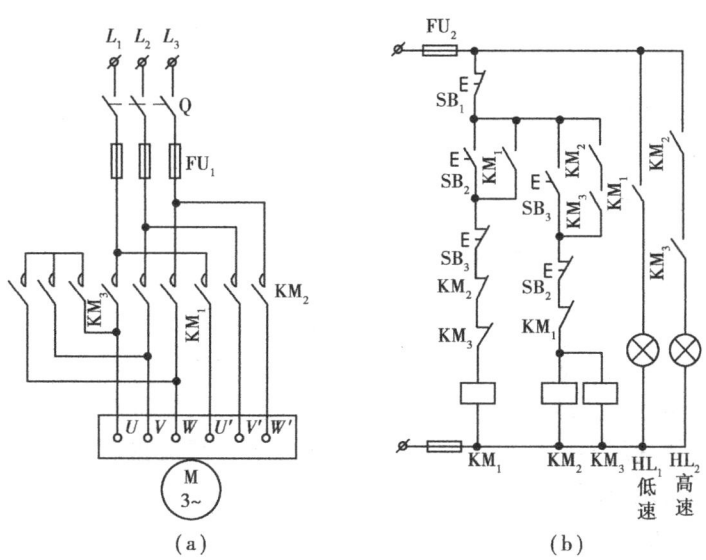

图 3-11　双速电动机按钮控制电路

2）双速感应电动机手动变速和自动加速的控制电路

图 3-12 为双速电动机手动调速和自动加速控制电路。与图 3-11 相比,引入了一个自动加速与手动变速选择开关 SA、时间继电器 KT 及电源指示灯 HL_1。

当选择手动变速时,将开关 SA 扳在"M"位置,时间继电器 KT 电路切除,电路工作情况与图 3-11 相同。当需自动加速工作时,将 SA 扳在"A"位置。按下 SB_2,KM_1 通电并自锁,同时 KT 相继通电并自锁,电动机按 D 联接,低速启动运行,当 KT 延时常闭触点打开、延时常开触点闭合时,KM_1 断电,而 KM_2,KM_3 通电并自锁,电动机便由低速自动转换为高速运行,实现了自动控制。

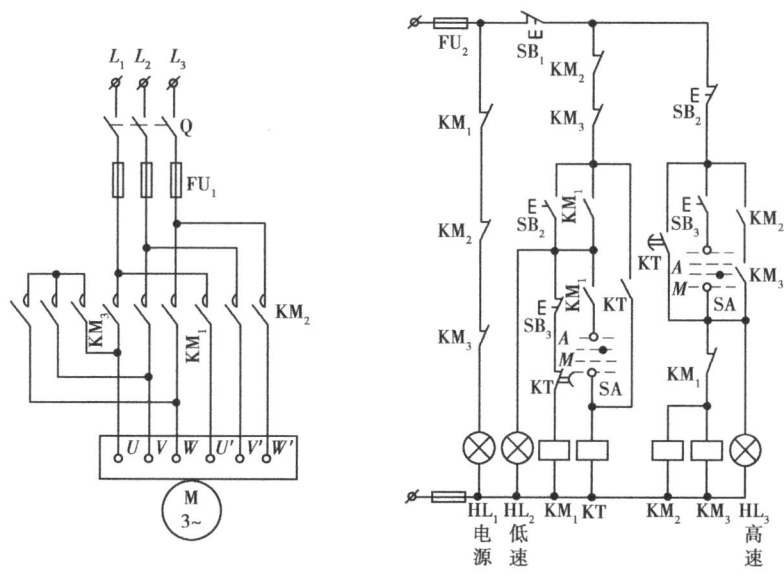

图 3-12　双速电动机手动变速和自动加速控制电路

当 SA 置于"M"位置,仅按下低速启动按钮 SB₂ 则可使电动机只作三角形接法的低速运行。

时间继电器 KT 自锁触点作用是在 KM₁ 线圈断电后,KT 仍保持通电,直到已进入高速运行,即 KM₂,KM₃ 线圈通电后,KT 才被断电,一方面使控制电路可靠工作,另一方面使 KT 只在换接过程中短时通电,减少 KT 线圈的能耗。

二、三相笼型异步电动机减压启动控制电路

三相笼型异步电动机容量在 10 kW 以上或不能满足式(3-1)条件时,应采用减压启动。有时为了减小和限制启动时对机械设备的冲击,即使允许直接启动的电动机,也往往采用减压启动。三相笼型异步电动机减压启动的方法有:定子绕组电路串电阻或电抗器;Y-D 联接;延边三角形和使用自耦变压器启动等。这些启动方法的实质都是在电源电压不变的情况下,启动时减小加在电动机定子绕组上的电压,以限制启动电流;而在启动以后再将电压恢复至额定值,电动机进入正常运行。

1. 定子电路串电阻(电抗器)启动控制电路

1)定子串电阻减压自动启动控制电路

图 3-13 为电动机定子串电阻减压自动启动控制电路。图中 KM₁ 为接通电源接触器,KM₂ 为短接电阻接触器,KT 为启动时间继电器,R 为减压启动电阻。

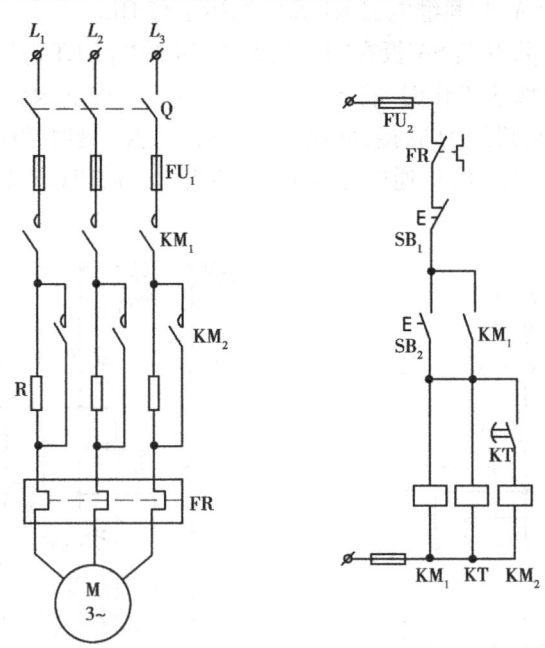

图 3-13　定子串电阻减压启动控制电路

电路工作情况:

合上电源开关 Q,按下启动按钮 SB₂,KM₁ 通电并自锁,同时 KT 通电,电动机定子串入电阻 R 进行减压启动,经时间继电器 KT 的延时,其常开延时闭合触点闭合,KM₂ 通电,将启动电阻短接,电动机进入全压正常运行。KT 的延时时间长短根据电动机启动过程时间长短来整定。

该控制电路在电动机进入正常运行后,KM$_1$,KT 始终通电工作,不但消耗了电能,而且增加了出现故障的机率。若发生时间继电器触点不动作的故障,将使电动机长期在减压下运行,造成电动机无法正常工作,甚至烧毁电动机。

2)具有手动与自动控制的定子串电阻控制电路

图 3-14 为具有手动与自动控制的串电阻减压启动电路。它是在图 3-13 电路基础上增设了一个选择开关 SA,其手柄有两个位置,当手柄置于"M"位时为手动控制;当手柄置于"A"位时为自动控制。还增设了升压控制按钮 SB$_3$,同时在主电路中 KM$_2$ 主触点跨接在 KM$_1$ 与电阻 R 两端,在控制回路中设置了 KM$_2$ 自锁触点与联锁触点,这就提高了电路的可靠性,同时电动机启动结束后在正常运行时,KM$_1$,KT 处于断电状态,不仅减少了能耗,而且减少了故障几率。一旦发生 KT 触点闭合不上,可将 SA 扳在"M"位置,按下升压按钮 SB$_3$,KM$_2$ 通电,电动机便可进入全压下工作,所以该电路克服了图 3-13 控制电路之缺点,使电路更加安全可靠。

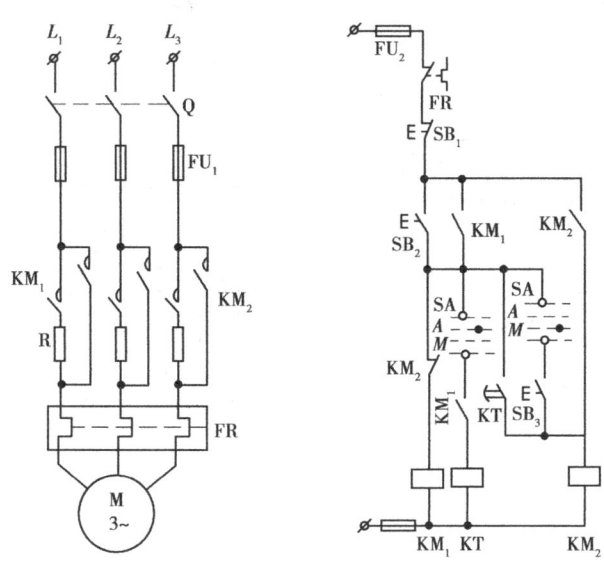

图 3-14   自动与手动串电阻减压启动控制电路

3)定子串电阻减压启动优缺点

电动机定子串电阻减压启动不受定子绕组接法形式的限制,启动过程平滑,设备简单。但是,由于串接电阻启动时,一般允许启动电流为额定电流的 2~3 倍,减压启动时加在定子绕组上的电压为全电压时的 1/2,这时将使电动机的启动转矩为额定转矩的 1/4,启动转矩小。因此,串接电阻减压启动仅适用于对启动转矩要求不高的生产机械上。另外,由于存在启动电阻,将使控制柜体积增大,电能损耗大,对于大容量电动机往往采用联接电抗器来实现减压启动。

2. Y-D 减压启动控制电路

三相笼型异步电动机额定电压通常为 380/660 V,相应的绕组接法为 D/Y,这种电动机每相绕组额定电压为 380 V。我国采用的电网供电电压为 380 V,因此,电动机启动时接成 Y 联接,电压降为额定电压的 $\frac{1}{\sqrt{3}}$,正常运行时换接成 D 联接,由电工基础知识可知:

$$I_{DL} = 3I_{YL} \tag{3-3}$$

式中　I_{DL} ——电动机 D 接时线电流,A;

　　　I_{YL} ——电动机 Y 接时线电流,A。

因此可知 Y 接时启动电流仅为 D 联接时的 1/3,相应的启动转矩也是 D 联接时的 1/3。因此,Y-D 启动仅适用于空载或轻载下的启动。现在生产的 Y 系列笼型异步电动机功率在 4.0 kW 以上者均为 380/660 V,Y/D 联接,在需要减压启动时均可采用 Y-D 启动。

图 3-15 为 Y-D 减压启动控制电路。图中 KM_1 为星形联接接触器,KM_2 为接通电源接触器,KM_3 为 D 联接接触器,KT 为启动时间继电器,HL_1 为 Y 联接指示灯,HL_2 为 D 联接指示灯。

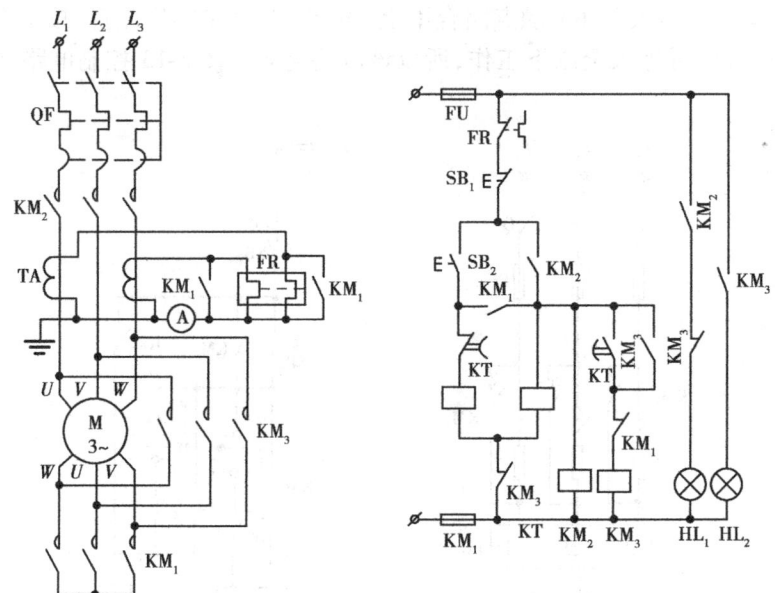

图 3-15　Y-D 减压启动控制电路之一

1)电路工作情况

合上电源开关 QF,按下启动按钮 SB_2,KM_1 通电,随即 KM_2 通电并自锁,电动机接成 Y 联接,接入三相电源进行减压启动,同时指示灯 HL_1 亮,并由 KM_1 的两对常开辅助触点将热继电器 FR 发热元件短接。在按下 SB_2,KM_1 通电动作的同时,KT 通电,经一段时间延时后,KT 常闭触点断开,KM_1 断电释放,电动机星形中性点断开,FR 发热元件接入电路;另一对 KT 常开触点延时闭合,KM_3 通电并自锁,指示灯 HL_1 关断,HL_2 亮,电动机接成 D 联接运行时处于断电状态,使电路更为可靠地工作。至此,电动机 Y-D 减压启动结束,电动机投入正常运行。停止时,按下 SB_1 即可。

该电路常用于 13 kW 以上电动机的启动控制中,对电动机进行长期过载保护的热继电器 FR 发热元件接在电流互感器的二次侧,为防止电动机启动电流大、时间长而使热继电器发生误动作,致使电动机无法正常启动。为此,设置了 KM_1 触点在启动过程中将其短接,不致发生误动作。

当电动机容量在 4 ~ 13 kW 时,可采用如图 3-16 所示控制电路。该电路只用两个接触器来控制 Y-D 减压启动,电路工作情况由读者自行分析。

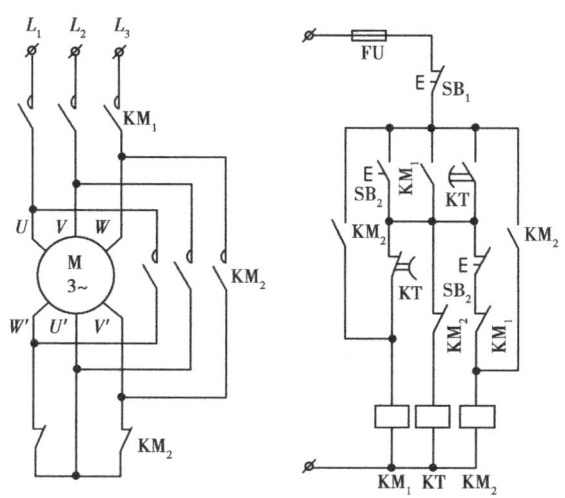

图 3-16 Y-D 减压启动控制电路之二

2）该电路主要特点

（1）利用接触器 KM_2 的常闭辅助触点来连接电动机星形中性点，由于电动机三相平衡，星形中性点电流很小，该触点容量是允许的。

（2）电动机在 Y-D 减压启动过程中，KM_1 与 KM_2 换接过程有一间隙，短时断电，这可避免由于电器动作不灵活引起电源短路的故障发生。但由于机械惯性，在换接成 D 联接时，电动机电流并不大，对电网没多大影响。

（3）将启动按钮 SB_2 常闭触点接于 KM_2 线圈电路中，使电动机刚启动时不致直接接成 D 联接启动运行。

3. 自耦变压器减压启动控制电路

自耦变压器一次侧电压、电流和二次侧电压、电流关系为

$$\frac{U_1}{U_2} = \frac{I_2}{I_1} = k \tag{3-4}$$

式中 k——自耦变压器的变比。

当电动机定子绕组经自耦变压器减压启动时，加在电动机端的相电压为 $\frac{1}{k}U_1$，此时电动机定子绕组内的启动电流为全压时的 $\frac{1}{k}$，即

$$I_{ST2} = \frac{1}{k}I_{ST} \tag{3-5}$$

式中 I_{ST2}——电动机电压为 U_2 时减压启动电流，即自耦变压器二次侧电流；

I_{ST}——电动机全压启动时启动电流。

又因为电动机接在自耦变压器二次侧，一次侧接电网，因此电动机从电网吸取的电流为

$$I_{ST1} = \frac{I_{ST2}}{K} = \frac{1}{K^2}I_{ST} \tag{3-6}$$

式中 I_{ST1}——电动机电压为 U_2 时电网上流过的启动电流，即自耦变压器一次侧电流。

由此可知，利用自耦变压器启动和直接启动相比，电网所供给的启动电流减小到 $\frac{1}{K^2}$。

启动转矩正比于电压的平方,定子每相绕组上的电压降低到直接启动的 $\frac{1}{K}$,启动转矩也将降低为直接启动的 $\frac{1}{K^2}$ 。自耦变压器二次绕组有电源电压的 65% ,73% ,85% ,100% 等抽头,因此能获得 42.3% ,53.3% ,72.3% 及 100% 全压启动时的启动转矩。显然比 Y-D 减压启动时的 33% 的启动转矩要大得多。所以自耦变压器虽然价格较贵,但仍是三相笼型异步电动机最常用的一种减压启动装置。减压启动用的自耦变压器又称为启动补偿器。

图 3-17 为用两个接触器控制的自耦变压器减压启动控制电路。图中 KM_1 为减压接触器, KM_2 为正常运行接触器,KT 为启动时间继电器,KA 为启动中间继电器。

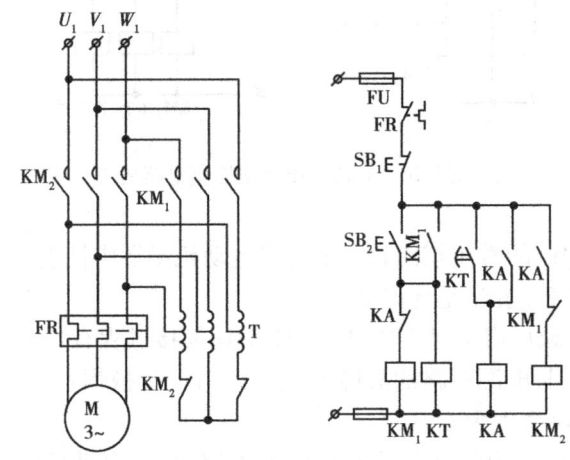

图 3-17　两个接触器控制的自耦变压器减压启动控制电路

电路工作情况:

合上电源开关,按下启动按钮 SB_2 , KM_1 通电并自锁,将自耦变压器 T 接入,电动机定子绕组经自耦变压器供电作减压启动,同时 KT 通电,经延时,KA 通电, KM_1 断电, KM_2 通电,自耦变压器切除,电动机在全压下正常运行。该电路在电动机启动过程中会出现二次涌流冲击,仅适用于不频繁启动、电动机容量在 30 kW 以下的设备中。

三、绕线转子异步电动机启动控制电路

三相绕线型异步电动机转子中绕有三相绕组,通过滑环可以串接外加电阻,从而减小启动电流和提高启动转矩,适用于要求启动转矩高及对调速要求高的场合。

按照绕线型异步电动机启动过程中转子串接装置不同,有串电阻启动与串频敏变阻器启动两种控制电路。

1. 转子绕组串电阻启动控制电路

1)按电流原则控制绕线型电动机转子串电阻启动控制电路

图 3-18 为按电流原则控制绕线型电动机转子串电阻启动控制电路。图中 $KM_1 \sim KM_3$ 为短接电阻接触器, $R_1 \sim R_3$ 为转子电阻, $KA_1 \sim KA_3$ 为电流继电器, KM_4 为电源接触器, KA_4 为中间继电器。

电路工作情况:

合上电源开关 Q,按下启动按钮 SB_2 , KM_4 通电并自锁,电动机定子绕组接通三相电

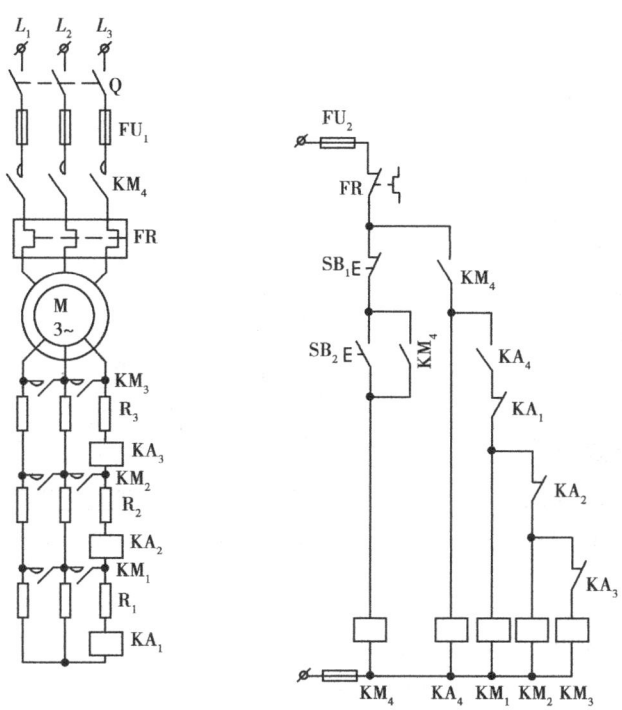

图 3-18　电流原则控制绕线型电动机转子串电阻

源,转子串入全部电阻启动,同时 KA_4 通电,为 $KM_1 \sim KM_3$ 通电作准备。由于刚启动时电流很大,$KA_1 \sim KA_3$ 吸合电流相同,故同时吸合动作,其常闭触点都断开,使 $KM_1 \sim KM_3$ 处于断电状态,转子电阻全部串入,达到限制电流和提高转矩的目的。在启动过程中,随着电动机转速的升高,启动电流逐渐减小,而 $KA_1 \sim KA_3$ 释放电流调节得不同,其中 KA_1 释放电流最大,KA_2 次之,KA_3 为最小,所以当启动电流减小到 KA_1 释放电流整定值时,KA_1 首先释放,其常闭触点返回闭合,KM_1 通电,短接一段转子电阻 R_1,由于电阻被短接,转子电流增加,启动转矩增大,致使转速又加快上升,转速的上升又使电流下降,当电流降低到 KA_2 释放电流时,KA_2 常闭触点返回,使 KM_2 通电,短接第二段转子电阻 R_2,如此继续,直至转子电阻全部短接,电动机启动过程结束。

为保证电动机转子串入全部电阻启动,设置了中间继电器 KA_4。若无 KA_4,当启动电流由零上升在尚未到达吸合值时,$KA_1 \sim KA_3$ 未吸合,将使 $KM_1 \sim KM_3$ 同时通电,将转子电阻全部短接,电动机则会直接启动。而设置 KA_4 后,在 KM_4 通电动作后才使 KA_4 通电,再使 KA_4 常开触点闭合,增加了一个时间延迟,在这之前启动电流已到达电流继电器吸合值并已动作,其常闭触点已将 $KM_1 \sim KM_3$ 电路断开,确保转子电阻串入,避免电动机的直接启动。

2)按时间原则控制绕线型电动机转子串电阻启动控制电路

图 3-19 为按时间原则控制绕线型电动机转子串电阻启动控制电路。图中 $KM_1 \sim KM_3$ 为短接转子电阻接触器,KM_4 为电源接触器,$KT_1 \sim KT_3$ 为时间继电器。其工作过程读者自行分析。

2.转子绕组串频敏变阻器启动控制电路

绕线型异步电动机转子串接电阻启动,需要使用的电器元件较多,控制电路复杂,启动电

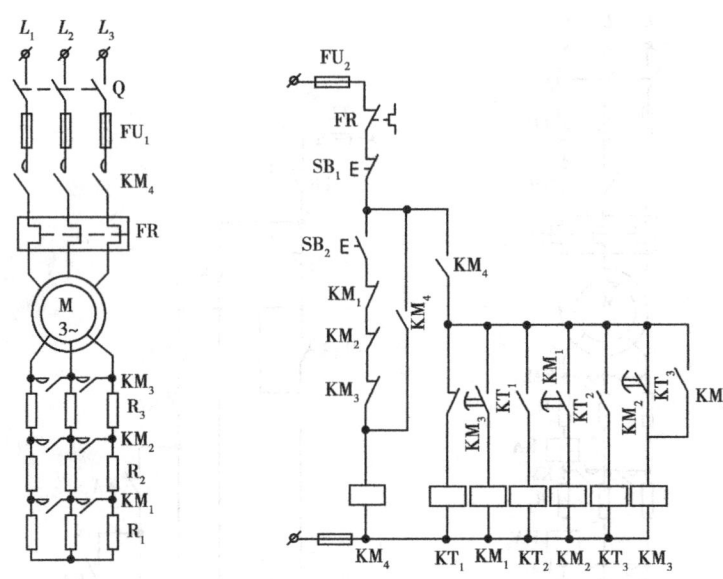

图 3-19　时间原则控制绕线型电动机转子串电阻启动控制电路

阻体积较大,在启动过程中逐断切除电阻,电流与转矩突然加大,产生一定的机械冲击。为获得较理想的启动机械特性,可采用频敏变阻器进行启动控制。

1)频敏变阻器

频敏变阻器是一种静止的、无触点的电磁元件,其电阻值随频率变化而改变。它由几块 30~50 mm 厚的铸铁板或钢板叠成的三柱式铁芯,在各铁芯上分别装有线圈,3 个线圈联接成星形,并与电动机转子绕组相接。

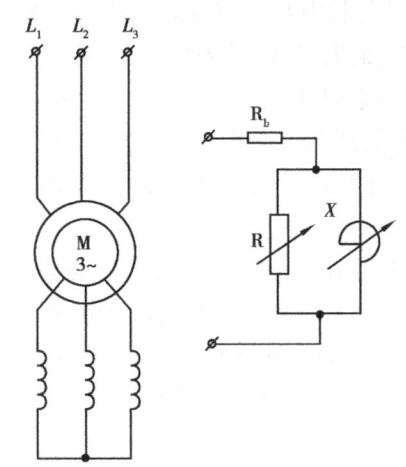

图 3-20　频敏变阻器等效电路及其与电动机的联接

电动机启动时,频敏变阻器通过转子电路获得交变电动势,绕组中的交变电流在铁芯中产生交变磁通,呈现出电抗 X。由于变阻器铁芯是用较厚钢板制成,交变磁通在铁芯中产生很大的涡流损耗和少量的磁滞损耗。涡流损耗在变阻器电路中相当于一个等值电阻 R。由于电抗 X 与电阻 R 都是由交变磁通产生的,其大小又都随转子频率的变化而变化。因此,在电动机启动过程中,随着转子频率的改变,涡流的集肤效应的强弱也在改变。转速低时频率高,涡流截面小,电阻就大。随着电动机转速升高,频率降低,涡流截面自动增大,电阻减小。同时频率的变化又引起电抗的变化。理论分析与实践证明,频敏变阻器铁芯等值电阻与电抗均近似与转差率的平方根成正比。所以,绕线型异步电动机串接频敏变阻器启动时,随着启动过程转子频率的降低,其阻抗值自动减小,实现了平滑无级启动。图 3-20 为频敏变阻等效电路及其与电动机的联接。

2)转子串频敏变阻器启动控制电路

图 3-21 为电动机单方向旋转,转子串接频敏变阻器自动短接的控制电路。图中 KM_1 为

电源接触器,KM$_2$ 为短接频敏变阻器接触器,KT 为启动时间继电器。

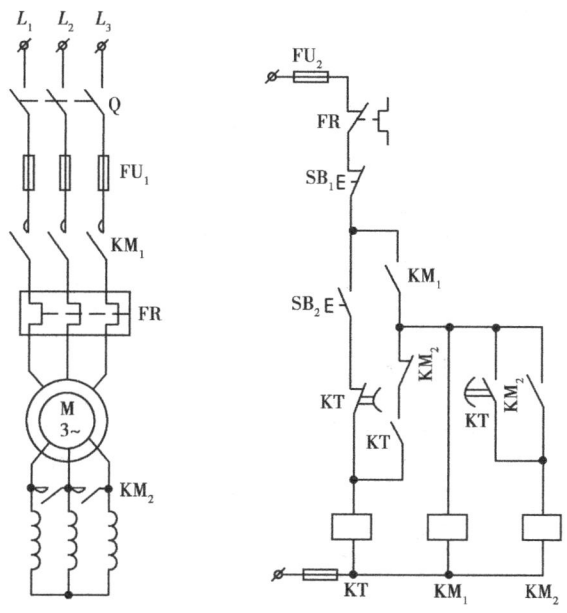

图 3-21　电动机转子串频敏变阻器启动控制电路

电路工作情况:

合上电源开关 Q,按下启动按钮 SB$_2$,KT,KM$_1$ 相继通电并自锁,电动机定子接通电源,转子接入频敏变阻器启动。随着电动机转速平稳上升,频敏变阻器阻抗逐渐自动下降,当转速上升到按近额定转速时,时间继电器延时整定时间到,其延时触点动作,KM$_2$ 通电并自锁,将频敏变阻器短接,电动机进入正常运行。

该电路操作时,按下 SB$_2$ 时间稍长点,待 KM$_1$ 辅助触点闭合后才可松开。KM$_1$ 为电源接通接触器,KM$_1$ 线圈通电需在 KT,KM$_2$ 触点工作正常条件下进行,若发生 KM$_2$ 触点粘连,KT 触点粘连,KT 线圈断线等故障,KM$_1$ 线圈将无法通电,从而避免了电动机直接启动和转子长期串接频敏变阻器的不正常现象发生。

四、三相异步电动机电气制动控制电路

在生产过程中 ,有些设备电动机断电后由于惯性作用,停机时间拖得太长,影响生产率,并造成停机位置不准确,工作不安全。为了缩短辅助工作时间,提高生产效率和获得准确的停机位置,必须对拖动电动机采取有效的制动措施。

停机制动有两种类型:一是电磁铁操纵机械进行制动的电磁机械制动;二是电气制动,使电动机产生一个与转子原来的转动方向相反的转矩来进行制动。常用的电气制动有反接制动和能耗制动。

1. 反接制动控制电路

异步电动机反接制动是改变三相异步电动机电源的相序进行反接制动的。反接制动时,当电动机转速降至零时,电动机仍有反向转矩,因此应在接近零速时切除三相电源,以免引起电动机反向启动。

图 3-22 为单向反接制动控制电路。图中 KM_1 为单向旋转接触器,KM_2 为反接制动接触器,KV 为速度继电器,R 为反接制动电阻。

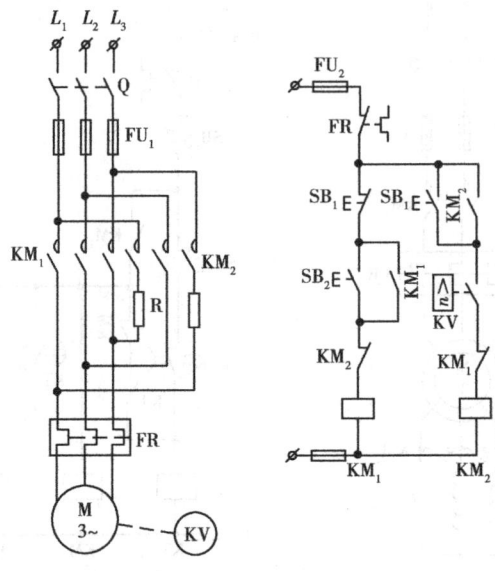

图 3-22　单向反接制动控制电路

电路工作情况:

电动机正常运转时,KM_1 通电吸合,KV 的一对常开触点闭合,为反接制动做好准备。当按下停止按钮 SB_1 时,KM_1 断电,电动机定子绕组脱离三相电源,但电动机因惯性仍以很高的速度旋转,KV 原闭合的常开触点仍保持闭合,当将 SB_1 按到底,使 SB_1 常开触点闭合,KM_2 通电并自锁,电动机定子串接二相电阻接上反序电源,电动机进入反制动状态。电动机转速迅速下降,当电动机转速接近 100 r/min 时,KV 常开触点复位,KM_2 断电,电动机及时脱离电源,随后自然停车至零。

2. 能耗制动控制电路

能耗制动是电动机脱离三相交流电源后,给定子绕组加一直流电源,以产生静止磁场,起阻止旋转的作用,达到制动的目的。能耗制动比反接制动所消耗的能量小,其制动电流比反接制动时要小得多。

1)按时间原则控制的单向运行能耗制动控制电路

图 3-23 为按时间原则进行能耗制动的控制电路。图中 KM_1 为单向运行接触器,KM_2 为能耗制动接触器,KT 为时间继电器,T 为整流变压器,VC 为桥式整流电路。

电路工作情况:

设电动机现已单向正常运行,此时 KM_1 通电并自锁。若要停机,按下停止按钮 SB_1,KM_1 断电,电动机定子脱离三相交流电源;同时 KM_2 通电并自锁,将二相定子接入直流电源进行能耗制动,在 KM_2 通电同时,KT 也通电。电动机在能耗制动作用下转速迅速下降,当接近零时,KT 延时时间到,其延时触点动作,使 KM_2,KT 相继断开,制动过程结束。

该电路中,将 KT 常开瞬动触点与 KM_2 自锁触点串接,是考虑时间继电器断线或机械卡住致使触点不能动作,不至于使 KM_2 长期通电,造成电动机定子长期通入直流电源。

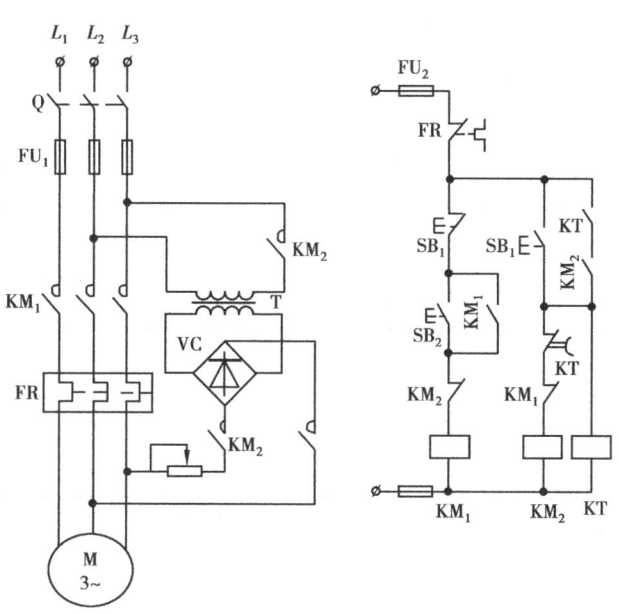

图 3-23　时间原则控制的单向能耗制动控制电路

2）按速度原则控制的可逆运行能耗制动控制电路

图 3-24 为按速度原则控制的可逆运转能耗制动控制电路。图中 KM_1，KM_2 为正反转接触器，KM_3 为制动接触器。

电路工作情况：

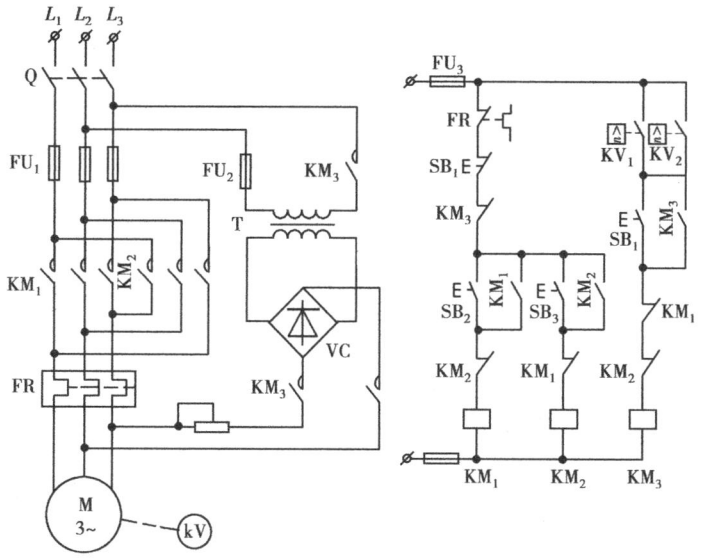

图 3-24　速度原则控制的可逆运转能耗制动控制电路

合上电源开关 Q，根据需要可按下正转或反转启动按钮 SB_2 或 SB_3，相应接触器 KM_1 或 KM_2 通电并自锁，电动机正常运转。此时速度继电器相应触点 KV_1 或 KV_2 闭合，为停车时接通 KM_3，实现能耗制动准备。

停车时，按下停止按钮 SB_1，电动机定子绕组脱离三相交流电源，同时 KM_3 通电，电动机定

97

子接入直流电源进入能耗制动,转速迅速下降,当转速降至 100 r/min 时,速度继电器 KV_1 或 KV_2 触点断开,此时 KM_3 断电。能耗制动结束,以后电动机自然停车。

 **操作训练**

序号	训练内容	训练要点
1	控制电路的安装	让学生安装一台降压启动或转子串频敏变阻器控制电路,训练其接线的方法、工艺要求,严格按规范性要求进行安装。

 **任务评价**

序号	考核内容	考核项目	配分	得分
1	单向运行电路、正反转控制电路	控制原理、故障分析。	20	
2	减压启动控制电路	降压原理方法、性能;降压控制类型;控制原理、保护原理。	25	
3	转子串阻抗启动控制电路	转子串参数类型、性能;控制方法;控制原理、保护原理。	20	
4	电气制动控制电路	电气制动类型;制动性能;制动控制方法及原理。	25	
5	遵章守纪		10	

任务巩固

3-1 什么是失压、欠压保护? 利用哪些电器电路可以实现失压、欠压保护?

3-2 分析题图 3-1 中各控制电路,并按正常操作时出现的问题加以改进。

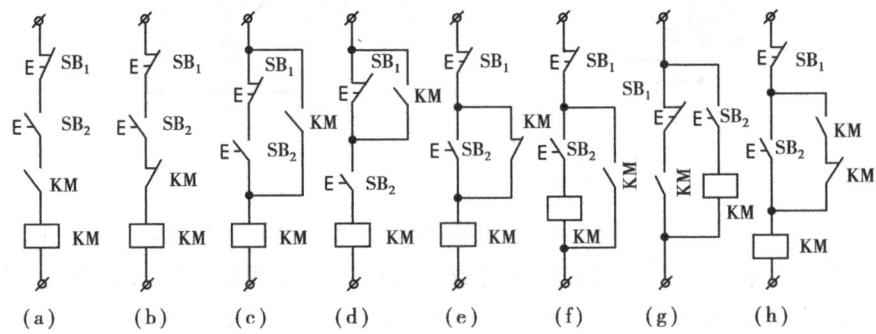

(a)　　(b)　　(c)　　(d)　　(e)　　(f)　　(g)　　(h)

题图 3-1

3-3　点动控制电路有何特点? 试用按钮、开关、中间继电器、接触器等电器,分别设计出能实现连续运转和点动工作的电路。

3-4　试设计可从两处操作的对一台电动机实现连续运转和点动工作的电路。

3-5　在图 3-8(c)电动机可逆运转控制电路中,已采用了按钮的机械互锁,为什么还要采用电气互锁? 当出现两种互锁触点接错,电路将出现什么现象。

3-6　分析题图 3-2 中电动机具有几种工作状态? 各按钮、开关、触点的作用是什么?

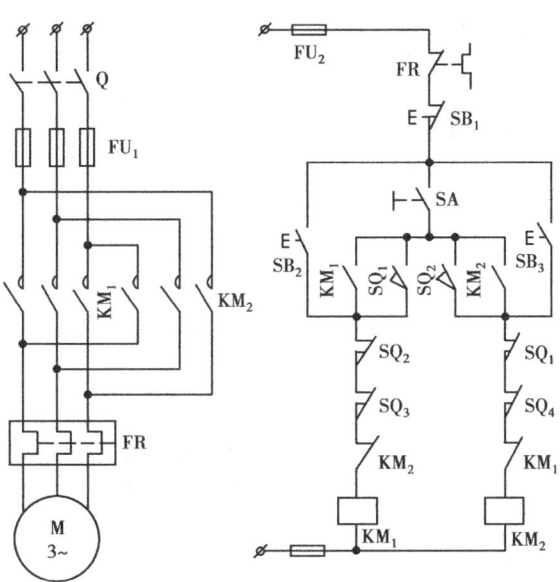

题图 3-2

3-7　试设计一个送料装置的控制电路。当料斗内有料信号发出,电动机拖动料斗前进,到达下料台,电动机自动停止,进行卸料。当卸料完毕发出信号,电动机反转拖动料斗退回,到达上料台电动机又自动停止、装料,周而复始地工作。同时要求在无料状态下,电动机能实现点动、正反向试车工作。

3-8　一台双速电动机,按下列要求设计控制电路:①能低速或高速运行;②高速运行时,先低速启动;③能低速点动;④具有必要的保护环节。

3-9　将图 3-13 电路改为正常工作时,只有 KM_2 通电工作,并用断电延时时间继电器来替代通电延时时间继电器。

3-10　试分析图 3-15 电路中,当 KT 延时时间太短及延时闭合与延时打开的触点接反后,电路将出现什么现象?

3-11　分析题图 3-3 电路工作过程及其特点。

3-12　一台电动机为 Y/D 660/380 V 接法,允许轻载启动,设计满足下列要求的控制电路:①采用手动和自动控制减压启动;②实现连续运转和点动工作,且当点动工作时要求处于减压状态工作;③具有必要的联锁和保护环节。

3-13　分析图 3-19 电路:①电动机启动的电路工作过程;②KM_1,KM_2,KM_3 常闭触点串接在 KM_4 线圈回路中的作用;③KM_3 常闭触点串接在 KT_1 线圈回路中的作用;④KM_4 常开触点的联锁作用,⑤应如何整定 KT_1,KT_2,KT_3 的动作时间? 为什么?

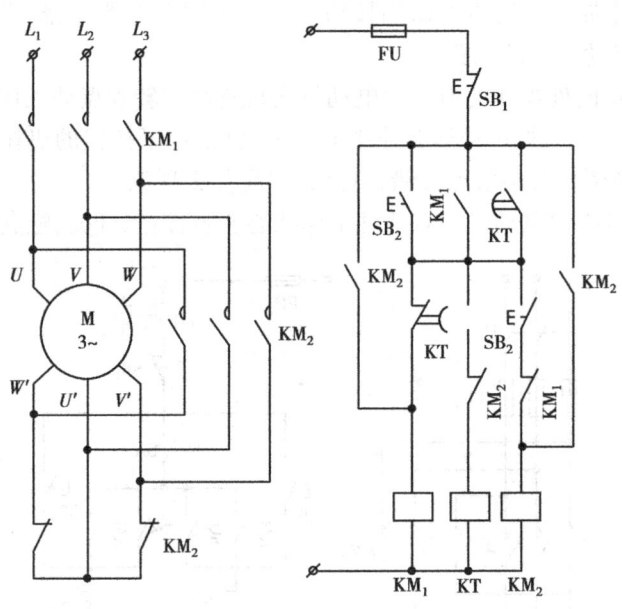

题图 3-3 Y-D 减压启动控制电路

3-14 分析题图 3-4 控制电路的工作情况,中间继电器 KA 在电路中有何作用?

3-15 在题图 3-5 电路中,试改为能实现点动工作状态的电路,并叙述点动工作时电路的工作过程。

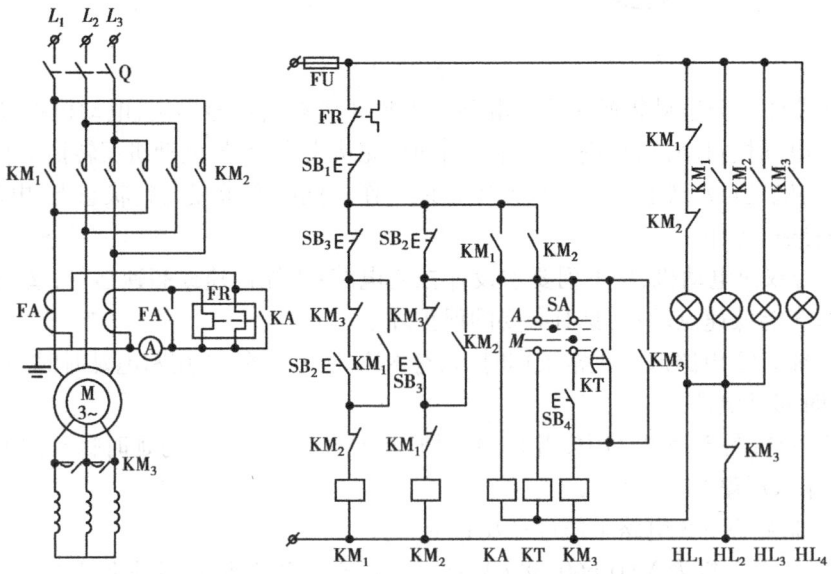

题图 3-4 电动机正反转,转子串接频敏变阻器启动控制电路

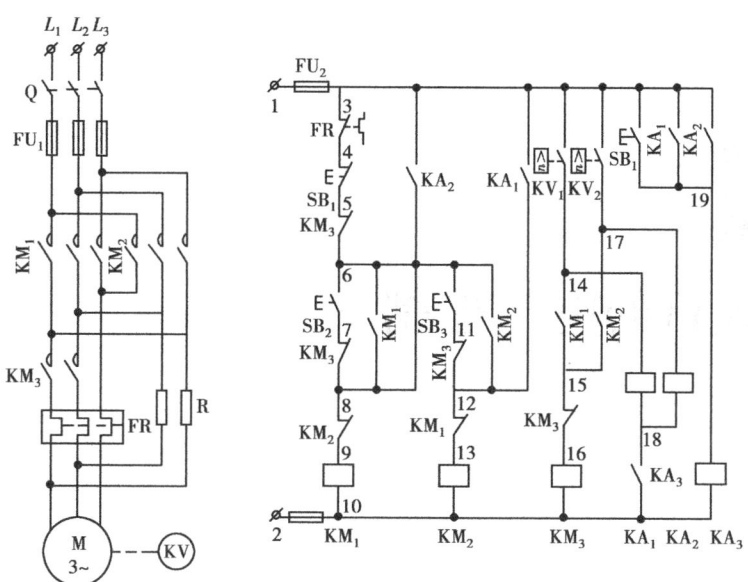

题图 3-5　可逆运行反接制动控制电路

情境 **4**
矿井通风机的电气控制

知识点及目标

本情境主要分析介绍矿井通风机电气控制系统的组成、启动方法、励磁方法和控制原理等知识。

能力点及目标

通过学习应能对通风机电气控制系统进行正确的操作、电气调试和日常维护。

任务描述

矿井通风机通常都是煤矿里最大的电力负荷,其功率因数的高低对供电的经济性起着关键作用,通风机采用同步电动机拖动可以通过调节励磁来实现功率因数的提高,是目前广泛采用的方法。所以,学习晶闸管励磁的同步电动机控制系统对将来从事通风机电气管理具有普遍意义。

任务分析

本任务在知识方面主要解决同步电动机启动控制和励磁控制等问题,在能力方面重点学习同步电动机晶闸管励磁系统的操作、调试和日常管理维护等。

相关知识

一、同步电动机的结构和性能特点

同步电动机是一种交流电动机,它与交流异步电动机在性能上的区别是可以通过调节同步电动机的励磁电流来实现使其工作在电容性状态还是电感性状态。通常使其工作在电容性状态来调节整个电网的功率因数,以此减少为提高功率因数而投入的补偿电容器容量。这样既实现了通风机的拖动,又实现了功率因数的提高。

异步电动机的转子转速 n 略低于同步转速 n_0,其原因是要有转速差才能在转子绕组中产生感应电势和电流,使其产生电磁转矩。如果在转子绕组中直接通入一个直流电流,使转子产生一个恒定磁场,它与定子三相交流电流产生的旋转磁极相互作用(两磁场异性相吸,同性相斥),旋转磁极就以磁拉力拖着转子以旋转磁场的速度同步旋转,使电动机的转速达到同步转速 n_0。因转子电流频率 $f_2 = sf_1$,$s = (n_0 - n)/n_0$,如 $n = n_0$,则 $f_2 = 0$,这就意味着转子绕组不产生感应交流电,只有外部通入的直流电流。由此可知,同步电动机与异步电动机在结构上的主要区别在转子上,即在转子上装置通入直流电流的励磁绕组,就成为同步电动机。因此同步电动机是一种定子用交流电流励磁以建立旋转磁场,转子用直流电流励磁构成恒定磁场的交流电动机。它在运行中,定子要接交流电源,转子励磁绕组要接直流电源,定子电路与转子电路都需要控制设备进行控制。

二、同步电动机的启动方法

同步电动机的启动是转子转速从零开始增大的过程,是非同步状态,由机械特性可知其启动平均转矩为零,即同步电动机不能自行启动,必须采用其他方法帮助它启动。同步电动机多采用异步启动方法,利用转子上安装笼型启动绕组产生异步转矩来启动。异步启动后,当转速达到同步转速的 95% 左右时,再给同步电动机的励磁绕组通入直流电流,使转子牵入同步,以同步转速 n_0 运行。

由于矿井提升机所用同步电动机功率很大,通常都不能采用定子全压直接启动,一般都采用定子串电抗器或自耦变压器等方法进行降压启动。

三、同步电动机的励磁方式

同步电动机启动时,励磁绕组不能开路,否则将会产生很大的感应电势。但在启动过程中,励磁绕组也不能短路,因为短路后在励磁绕组中会感应较大的单相电流,此电流产生负的转矩,有可能使启动后的电机转速达不到 95% 同步转速。一般在启动时,在励磁绕组中串入适当大小的放电电阻(灭磁电阻)进行启动。

同步电动机需要有励磁装置,并能很方便地调节励磁电流,而且投入励磁时要求有足够的精确度,所以目前大多采用晶闸管励磁系统,它可使同步电动机的启动过程实现自动化。

采用降压启动时,转子励磁方式有两种:一种是同步电动机在降压下加速到亚同步转速(即同步转速的 95% 左右),再供给励磁,牵入同步,然后再投入全电压,即所谓"轻启动"。这种方法牵入转矩较小,投入全压时电流波动亦较小。另一种是当降压启动到一定转速时,先投入全电压,使其加速到亚同步转速,然后再供给励磁,牵入同步,称为"重启动"。对于要求牵入转矩较大的设备,如轴流式通风机,应采用"重启动"方式。

四、同步电动机晶闸管励磁的电控系统

晶闸管励磁装置的类型较多,KGLF-11 型晶闸管励磁装置是目前矿井通风机中应用较多的一种控制装置。

(一) KGLF-11 型晶闸管励磁装置组成与工作原理

KGLF-11 型晶闸管励磁装置是一种三相全控桥控制方式的同步电动机晶闸管励磁装置,

由主回路和控制电路组成,其结构原理框图如图4-1所示,电气原理如图4-2所示。

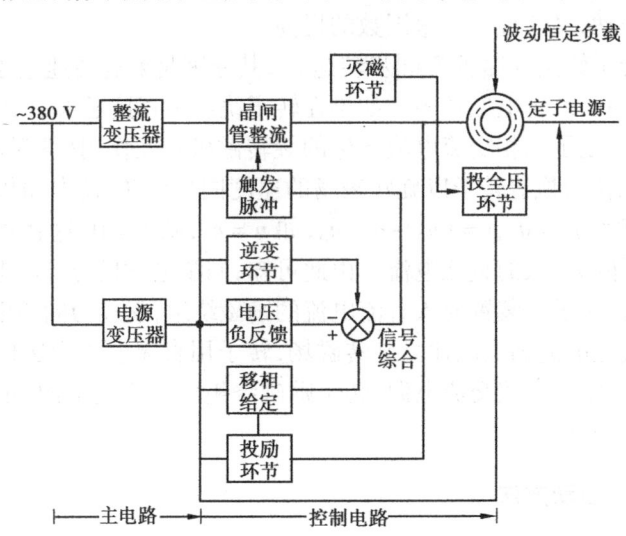

图4-1　KGLF型晶闸管励磁装置方框图

1. 主回路

主回路由高压开关柜、转子励磁柜、同步电动机组成。

同步电动机定子可通过串电抗器降压启动或全压投入6 kV高压直接启动,其转子励磁绕组由380 V三相交流电源经整流变压器T_1和三相全控整流桥供给直流电源。

(1)转子电路的监测

①电压监测:直流电压表V与放电电阻R_{d1},R_{d2}串联接后接在三相全控桥晶闸管的输出端,监测整流输出电压值。由于电压表为高内阻,放电电阻值所引起的误差可忽略不计,但它却对晶闸管VT_7,VT_8和整流管VD_1起到监视作用。

②电流监测:直流电流表A与励磁回路串联测量励磁电流值。同步电动机在启动过程中还未投励前,全控桥电路没有工作,无电流通路,电流表并不显示转子感应电流值,只有在投励后电流表才指示励磁电流值。

(2)转子的灭磁

灭磁插件如图4-3所示。它主要由晶闸管VT_7,VT_8及放电电阻R_{d1},R_{d2}等组成灭磁环节,用来实现启动时限制感应过电压。

(3)三相全控整流桥电路

三相全控桥$VT_1 \sim VT_6$将交流电整流为直流电,为转子提供励磁电流,它由脉冲插件所产生的脉冲来触发导通。通过改变脉冲电路的控制角α来控制直流励磁电压高低。同步电动机转子绕组是一个大电感的RL串联负载,转子励磁绕组通过三相全控桥晶闸管$VT_1 \sim VT_6$中导通的两个晶闸管元件和整流变压器T_1二次侧绕组放电,产生连续的励磁电流,晶闸管$VT_1 \sim VT_6$导通角可达120°。

附加插件I的作用是在同步电动机正常停车或故障跳闸时提供附加控制信号,使三相全控桥晶闸管$VT_1 \sim VT_6$的控制角α变为120°左右,晶闸管工作在逆变状态下,不致因同步电动机停车时转子电感放电造成续流或逆变颠复而使元件烧坏。

快速熔断器$FU_1 \sim FU_6$是直流侧的短路保护熔断器,它与$VT_1 \sim VT_6$并联。当直流侧或晶闸管元件本身短路时，$FU_1 \sim FU_6$ 熔断，并使微动开关 $SS_1 \sim SS_6$ 的动触点闭合，中间继电器 4KA 有电动作，使同步电动机定子回路的油断路器跳闸，切断励磁并报警。

R_{11}，$C_{11} \sim C_{61}$ 为阻容吸收过压保护装置，在三相全桥的晶闸管 $VT_1 \sim VT_6$ 换流截止、快速熔断器 $FU_1 \sim FU_6$ 熔断、$VT_1 \sim VT_6$ 阳极和阴极间换向时产生的过电压由换向阻容 R_{11}，$C_{11} \sim R_{61}$，C_{61} 吸收，削弱电压上升率。

$R_{12} \sim R_{62}$ 为均压电阻，与 $VT_1 \sim VT_6$ 并联，可使三相全控桥的晶闸管 $VT_1 \sim VT_6$ 中同相两桥臂上的晶闸管（如 VT_1 与 VT_4，VT_3 与 VT_6，VT_5 与 VT_2）合理分担同步电动机启动时的转子感应电压。

（4）整流变压器

整流变压器用于向全控桥提供交流电源。

（5）阻容过压保护

自动空气开关 QA 在闭合或打开时所引起的操作过电压，由整流变压器 T_1 二次侧的三角形阻容吸收装置 $R_U C_U$，$R_V C_V$，$R_W C_W$ 进行保护。

（6）散热风机

风机由 KM 控制、FR 作过载保护，用于降低晶闸管温度。

2. 控制回路

控制回路主要由灭磁同步电源插件、电源插件、投励电源插件、移相电源插件、脉冲同步电源插件及附加电源插件组成。

（1）灭磁同步电源插件

灭磁插件位于转子回路（见图 4-3），用于控制晶闸管 VT_7，VT_8 及放电电阻 R_{d1}，R_{d2}，在同步电动机启动时实现过电压保护。同步电动机异步启动后，在投入励磁前的一段时间内，由于三相全控整流桥还未得到触发脉冲，处于截止状态。在转子励磁绕组感应电压没有达到晶闸管 VT_7，VT_8 所整定的导通电压以前，感应电流是通过阻值很大的 R_{d1}，R_3，RP_1，R_2，RP_2，R_{d2} 构成通路，励磁回路接近开路状态启动，感应电动势急剧上升。当感应电动势上升到 VT_7，VT_8 的整定导通电压时，给 VT_7，VT_8 触发脉冲使其导通，励磁绕组从相当于开路状态变为只接入放电电阻 R_{d1}，R_{d2} 启动，从而限制了感应电动势大小，称为"灭磁"。

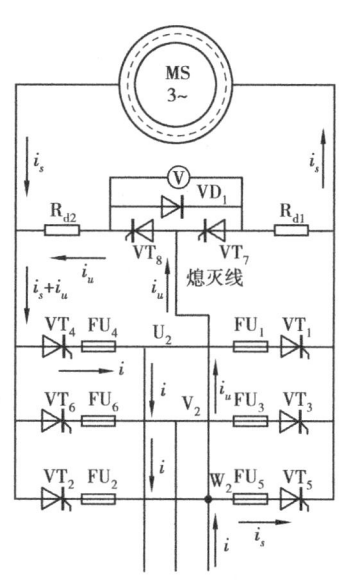

图 4-3　灭磁线的作用

试验按钮 SB 用来检测灭磁环节的工作情况。按下按钮 SB，使电阻 R_1，R_3 串联后与 R_5 并联，R_2，R_4 串联后与 R_6 并联。因 R_5，R_6 阻值相对较小，从而增加了电位器 RP_1，RP_2 的压降。检测时，要先把整流电压调小，再按按钮 SB，此时灭磁晶闸管 VT_7，VT_8 可以导通且电压表 V 指示为零。若松开按钮 SB，熄灭线使晶闸管 VT_7，VT_8 截止，电压表指针回到原来的整定值，说明该环节能正常工作。

当同步电动机启动完毕，投入励磁牵入同步运行后，若晶闸管 VT_7，VT_8 未关断，三相全控桥交流侧电源出现 W 相为正，U 相或 V 相为负，则放电电阻 R_{d1} 和晶闸管 VT_7 被熄灭线短接，晶闸管 VT_7 无电流流过而自动关断；当 W 相电源从正变负，流经晶闸管 VT_8 和放电电阻 R_{d2} 的

电流 i_u 逐渐减小,如图 4-3 所示。当 i_u 减小到晶闸管维持电流以下时,晶闸管 VT_8 也自动关闭。以后虽然整流电压仍加在灭磁晶闸管 VT_7,VT_8 上,但经电位器 RP_1,RP_2 分压后已不足以使灭磁晶闸管 VT_7,VT_8 触发导通,放电电阻 R_{d1},R_{d2} 被完全切除。

（2）电源插件

电源插件分为电源插件 Ⅰ（T_2,T_3）、电源插件 Ⅱ（T_4,T_5）和电源插件 Ⅲ（T_6）三块（见图 4-2），用于向脉冲插件(6 块)、移相插件、投励插件、附加插件、全压插件等供电,其输出电压有 65 V,50 V,40 V,12 V 等。

（3）投励插件

投励插件的作用是保证同步电动机的启动转速达到亚同步速度时自动向移相插件发出投励指令,其电路如图 4-4 所示。

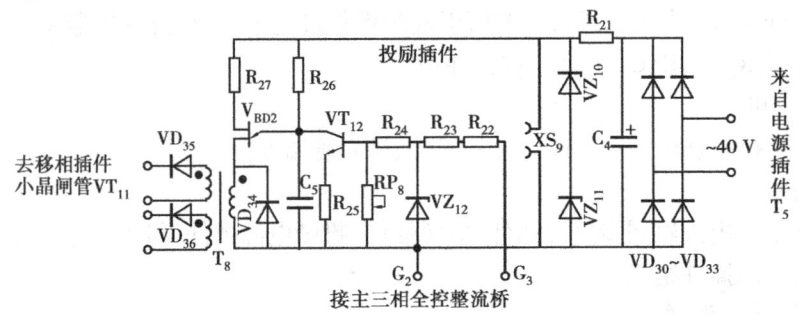

图 4-4　投励插件电路图

同步电动机定子回路电源开关合闸启动时,同时接通脉冲插件中的同步电源,其交流 40 V 电压经 VD_{30} ~ VD_{33} 整流、R_{21} 和 C_4 滤波、稳压管 VZ_{10},VZ_{11} 获得约为 28 V 的稳定直流电源。此时若接在三相全控整流桥上的 G_3 端子为感应正电位、G_2 端子为感应负电位,经电阻 R_{22},R_{23} 降压,稳压管 VZ_{12} 稳压到 4 V 左右。再经 R_{24} 降压后使三极管 VT_{12} 饱和导通,电容器被 C_5 短接,使其不能充电。

当同步电动机转子励磁绕组感应的交变电压改变方向时,即 G_3 为负电位、G_2 为正电位,稳压管 VZ_{12} 工作在正向导通状态,管压降很小,VT_{12} 因基极上的分压低而截止。28 V 直流电源通过电阻 R_{26} 对电容器 C_5 充电,由于只有半个周期,充电电压达不到单结晶体管 VBD_2 导通的峰点电压 U_P,故无脉冲输出。当转子励磁绕组感应的交变电压又改变方向时,VT_{12} 又饱和导通,C_5 充上的一部分电荷经 VT_{12} 放掉,以免后一半周期积累充电。同步电动机启动至亚同步转速前均无脉冲输出。

当同步电动机启动加速至亚同步转速时,转子感应交变电压的频率已衰减至 2 ~ 3 Hz,电容器 C_5 在充电的半个周期内有足够的时间充电,当充电至单结晶体管 VBD_2 的峰点电压 U_P 时使其导通,此时电容器 C_5 通过 VBD_2 的发射极、第一基极和脉冲变压器 T_8 原边绕组迅速放电,使 T_8 副边输出脉冲触发移相电路中的小晶闸管 VT_{11},发出投励指令。电位器 RP_8 可防止三极管 VT_{12} 的基极开路时产生穿透电流而影响正常工作,整定 RP_8 可抑制转子励磁绕组感应电压中的高次谐波干扰。

（4）移相插件

移相插件的作用是控制脉冲插件中触发脉冲的导通角,实现调节励磁电压大小和使电压稳定。移相插件电路如图 4-5 所示,它由移相给定电路和电压负反馈电路组成。

①移相给定电路:由单相桥式整流电路(二极管 VD_{18} ~ VD_{21})、滤波电路(R_{16} 与 C_3)、稳压电路(R_{17} 与 VZ_7,VZ_8)及电位器 RP_6 等部分组成。由电源插件输出的 65 V 交流电源,先经二极管 VD_{18} ~ VD_{21} 整流,再由电阻 R_{16} 和电容 C_3 滤波,又经电阻 R_{17} 和稳压管 VZ_8,VZ_8 稳压后,15 V 的电压加于电阻 R_{18} 和 R_{19} 以及外接的电位器 RP_6 上,通过电位器 RP_6 输出一个可调的稳定电压器,作为 6 个脉冲插件移相控制的主要电源。

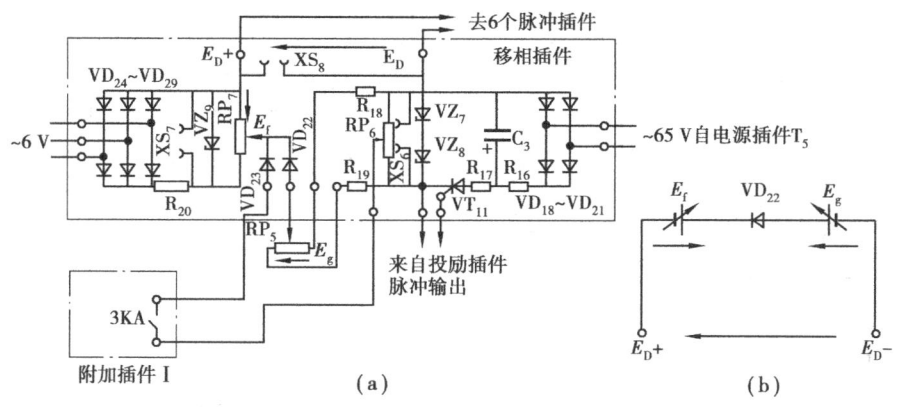

图 4-5 移相插件电路图及简化电路图

(a)电路图 (b)简化电路图

②电网电压负反馈电路:由 VD_{24} ~ VD_{29} 三相桥式整流回路以及电阻 R_{20}、稳压管 VZ_9 和电位器 RP_7 组成,由电位器 RP_7 调节反馈的强弱。当电网电压为 380 V 时,相应的输入交流相电压为 6 V,经二极管 VD_{24} ~ VD_{29} 整流后,通过电阻 R_{20} 降压,加于稳压管 VZ_9 上,此电压尚不足以使其稳压工作。电位器 RP_7 滑动触头上电压 E_f 随电网电压降低而减小。只有当电网电压上升至 390 ~ 400 V 时,VZ_9 才起稳压作用,此时电位器 RP_7 滑动触头的电压 E_f 为一恒定值。

电位器 RP_6 和 RP_7 滑动触头各取一部分电压,其极性相反地串联后,将差值输出(即 $E_D = E_g - E_f$)加到脉冲插件三极管 VT_{10} 的基极回路上。E_g 为稳定值,E_f 则随交流电网电压成比例降低,形成电压负反馈,自动调节励磁电压保持基本稳定。

二极管 VD_{22} 和 VD_{23} 的作用是防止因 $E_g < E_f$,E_D 反向时,使脉冲插件三极管 VT_{10} 的基极承受反向电压。

当交流电网电压下降至整定值时,高压开关柜中电压互感器电压下降使强励开关触点(见图4-2)闭合,接通附加插件中强励继电器 3KA 的线圈,使其动作发出强励信号,3 KA 触点闭合,移相给定电压中间 E_g 直接从电位器 RP_5 的滑动触头取出,将励磁电压升高为额定励磁电压的某一倍数。如这样强励 10 s 后,交流电网电压仍不回升,装于定子回路控制设备上的时间继电器动作,切除强励。同时,切除同步电动机的电源。

晶闸管 VT_{11} 作为开关,控制移相插件的输出(即励磁的投入)。当同步电动机开始启动时,VT_{11} 处于截止状态,直到同步电动机加速至亚同步转速时,投励插件触发 VT_{11} 导通,移相插件才有信号输出给脉冲插件以产生触发脉冲。

(5)脉冲插件

脉冲插件共有六块(+U、−V、+W、−U、+V、−W),分别产生触发脉冲去触发转子励磁回路的 VT_1 ~ VT_6,其内部元件及接线完全相同,仅外部接线不同。为此,现以 +U 相脉冲插件

107

为例,说明其工作原理。如图4-6所示,+U脉冲插件由同步电源、脉冲发生电路及脉冲放大电路3部分组成。

①同步电源:产生脉冲的同步电源由同步变压器T_2的+U相50 V电压供给(见图4-2),-U相50 V电源供给脉冲放大电容C_2进行预充电。+U相电源与-U相电源相位相差180°,各自经二极管VD_7和VD_6进行半波整流。

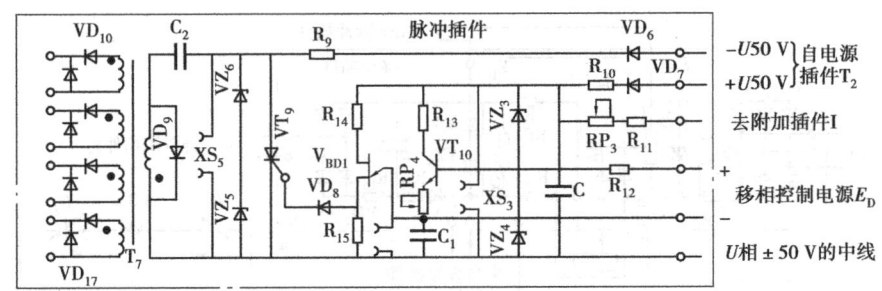

图4-6　　+U相脉冲插件电路图

②脉冲发生电路:由单结晶体管VBD_1、三极管VT_{10}、电位器RP_4及电阻R_{15}等组成。通过移相插件输出的直流信号E_D的大小来改变三极管VT_{10}集电极与发射极的等效电阻,从而调节电容器C_1的充电时间常数。当电容器C_1上电压充到单结晶体管VBD_1峰值电压U_p时,VBD_1导通,在电阻R_{15}上产生脉冲电压,触发小晶闸管VT_9;当电容C_1放电至VBD_1的谷点电压($U_V \approx 2$ V)时,VBD_1关断,电容器C_1重新充电,重复上述过程。

③脉冲放大电路:由电容器C_2、晶闸管VT_9及脉冲变压器T_7组成。由于-U相50 V交流电源比+U相交流电源超前180°,经二极管VD_6半波整流,通过电阻R_9降压对电容C_2充电,为输出脉冲做准备。当小晶闸管VT_9被脉冲电压触发导通,电容器C_2经T_1初级、VBD_1放电,在同步变压器T_7次级绕组上产生主回路晶闸管的触发脉冲。通过改变控制电压E_D大小,改变输出脉冲相位,调节主回路晶闸管的控制角α,即可改变输出电压。因主回路是三相全控桥整流,故采用双脉冲触发方式(或称补脉冲触发),按一定顺序,同时触发两个不同桥臂上的元件,以保证电路更可靠地工作。

由于各脉冲插件所用的元件参数不完全相同,可能造成各相输出脉冲相位(控制角α)不一致,为此,可通过电位器RP_4来调节,使6个脉冲插件的输出脉冲对称。二极管VD_9的作用是为电容器C_2充电和脉冲变压器T_7原边放电提供通路。

二极管$VD_{10} \sim VD_{17}$既可防止输出脉冲相互干扰,又可防止负脉冲加于整流桥的控制极上。

综上所述,异步启动时无投励信号,移相插件不导通,其输出$E_D = 0$,控制角$\alpha = 0$,无触发脉冲,转子回路$VT_1 \sim VT_6$不通;亚同步时,投励插件发出指令,触发VT_{11},移相插件导通,输出E_D,$\alpha \neq 0$,产生触发脉冲,$VT_1 \sim VT_6$导通,转子投入励磁;调节移相插件的RP_6可调节E_D,从而调节脉冲插件C_1的充电时间常数,也就调节了控制角α,达到调节励磁电压的目的。

(6)全压插件

全压插件是为同步电动机降压启动而设置的,电路原理如图4-7所示。

全压插件内部接线和工作原理与投励插件相同,其作用是控制投全压开关。电阻R_{39}要保证可靠地触发导通投全压开关中的小晶闸管VT_{13},使继电器2KA动作,接通同步电动机定子回路的全压开关。同步电动机一旦加速到亚同步转速,投励插件就能投入励磁,使同步电动机牵入同步运行。

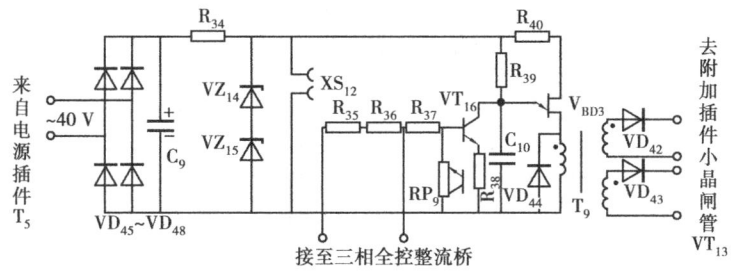

图 4-7 全压插件电路图

(7)附加插件

附加插件由投入全压开关和停车逆变环节两部分组成。

①投入全压开关的作用是通过切换定子电源开关实现由降压启动转换为全压运行。投入全压开关电路如图 4-8 所示,它由电源插件小变压器 T_6 的单相 12 V 电压经二极管 VD_{37} ~ VD_{40} 整流,作为投全压继电器 2KA 和强励继电器 3KA 的工作电源。在同步电动机降压启动时,降压启动高压开关柜(见图 4-2)中油断路器 QF_2 的辅助联锁触点 QF_{21} 闭合,通过电容器 C_7 滤波后加于晶闸管 VT_{13} 上。当同步电动机启动速度达到同步转速的90%左右时,全压插件发出脉冲触发 VT_{13},使 2KA 通电,接通同步电动机定子回路全压开关。全压开关合闸后断开降压启动开关 QF_{21},切除 2KA 的工作电源。

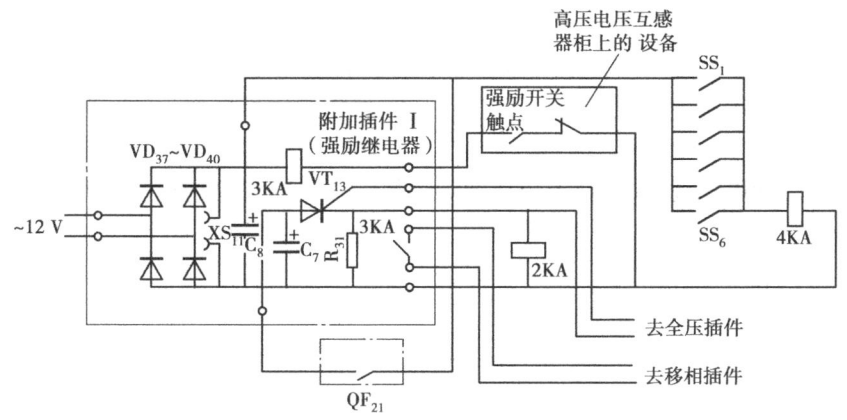

图 4-8 投入全压开关和强励环节电路图

②停车逆变环节的作用是在控制角很大时使整流桥的晶闸管工作在逆变状态,避免被转子感应电动势损坏,控制电路如图 4-9 所示。

由脉冲插件分析知道,通过控制脉冲插件中电容器 C_1 的充电时间来改变控制角 α 大小,控制晶闸管 VT_1 ~ VT_6 的输出励磁电压。当三相全控整流桥工作在整流状态时,脉冲插件电容器 C_1 的充电电流由三极管 VT_{10} 和附加插件 I 中的三极管 VT_{14} 供给。电容器 C_1 的充电电流是不变的,而 VT_{10} 基极偏压可调节,因此电容器 C_1 的充电电流大小主要由流经三极管 VT_{10} 的电流来控制。因此,通过改变 VT_{10} 的基极偏压来调节电容器 C_1 的充电时间常数,使控制角 α 的相位移动,从而调节励磁电压的大小。

109

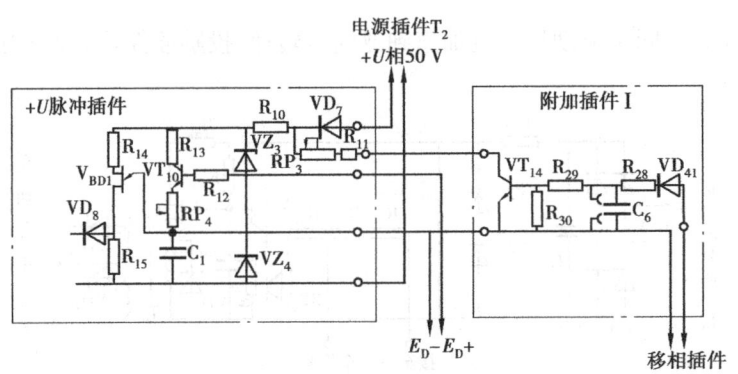

图 4-9　停车逆变环节电路图

当同步电动机停车时,电源插件的变压器 T_5 失电,切除移相电源,脉冲插件三极管 VT_{10} 也因无偏压而截止。但此时电容器 C_6 的缓慢放电却能使三极管 VT_{14} 维持导通 5 s,电容器 C_1 只能由电源插件变压器 T_2 50 V 电源,通过二极管 VD_7 半周期整流后,经电位器 RP_3、电阻 R_{11}、三极管 VT_{14} 集电极至发射极回路充电,使控制角 α 增大到接近 $140°$,此时三相全控整流桥的晶闸管 $VT_1 \sim VT_6$ 工作在逆变状态,不会因转子电感放电而使晶闸管 $VT_1 \sim VT_6$ 烧坏。

(二)KGLF -11 型晶闸管励磁装置的特点

(1)励磁装置与同步电动机定子回路没有直接的电气联系,因此同步电动机可根据电网情况选用适当等级的电压,并不影响采用全压启动或降压启动。

(2)励磁电源与定子回路来自同一交流电网,转子励磁回路采用三相全控整流桥连接励磁线路,可保证同步电动机的固有启动特性。

(3)采用全压启动的同步电动机,当转子速度达到亚同步速度时,投励插件自动发出脉冲,使移相给定电路工作,从而投入励磁,牵入同步运行。

(4)采用降压启动的电动机,当转子速度约达同步转速的 90% 时,由全压插件自动切除降压电抗器,并在同步电动机加速至亚同步转速时自动投入励磁,牵入同步运行。

(5)当交流电网电压波动时,电压负反馈电路使同步电动机励磁电流保持基本恒定,当电网电压下降至 80% ~85% 额定值时实现强行励磁,强励时间不超过 10 s。

(6)同步电动机启动与停机时,能自动灭磁。在启动和失步过程中具有失磁保护,避免同步电动机和励磁装置受过电压而被击穿。

(7)可以手动调节励磁电流、电压和功率因数,整流电压从额定值的 10% ~125% 连续可调。

(8)放电电阻的阻值应为同步电动机转子励磁绕组直流电阻的 6 ~ 10 倍,其长期允许电流为同步电动机额定励磁电流的 1/10。

(9)同步电动机正常停车时,5 s 内不得断开整流桥的交流电源及触发装置的同步电源,以保证转子励磁绕组在整流桥逆变工作状态放电。

能力体现

一、KGLF 型晶闸管励磁装置的操作过程

1. 启动前的准备

(1)检查装置对外的连接线是否正确。闭合辅助回路电源开关 SA,电源插件Ⅲ通电、

HLG 亮。

（2）合上整流变压器 T_1 一次侧空气自动开关 QA，红色信号灯 HLR_4 亮，整流器变压器 T_1 和电源插件Ⅰ、Ⅱ中的小变压器 $T_2 \sim T_5$ 均与电源接通。

（3）将转换开关 QC 置于"调定"位置。

（4）顺时针缓慢调节励磁调节移相插件中的电位器 RP_6，直至直流电压表 V 和直流电流表 A 指示出同步电动机运行的励磁电压和电流为止。

（5）按下灭磁电路中按钮 SB，直流电压表 V 读数变为零，而直流电流表 A 的读数不变。松开按钮 SB，直流电压表 V 的读数复原。

（6）断同步电动机定子回路隔离开关 QS，将转换开关 QC 置于"允许"位置，现场操作空投合闸，进行联锁及人为故障试验。

（7）完成以上工作，即可进行启动运行。

2.同步电动机的启动控制

（1）将同步电动机所带负载置于最轻状态，以实现轻载启动。

（2）先合上高压开关柜的隔离开关，再合油断路器，辅助回路的 QF_{12} 闭合，接触器 KM 通电，其主触点闭合，散热风机启动，其辅助触点断开指示灯 HLG，接通 HLR_1，指示灯 HLR 亮；此时同步电动机异步启动，指示灯 HLR_3 亮。待同步电动机加速至亚同步转速时，转子自动投入励磁，使同步电动机牵入同步运行。

（3）当同步电动机牵入同步运行时，可逐步增加负载至额定电流。并根据电网及负载要求调整励磁，使同步电动机在某一工作状态下稳定运行。

（4）如果启动时间较长，启动绕组有焦味或牵入时发生剧烈振荡而不能投励，应停车检查故障原因，排除后重新启动。

二、晶闸管励磁装置的调试及维护检修

KGLF-11 型晶闸管励磁装置在控制过程中，若出现控制失灵，无法进行相应量的调节，应认真检查励磁装置是不是有断路、短路现象，熔断器是否熔断，热继电器是否动作。检查插件上的部分电阻有无过热变色，晶体管如二极管、三极管、单结晶体管等是否被击穿，各点的波形是否正常。当故障排除后，再继续使用。

常见的故障有以下几个方面：

（1）闭合开关 SA，电源插件Ⅲ通电。电源给电后风机停止，指示灯 HLG 不亮。原因可能是：

①控制线路没有 220 V 电源。

②熔断器 FU_{11} 熔断。

③风机停止指示灯 HLG 灯丝烧断或灯座接触不良。

④交流接触器动断触点闭合不好或接线开路。

（2）将转换开关 QC 右转 45°，置于"允许"位置，合油断路器 QF，交流接触器 KM 不吸合。此时应逐个检查与 KM 线圈串联的各触点是否处于闭合状态。

（3）交流接触器 KM 吸合后，风机不转或声音不正常。原因可能是交流接触器 KM 主触点接触不良。

（4）移相插件外接电位器 RP_6 调到零位，KM 吸合后励磁没有直流电压输出。原因可能是主晶闸管有的被击穿短路,用万用表可以检查出来。

(5)无整流电压输出。原因可能是:

①交流接触器 KM 未吸合或故障跳闸。

②熔断器 FU_{11} 熔断。

③电源变压器 T_1 开路。

④投励插件无输出,包括以下原因:变压器 T_5 无电;KM,QF_{11} 触点未闭合;电阻 R_{21} 开路;三极管 VT_{12} 的集电极与射极短路;单结晶体管 VBD_2 损坏;电容器 C_5 损坏;投励插件上其他元件损坏。

⑤移相元件中的元件损坏,如小晶闸管 VT_{11}、二极管 VD_{29} 等内部断路。

(6)励磁电压调不上去。原因可能是:

①熔断器有的可能熔断。

②晶闸管 $VT_1 \sim VT_6$ 有的内部断路或连接线开路。

③晶闸管控制线有的断开。

④有的脉冲触发插件无输出,包括以下几个方面的原因:三极管 VT_{10} 损坏;单结晶体管 VBD_1 损坏;电容器 C_1 损坏或电位器 RP_4 接触不良;小晶闸管 VT_9 损坏;脉冲变压器 T_7 内部断线。

(7)不能投入运行且放电电阻过热。原因可能是:

①灭磁晶闸管 VT_7,VT_8 短路。

②电阻 $R_1 \sim R_4$ 短路或电位器 RP_1,RP_2 整定值变动,使 VT_7,VT_8 不能关断。

(8)启动时负载重或电压低,同步电动机半速运行。原因可能是:

①附加电阻 R_{d1},R_{d2} 开路。

②灭磁晶闸管 VT_7,VT_8 开路或不能触发。

③电位器 RP_1,RP_2 阻值变动或短路。

④续流二极管 VD_1 开路。

KGLF-11 型晶闸管励磁装置的投励插件、移相插件、脉冲触发插件均为晶体管电路,查找故障时应断开同步电动机的定子电源,将转换开关 QC 置于"调定"位置。用万用表或示波器通过检修插孔检测有关点的电压和波形,逐点查找故障。

 **操作训练**

序号	训练内容	训练要点
1	同步电动机的启动	异步启动、励磁绕组通入直流电流牵入同步; 接线、励磁的控制。
2	晶闸管励磁装置的操作	启动前的准备、启动控制、停车控制。

任务评价

序号	考核内容	考核项目	配分	得分
1	同步电动机晶闸管励磁装置组成	各部分的主要作用	20	
2	主回路	组成、转子参数监测、转子的灭磁、整流桥电路。	20	
3	控制回路	灭磁同步电源、电源插件、投励插件、移相插件、脉冲插件、全压插件等的基本结构和作用。	20	
4	晶闸管励磁装置的特点	控制、保护、运行、操作等特点。	20	
5	遵章守纪		20	

任务巩固

4-1　什么是同步电动机的异步启动法？过程如何？

4-2　KGLF-11 励磁装置由哪些环节组成？各起什么作用？

4-3　煤矿大多数同步电动机常采用哪种励磁装置？它有哪些特点？

4-4　KGLF-11 励磁装置的全压插件起什么作用？说明它的工作原理。

4-5　试说明 KGLF-11 励磁装置投励插件的组成和工作原理。

4-6　如何检测灭磁环节是否正常工作？

4-7　KGLF-11 励磁装置如何试车和启动？

4-8　熄火线的作用是什么？

4-9　KGLF-11 励磁装置如何进行过电压和过电流保护？

4-10　试设计一个控制一台同步电动机的控制电路,要求能满足下列要求：

　　（1）定子串电抗器减压启动；

　　（2）按频率原则加入直流励磁；

　　（3）停机进行能耗制动；

　　（4）具有必要的保护环节。

情境 **5**
矿井空气压缩机的电气控制

知识点及目标

本任务主要分析介绍矿井空气压缩机电气控制系统的组成、启动方法和控制原理等知识。

能力点及目标

通过学习应能对空气压缩机电气控制系统进行正确的操作常见故障进行分析处理。

任务描述

矿井空气压缩机既是掘进设备的工作动力,更是矿井的生命线之一,在电气控制上保障空气压缩机的工作可靠性具有十分重要的意义。根据空气压缩机功率的大小不同,既有低压控制方式,也有高压控制方式。学习低压、高压典型控制系统对将来管理和维护该设备具有很现实的作用。

任务分析

本任务在知识方面主要解决控制系统的组成和控制工作原理等问题,在能力方面重点解决常见故障的分析排除。

相关知识

矿井空气压缩机既可以采用笼型异步电动机,也可以采用绕线型异步电动机拖动。采用笼型异步电动机拖动时,常采用定子串电抗器或串自耦变压器启动,采用绕线型异步电动机拖动时,常采用转子串频敏变阻器启动。

一、定子串电抗器降压启动控制系统

笼型异步电动机定子串电抗器降压启动装置常用 QZO- 6 型高压综合启动器,它配置

QKSQ 型气冷三相电抗器,可控 1 000 kW 以下的电动机。其控制原理如图5-1 所示。

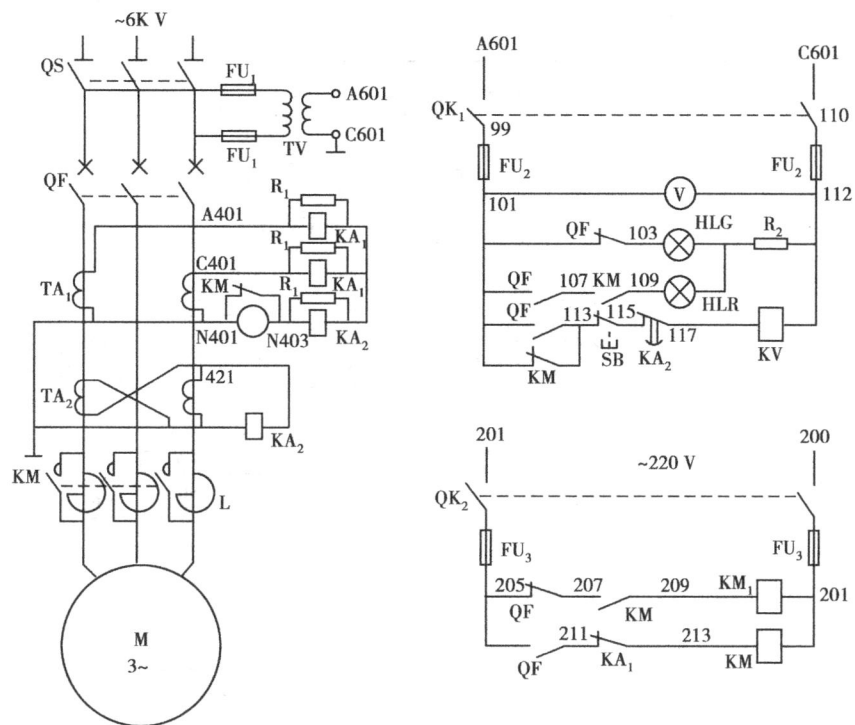

图 5-1　QZO-6A 型高压综合启动器电控原理图

启动前,先合上高压隔离开关 QS,再闭合刀开关 QK₁,QK₂。此时绿色信号灯 HLG 亮,表示控制回路已接通电源,电压表 V 指出电源电压。

启动时,用操作手柄使高压油断路器 QF 合闸,这时电动机串电抗器 L 接入电网,开始降压启动。由于高压油断路器的辅助动合触点比主触点稍后闭合,因此当断路器主触点闭合时,三相电流继电器 KA₁ 先吸合,其动断触点断开,保证接触器 KM 的线圈在启动过程中处于无电状态。随着转速的上升,启动电流逐渐下降,当转速接近稳定转速时,即当启动电流下降到 KA₁ 的释放值时,KA₁ 继电器释放,动断触点 KA₁ 恢复闭合,使接触器 KM 带电吸合,其主触点将电抗器 L 短接,此时红色信号灯 HLR 亮,绿色信号灯 HLG 灭,表示启动过程结束。

如果接触器 KM 发生故障,启动一分钟后尚不能短接电抗器,则红灯 HLR 不亮,这时必须按下停止按钮 SB,使油断路器的失压脱扣线圈 KV 断电,油断路器 QF 跳闸,停止启动,以免电抗器长时串入而被烧坏。

图中 KM₁ 为高压接触器 KM 的带电脱扣线圈。

电流互感器 TA₂ 的两个二次线圈按两相电流差接线方式,用 KA₂ 过电流继电器作为反时限特性保护,继电器延时断开的动断触点 KA₂ 直接串接在油断路器的失压脱扣线圈 KV 回路中,当线路发生短路和过载时进行保护。

二、定子串自耦变压器降压启动电控系统

自耦变压器降压启动控制较多用在低压异步电动机上,常用的自耦减压启动器有 QJ2A 型、QJ3 型和 XJ01 型几种系列,可控电动机容量可达 300 kW。图 5-2 所示为 XJ01 型自耦减压启动器的电控系统,该系统有手动及自动两种控制方式,用转换开关 QC 进行转换。

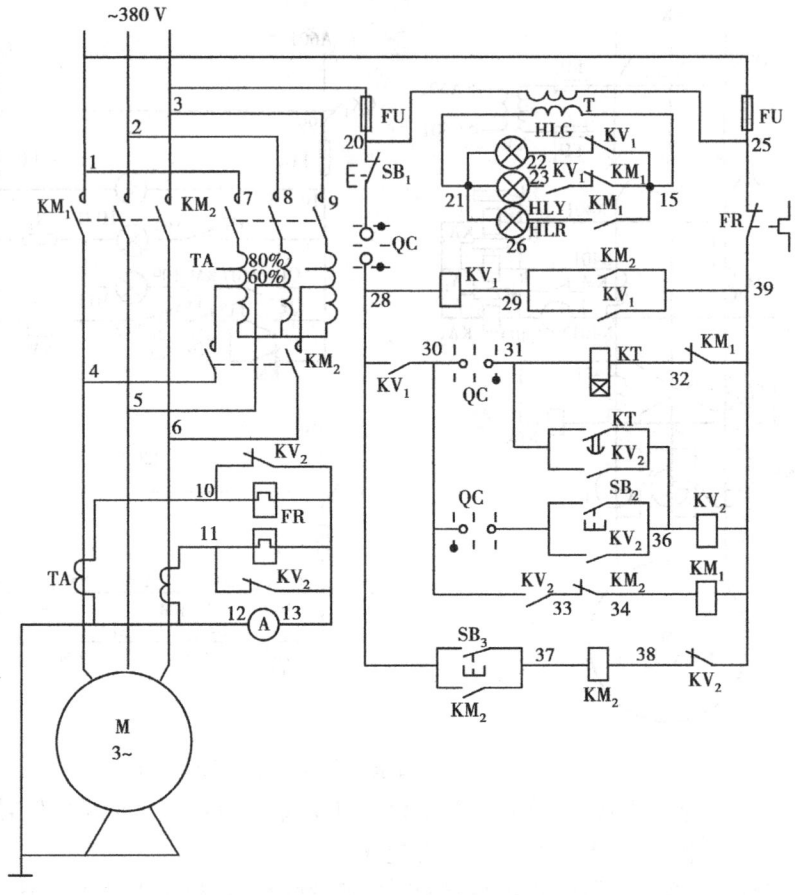

图 5-2　XJ01 型自耦减压启动器电控原理图

采用手动启动时,将工作方式转换开关置于"手动"位置,将时间继电器回路断开。启动时,先按下启动按钮 SB_3,接触器 KM_2 吸合,电动机串自耦变压器降压启动,绿灯 HLG 熄灭,黄灯 HLY 亮。待电机转速接近稳定转速时,即电流表 A 的指针逐渐下降至接近电动机额定电流时,再按下"运转"按钮 SB_2,切除自耦变压器,线路接触器 KM_1 吸合,启动结束,电动机进入全压运行。此时黄灯 HLY 熄灭,红灯 HLR 亮。

如采用自动启动,将工作方式转换开关置于"自动"位置,则把时间继电器回路接通。

自动启动时,按下启动按钮 SB_3,启动接触器 KM_2 带电,在主回路中的 KM_2 主触点闭合,电动机串自耦变压器开始降压启动,由于 KM_2 带电时其辅助动合触点 $KM_2(29～39)$ 闭合,使中间继电器(电压继电器)KV_1 线圈带电吸合,其动合触点 $KV_1(28～30)$ 闭合,时间继电器 KT 带电吸合,由此可见,时间继电器基本上和电动机同时接通电源。KT 吸合后,其延时闭合的动合触点(延时的时间即为整定的降压启动时间)延时闭合,使中间继电器 KV_2 带电吸合,动合触点 $KV_2(30～33)$ 闭合,又使线路接触器 KM_1 带电吸合,闭合主触点,自动切除自耦变压器,启动结束,电动机进入正常运行状态。

图中 FR 为过载保护用热继电器。

三、低压绕线式异步电动机转子串频敏电阻启动控制系统

1. 频敏变阻器结构及启动控制原理

绕线式异步电动机可以在转子绕组中串电阻分级启动,既可以减小启动电流,又可以增大启动转矩,但启动过程中需要逐级切除启动电阻。如果启动级数较少,在切除启动电阻时就会产生较大的启动电流和转矩冲击,使启动不平稳。增加启动级数固然可以减少电流和转矩冲击,使启动平稳,但这又会使开关设备和启动电阻的段数增加,增加了设备和维修工作量,很不经济。如果串入转子回路中的启动电阻在启动过程中能随转速的升高而自动平滑地减小,就可以不用逐级切除启动电阻而实现无级启动了。频敏变阻器就是具有这种特性的启动设备。

频敏变阻器,实际上就是一个铁芯损耗很大的三相电抗器。从结构上看,它类似一个没有二次绕组的三相心式变压器,如图 5-3 所示。铁芯由 30 ~ 50 mm 厚的钢板叠成。3 个绕组分别绕在 3 个铁芯柱上并接成星形。铁芯中产生涡流损耗和一部分磁滞损耗,铁芯损耗相当于一个等值电阻 r_m,频敏变阻器的线圈又是一个电抗 x_m,电阻与电抗都随频率增减而变化。由于频敏变阻器的铁芯采用厚钢板制成,所以铁损耗较大,对应的 r_m 也较大。频敏变阻器经滑环与绕线式异步电动机的转子绕组相接,其等效电路如图 5-4 所示。

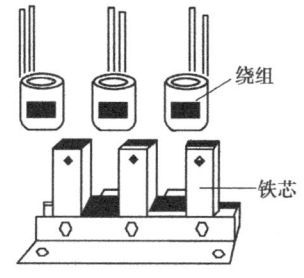
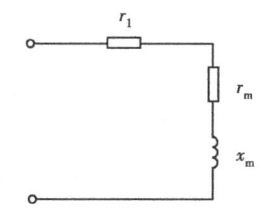

图 5-3　频敏变阻器结构　　　　图 5-4　频敏变阻器等效电路

频敏变阻器启动原理如图 5-5 所示。合上开关 Q,KM_1 闭合,电动机定子绕组接通电源电动机开始启动时,电动机转子转速很低,$n \approx 0, s = 1$,故转子频率较高,$f_2 = sf_1 = f_1$,频敏变阻器的铁损很大,r_m 和 x_m 均很大,且 $r_m > x_m$,因此限制了启动电流,增大了启动转矩。随着电动机转速的升高,转子电流频率下降,于是 r_m,x_m 随 n 减小,这就相当于启动过程中电阻的无级切除。当转速上升到接近于稳定值时,KM_2 闭合,将频敏电阻器短接,启动过程结束。

如果频敏变阻器的参数选择合适,可以保持启动转矩不变,如图 5-6 所示,曲线 1 为固有特性,曲线 2 为机械特性。

频敏变阻器结构简单,运行可靠,使用维护方便,价格便宜,因此被广泛使用。

2. 频敏变阻器启动控制应用设备

图 5-7 所示为 GTT6121 型低压绕线式异步电动机转子回路串频敏变阻器启动控制电路,用于低压绕线型电动机的单向运转控制。

启动前,首先闭合自动开关 Q,主电路有电。闭合开关 SA,控制回路有电,绿色指示灯 HG 亮。

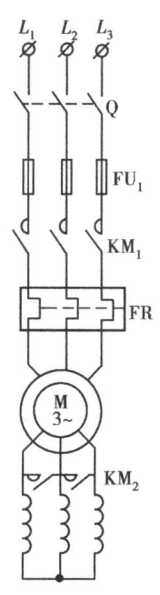

图 5-5　频敏电阻器
启动原理图

117

启动时,按下启动按钮 SB₁,接触器 1KM 有电吸合,其定子回路主触点 1KM 闭合,电动机转子串频敏变阻器 RF 启动,动合触点 1KM₁ 闭合自保;动合触点 1KM₂ 闭合,红色指示灯 HR 亮,表示电动机正在启动。

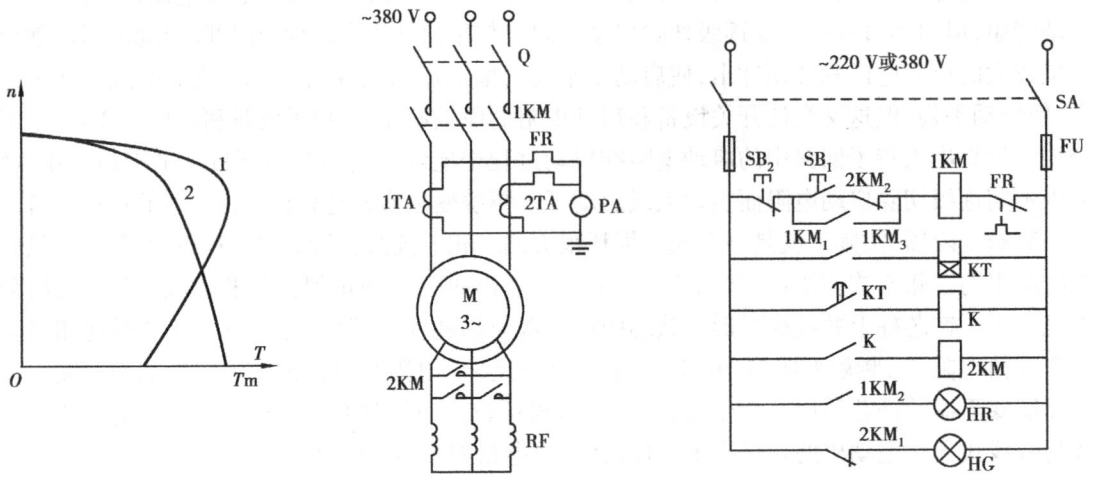

图 5-6 串频敏变阻
器的机械特性

图 5-7 GTT6121 型频敏变阻器启动控制原理图

动合触点 1KM₃ 闭合,时间继电器 KT 有电,其动合触点经一段时间的延时后闭合,接通中间继电器 K,通过其动合触点 K 使接触器 2KM 有电吸合,其转子回路主触点闭合短接转子绕组,切除频敏变阻器。同时辅助触点 2KM₁ 打开,绿色指示灯 HG 灭,表示电动机降压启动结束进入全压运行状态。

停车时,按下停止按钮 SB₂,接触器 1KM 失电,主触点断开,电动机停转。同时其他接触器、继电器及其相应触点恢复原态,为下次启动做准备。

主电路中的电流互感器二次侧装有指示电流表 PA 和用于电动机过载保护的热继电器 FR。

由于电动机启动电流较大,频敏电阻器容易发热,所以转子回路串频敏电阻器启动方法只能用于电动机不经常启动的场合。

四、高压绕线型异步电动机转子串频敏电阻启动控制系统

图 5-8 所示为 KRG-6B 型高压绕线式异步电动机转子回路串频敏变阻器启动控制电路,用于电压为 6 kV、功率在 1 000 kW 以下的大功率电动机。该控制系统适用于水泵、空压机等设备的轻载启动,在频敏变阻器完全冷却的情况下,可连续启动二次或三次,否则频敏电阻器会因过热而不能正常工作。

1. 组成

高压隔离开关 QS 作主电路的隔离检修用,带有脱扣装置的高压油断路器 QF 作主电路正常通断控制和故障时切断主电路;电流互感器 1TA 检测主电路电流,以实现控制频敏变阻器的切除,1TA 的二次回路接线为不完全星形方式,其负载为三相电流继电器 1KA,1KA 间接控制频敏电阻器的切除;电流互感器 2TA 二次回路接线为两相差接方式接过流继电器 2KA,用于对电动机进行过流保护;电压互感器 TV 为控制电路提供工作电源。

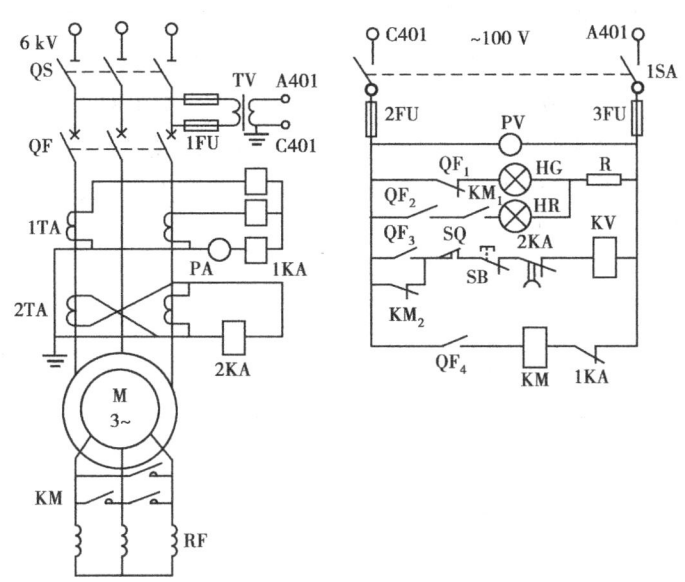

图 5-8　KRG-6B 型高压频敏变阻器启动器电控原理

2. 启动前的准备

启动前,首先闭合高压隔离开关 QS 和转换开关 1SA,控制回路有电,绿色指示灯 HG 亮。同时保护电路中的脱扣线圈 KV 有电吸合,允许合闸启动电动机。

3. 启动过程

启动时,手动操作断路器 QF,其主触点先于辅助触点 QF₁~QF₄ 动作,使转子回路串频敏电阻器启动。由于启动电流较大,使主回路的三相电流继电器 1KA 吸合,其动断触点 1KA 打开,切断接触器 KM 线圈电路,在转子回路中的动合接点断开,保证在启动过程中频敏电阻器不被切除。当 QF 的操作手柄完全合上时,其辅助触点才动作:QF₁ 打开,绿灯 HG 灭,表示电动机正在启动;QF₂ 闭合,为红灯 HR 亮作准备;QF₃ 闭合,短接 KM₂ 常闭触点,保证了脱扣线圈在启动瞬间的电流通路;QF₄ 闭合,为接触器 KM 通电作准备。

随着电动机转速的升高,主电路电流下降到 $1.2I_N$ 左右时,1KA 因电流减小而释放,其动断触点 1KA 闭合,接触器 KM 有电吸合,主触点 KM 闭合切除频敏电阻器,同时动合触点 KM₁ 闭合,红色指示灯 HR 亮,表示电动机降压启动结束。

4. 停车

需要停车时,按停止按钮 SB,脱扣线圈 KV 断电,使断路器 QF 跳闸,电动机停转。也可直接操作断路器 QF 手柄切断电源。

5. 保护措施

2KA 是具有反时限保护性能的感应式电流继电器,实现对电动机进行过载和短路保护。故障时其动断触点 2KA 断开脱扣线圈 KV,使断路器 QF 跳闸。在电压过低时,脱扣线圈 KV 因吸力不足而释放,实现欠压保护。

SQ 是外盖闭锁限位开关,其触点串接在脱扣线圈回路中,当启动器箱盖打开时,触点 SQ 断开,QF 不能合闸,起到闭锁作用。

脱扣线圈 KV 电路中 QF₃ 和 KM₂ 的作用:在电动机启动前,先由动断触点 KM₂ 为脱扣线圈提供通路,若电网电压正常,脱扣线圈吸合,允许油开关 QF 送电;另外,当接触器主触点 KM 因故没有断开,与其同轴的触点 KM_2 就不能闭合,脱扣线圈因送不上电而不能使断路器合闸送电,防止了电动机不串频敏电阻器直接启动。在正常工作中由 QF_3 维持 KV 通电吸合。

在启动过程中,如果接触器 KM 发生故障,经 1 min 后红色指示灯仍不亮,说明频敏电阻器未被短接,这时必须手动按下停止按钮 SB,切断脱扣线圈电路,使断路器跳闸,以避免频敏电阻器长时间接在电路中而被烧坏。

 **操作训练**

序号	训练内容	训练要点
1	QZO-6 型高压综合启动器操作	启动前的准备、启动控制、停车控制;各种显示观察。
2	XJ01 型自耦变压器降压启动控制器操作	启动前的准备、启动控制、停车控制;各种显示观察。

 **任务评价**

序号	考核内容	考核项目	配分	得分
1	QZO-6 型高压综合启动器	组成、各部分的主要作用。	10	
2	QZO-6 型高压综合启动器	工作过程和性能分析。	15	
3	XJ01 型自耦变压器降压启动控制器	组成、各部分的主要作用。	10	
4	XJ01 型自耦变压器降压启动控制器	工作过程和性能分析。	15	
5	GTT6121 频敏变阻器启动控制器	组成、各部分的主要作用。	10	
6	GTT6121 频敏变阻器启动控制器	工作过程和性能分析。	15	
7	遵章守纪		15	

任务巩固

5-1　频敏变阻器启动控制的最主要优点是什么?

5-2　频敏变阻器启动控制的基本原理是什么?

5-3　简述 GTT6121 型启动器控制电路的工作原理。

5-4　简述 KRG-6B 型高压启动器控制电路的工作原理。

5-5　分析自耦变压器降压启动继电控制线路的降压启动过程。

情境 **6**
矿井排水设备的电气控制

知识点及目标

本任务主要分析介绍矿井排水设备电气控制系统的组成、启动方法、控制原理和排水自动控制系统的组成等知识。

能力点及目标

通过学习应能对排水控制设备进行正确的操作和对排水控制系统进行日常维护管理。

任务描述

井下主排水设备是煤矿电力一类用户,对供电和控制的要求都很高,一旦出现水泵停转,将直接威胁到矿井的安全。所以,在电气控制上保障水泵的可靠工作,根据涌水量大小自动投入水泵工作的数量,对整个矿井井下的安全都具有重要意义。

任务分析

本任务主要分析了排水设备控制的方式,几种常用控制系统的组成、工作原理和性能特点,重点分析了水泵自动控制系统的组成、功能、工作方式和保护性能。

相关知识

矿井井下主排水水泵可以采用绕线型异步电动机进行拖动,其控制通常采用转子串频敏变阻器启动,如采用 KRG-6B 型高压绕线型异步电动机转子回路串频敏变阻器启动控制电路等。而更为常用的是由笼型异步电动机拖动,电动机的启动和控制通常采用降压启动,如定子串电抗器降压启动的 QZO-6 型高压综合启动器、定子串自耦变压器减压启动器的 XJ01 型启

122

动器等,还可以采用星形-三角形降压启动控制。这里先就星形-三角形降压启动控制作一介绍,然后重点分析排水设备的自动控制系统。

一、排水设备的星形-三角形降压启动控制

电动机在正常运行时,其定子绕组大多为三角形连接,其一相绕组承受的是电源线电压。启动时可将其定子绕组改接成星形连接,使电动机一相绕组的电压降为电源相电压,即只有线电压的 $1/\sqrt{3}$,进行降压启动。当电动机转速接近额定转速时,再将定子绕组转换回三角形连接,电动机绕组电压为线电压正常运行,这种控制方式称为星形-三角形降压启动控制。

1.手动转换的星形-三角形降压启动控制系统

图 6-1 为手动转换的星形-三角形启动器的启动控制原理图。

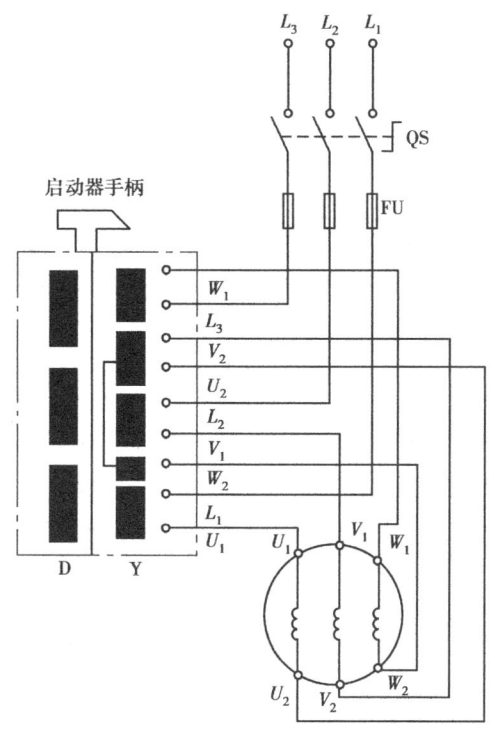

图 6-1　星形-三角形降压启动控制原理图

（1）启动:先合隔离开关 QS,引入三相电源,将启动器手柄右扳,使右侧一排动触点与静触点连接,电动机三相绕组的尾端 U_2,V_2,W_2 短接,首端 U_1,V_1,W_1 分别接三相电源 L_1,L_2,L_3,电动机呈星形连接开始降压启动。

（2）运行:当电动机接近额定转速时,将手柄往左扳,则左侧一排动触点与静触点相接,W_1,V_2 与电源 L_3 连接,U_2,V_1 与电源 L_2 连接,W_2,U_1 与 L_1 连接,电动机定子绕组转换为三角形连接进入正常运行状态。

（3）停车:将手柄扳回中间位置,电动机绕组与电源断开,电动机停转。

手动转换的星形-三角形降压启动控制系统体积小,成本低,动作可靠,只适用于 10 kW 以下的三角形连接异步电动机的降压启动控制。

2. 继电器-接触器控制的星形-三角形降压启动控制系统

图6-2所示为继电器-接触器控制自动转换的星形-三角形降压启动控制系统,控制过程如下:

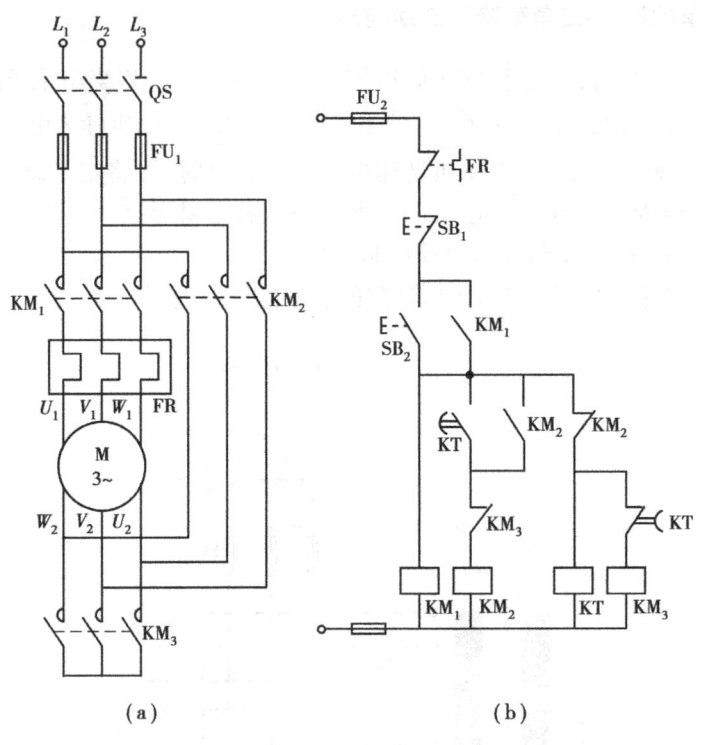

图6-2 自动转换的星形-三角形降压启动控制原理

(1)准备:合隔离开关 QS,接入三相电源,且控制回路有电。

(2)启动:按下启动按钮 SB₂,电源接触器 KM₁、星形接触器 KM₃ 和时间继电器 KT 线圈均得电吸合,KM₁ 主触点将电源接入定子绕组首端,KM₃ 主触点将定子绕组末端短接,形成星形连接降压启动。KM₁ 的辅助动合触点闭合,实现自保。

(3)运转:经过 KT 的延时,其 KT 接点断开,使星形接触器 KM₃ 线圈断电,KM₃ 主触点断开星形连接点,电动机处于短暂的惯性旋转阶段。KM₃ 辅助动合触点闭合,同时 KT 的动合触点也在延时后闭合,三角形接触器 KM₂ 线圈得电,其主触点 KM₂ 将电动机绕组的首末端连接成三角形,进入正常运行阶段。同时其辅助动合触点 KM₂ 闭合自锁,维持主电路及电动机全压运行。图中 KM₂ 和 KM₃ 的动断触点为互锁,以确保 KM₂ 和 KM₃ 只有一个得电动作,使电动机星形-三角形转换正确,避免短路事故。

(4)停车:按下停止按钮 SB₁,使 KM₁,KM₂ 线圈失电,其主触点断开,电动机停转。

(5)保护:短路时,电路中熔断器 FU 熔断,切断电源实现短路保护;电动机过载时,热继电器 FR 动作,其触点断开,使 KM₁,KM₂ 线圈失电,其主触点断开,使电动机停转,实现过载保护。电动机电压过低或停电时,接触器无法吸合,其主触点断开电动机,实现欠压和无压保护。

二、井下主排水泵的自动控制

(一)系统简介

井下排水水泵有工作水泵若干台,还有备用水泵和检修水泵,需要投入水泵的数量是根据涌水量的大小来决定的。传统的水泵的开停及选择切换均由人工完成,技术管理水平低,对安全和经济效益都有不利的影响。随着计算机控制技术的迅速发展,以微处理器为核心的可编程序控制器(PLC)控制系统以其强大的功能和极高的性价比已经广泛应用于各种电气控制系统中,并有逐步取代继电器-接触器控制系统的趋势。井下主排水泵自动化控制系统采用PLC自动检测水仓水位和其他参数,根据水仓水位的高低、矿井用电信息等因素,合理调度水泵运行,可以达到避峰填谷及节能的目的。系统对主排水泵及其附属的抽真空系统与管道电动阀门等装置实施PLC自动控制及运行参数自动检测,动态显示,并将数据传送到地面生产调度中心,进行实时监测及报警显示。通过触摸屏以图形、图像、数据、文字等方式,直观、形象、实时地反映系统工作状态以及水仓水位、电动机工作电流、电动机温度、轴承温度、排水管流量等参数,并通过通信模块与综合监测监控主机实现数据交换。

井下主排水泵自动化控制系统具有自动、半自动和手动检修3种工作方式。自动工作方式时,由PLC检测水位、压力及有关信号,自动完成各泵组运行,不需人工参与;半自动工作方式时,由工作人员选择某台或某几台泵组投入,PLC自动完成已选泵组的启停和监控工作;手动检修方式为故障检修和手动试车时使用,当某台水泵及其附属设备发生故障时,该泵组将自动退出运行,不影响其他泵组正常运行。PLC柜上设有该泵的禁止启动按钮,设备检修时,可防止其他人员误操作,以保证系统安全可靠。系统可随时转换为自动和半自动工作方式运行。该系统具有运行可靠、操作方便、自动化程度高等特点,并可节省水泵的运行费用。

(二)系统组成与功能

煤矿井下主排水泵自动化控制系统由数据自动采集、自动轮换工作、自动控制、动态显示及故障记录报警和通信接口等5个部分组成。

1. 数据自动采集与检测

数据自动采集与检测的对象分模拟量数据与数字量数据两类。检测的模拟量数据主要有:水仓水位、电动机工作电流、水泵轴温、电机温度、排水管流量;检测的数字量数据主要有:水泵高压启动柜真空断路器和电抗器柜真空接触器的状态、电动阀的工作状态与启闭位置、真空泵工作状态、电磁阀状态、水泵吸水管真空度及水泵出水口压力。

数据自动采集主要由PLC实现,PLC模拟量输入模块通过传感器连续检测水仓水位,将水位变化信号进行转换处理后,通过A/D转换将模拟信号变换成数字信号,PLC计算出单位时间内不同水位段水位的上升速率,从而判断矿井的涌水量,控制排水泵的启停。电动机电流、水泵轴温、电机温度、排水管流量等传感器与变送器,主要用于监测水泵、电动机的运行状况,超限报警,以避免水泵和电动机损坏。PLC的数字量输入模块将各种开关量信号采集到PLC中作为逻辑处理的条件和依据,控制排水泵的启停。

2. 自动轮换工作

为了防止因备用泵及其电气设备或备用管路长期不用而使电动机和电气设备受潮或其他故障未及时发现,当工作泵出现紧急故障需投入备用泵时,系统程序设计了几台泵自动轮换工作控制程序并将水泵启停次数、运行时间、管路使用次数及流量等参数自动记录和累计,系统根据这些运行参数按一定顺序自动启停水泵和相应管路,使各水泵及其管路的使用率分布均匀,当某台泵或所属阀门故障、某趟管路漏水时,系统自动发出声光报警,并在触摸屏上动态闪烁显示,记录事故,同时将故障泵或管路自动退出轮换工作,其余各泵和管路继续按一定顺序自动轮换工作,以达到有故障早发现、早处理,确保矿井安全生产的目的。

3. 自动控制

系统选用模块化结构的 PLC 为控制主机,由 PLC 机架、CPU、数字量 I/O、模拟量输入、电源、通信等模块构成。PLC 自动化控制系统根据水仓水位的高低、井下用电负荷的高低峰和供电部门所规定的平段、谷段、峰段供电电价(时间段可根据实际情况随时在触摸屏上进行调整和设置)等因素,建立数学模型,合理调度水泵,自动准确发出启、停水泵的命令,控制各台水泵运行。

为了保证井下安全生产和系统可靠运行,水位信号是水泵自动化一个非常重要的参数,因此,系统设置了模拟量和开关量两套水位传感器,两套传感器均设于水仓的排水配水仓内,PLC 将收到的模拟量水位信号分成若干个水位段,计算出单位时间内不同水位段水位的上升速率,从而判断矿井的涌水量,同时检测井下供电电流值,计算用电负荷率,根据矿井涌水量和用电负荷,控制在用电低峰和一天中电价最低时开启水泵,用电高峰和电价高时停止水泵运行,以达到避峰填谷及节能的目的。

4. 动态显示

动态模拟显示选用触摸式工业图形显示器(触摸屏),系统通过图形动态显示水泵、真空泵、电磁阀和电动阀的运行状态,采用改变图形颜色和闪烁功能进行事故报警。直观地显示电磁阀和电动阀的开闭位置,实时显示水泵抽真空情况和压力值。

用图形填充以及趋势图、棒状图和数字形式准确实时地显示水仓水位,并在启停水泵的水位段发出预告信号和低段、超低段、高段、超高段水位分段报警,用不同音响形式提醒工作人员注意。

采用图形、趋势图和数字形式直观地显示 3 条管路的瞬时流量及累计流量,对井下用电负荷的监测量、电动机电流和水泵瞬时负荷及累计负荷量、水泵轴温、电机温度等进行动态显示、超限报警,自动记录故障类型、时间等历史数据,并在屏幕下端循环显示最新出现的 3 条故障(故障显示条数可在触摸屏上设置),以提醒工作人员及时检修,避免水泵和电动机损坏。

5. 通信接口

PLC 通过通信接口和通信协议,与触摸屏进行全双工通信,操作人员也可利用触摸屏将操作指令传至 PLC,控制水泵运行;将水泵机组的工作状态与运行参数传至触摸屏进行各数据的动态显示,同时还可经安全生产监测系统分站传至地面生产调度监控中心主机,与全矿井安全生产监控系统联网,管理人员在地面即可掌握井下主排水系统设备的所有检测数据及工作状态,又可根据自动化控制信息,实现井下主排水系统的遥测、遥控,并为矿领导提供生产决策信息。触摸屏与监测监控主机均可动态显示主排水系统运行的模拟图、运行参数图表,记录系统运行和故障数据,并显示故障点以提醒操作人员注意。

(三)系统保护

1. 超温保护

水泵长期运行,当轴承温度或定子温度超出允许值时,通过温度保护装置及 PLC 实现超限报警。

2. 流量保护

当水泵启动后或正常运行时,如流量达不到正常值,通过流量保护装置使本台水泵停车,自动转换为启动另一台水泵。

3. 电动机保护

利用 PLC 及触摸屏监视水泵电动机过电流、漏电、低电压等电气故障,并参与控制和保护。

4.电动闸阀保护

由电动机综合保护监视闸阀电动机的过载、短路、漏电、断相等故障，并参与水泵联锁控制。

 操作训练

序号	训练内容	训练要点
1	手动星形-三角形启动器操作	接线、操作方法、观察启动时触头的闭合情况、观察运行时触头闭合情况。
2	自动转换的星形-三角形启动器操作	接线、操作方法、观察启动时触头的闭合情况、观察运行时触头闭合情况；闭合措施。

 **任务评价**

序号	考核内容	考核项目	配分	得分
1	手动星形-三角形启动器	组成、各部分的主要作用、操作方法。	20	
2	自动转换的星形-三角形启动器	组成、各部分的主要作用、操作方法、保护装置。	30	
3	主排水泵的自动控制	系统组成、控制核心、控制功能、闭合功能、管理功能。	40	
4	遵章守纪		10	

6-1　星形-三角形降压启动器在启动时能将电压降低到额定电压的多少？

6-2　手动转换的星形-三角形降压启动控制系统适用于什么地方？如何操作？

6-3　自动转换的星形-三角形降压启动控制系统是用什么电器元件实现电路转换的？是靠什么信号发出转换指令的？

6-4　图 6-2 中时间继电器的常开接点和常闭接点分别起什么作用？

6-5　主排水泵的自动控制系统与传统控制方式比较，最主要的特点是什么？

6-6　主排水泵的自动控制系统由哪几个部分组成？各自的功能是什么？

情境 7

矿井运输机械的电气控制

任务1　带式、链式输送机电气控制系统

知识点及目标

通过对本任务的学习,应基本掌握输送机单独控制的原理和方法,掌握输送机集中控制的优点和性能特点,了解集中控制的基本控制原理。

能力点及目标

掌握输送机电气控制操作方法和电气控制系统的维护、检修方法。

任务描述

刮板输送机和带式输送机是井下采区主要的运输机械,它是一种连续工作的生产机械。掌握输送机的电气控制系统,严格地按照使用说明书的规定操作、使用和维护输送机,是保障采区正常生产的重要内容。

任务分析

本任务主要学习运输机单机控制和集中控制的控制方式、控制要求、控制原理、保护性能以及操作维护等知识。

相关知识

随着采煤机械的迅速发展,煤炭产量的不断提高,要求具有连续的、高强度和大运输量的

输送机,组成输送机线,以满足生产需要。对于这些输送机可以单独控制,也可以集中控制。所谓单独控制是指在一条输送机线上,每台单机由一名司机负责开机、停机,并密切注意输送机的运行状况,一旦发现断链、电动机堵转等故障,应及时停机。这种控制方式占用大量的劳动力,有时司机精力不集中,在事故情况下不能及时停机,造成事故扩大,严重地影响了生产。而集中控制则是每条输送机线只由一名司机操作,有完善的保护和信号系统,实现了输送机线自动化,有利于提高劳动生产率,保证安全生产。

一、输送机的单独控制原理

输送机的单独控制比较简单,它是选用相应容量的磁力启动器直接控制电动机,一般接成远方操作形式。为保证启动顺序,各台输送机磁力启动器之间要进行连锁,方法是将后一台输送机磁力启动器控制变压器的副方一端(9 号线)不在本台启动器上接地,而是接到前一台输送机的磁力启动器的联锁接点(13 号)线上,通过接触器的常开触点接地。这样只有前一台启动器合闸后,后一台启动器才能启动,从而实现了顺序启动控制,如图 7-1 所示。

这种控制方式的优点是电路简单,维修方便,并能实现启动顺序的连锁,但存在一个突出问题,即控制线接地。这是《煤矿安全规程》所不允许的。解决办法是变更磁力启动器(如 QBZ 系列)的内部接线,将 KM_3 与地断开,3 号操作线与地断开,联络线 E 也与地断开,然后将三者连在一起。另一个办法是换用隔爆兼本质安全型磁力启动器,这种启动器控制电流很小,触点通断时,产生的火花能量很小,不足以点燃瓦斯。

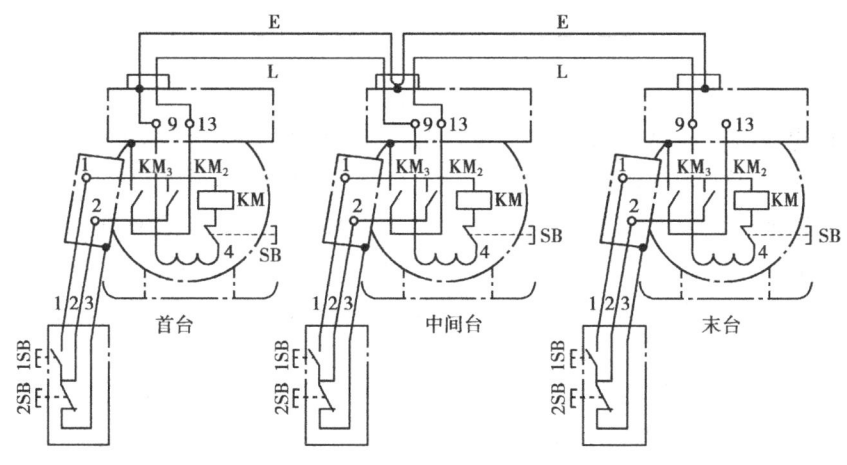

图 7-1　输送机的连锁控制原理

二、输送机的集中控制原理

输送机的集中控制是将多台磁力启动器按程控方式连接在一起,使多台输送机按一定的顺序和要求启动和停车。

(一)输送机采用集中控制时应满足的要求

(1)运输系统中的所有输送机应逆煤流方向顺序启动,顺煤流方向停止,以防出现机头煤堆积和堵塞现象。

(2)各台输送机启动时,相互之间要有一定延时,避免多台电动机同时启动时产生较大的尖峰电流而冲击电网。

（3）集中控制和分台单独控制两种方式应能较方便地转换，以便输送机的检修和故障处理。

（4）输送机沿线应多设事故停车点，以便在发生事故时能及时停车。

（5）应有较完善的信号系统，以便运输线各点间的联络和设备维修。

（6）设置必要的保护装置，如断链保护、堵转保护、输送带打滑和跑偏保护，要求出现事故时能自动停车。

（7）控制系统简单，设备少，操作方便，易维修。

（二）信号装置

在输送机集中控制过程中，为保证输送机正常运行，要求各台输送机之间既要有故障停车保护，还应有信号系统，以便联系。

信号装置电路设计为本质安全型，如图7-2所示。

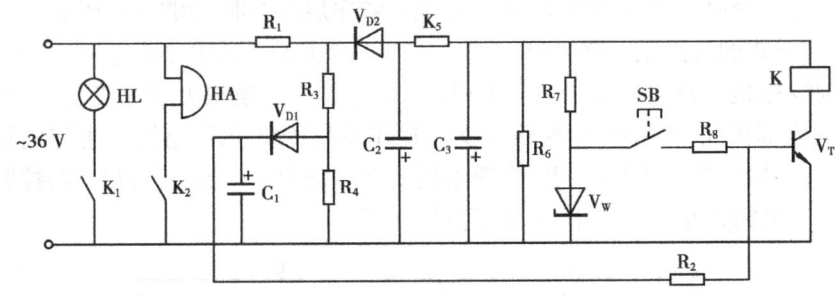

图7-2　信号装置电路原理图

本电路由电源部分和晶体管放大部分组成。交流电经二极管 V_{D2} 半波整流，电容 C_2，C_3 及电阻 R_5 滤波，向放大电路提供较稳定的直流电源。电路中的晶体管、稳压管 V_W 及按钮 SB、继电器 K 组成放大部分。稳压管两端电压可向晶体管 V_T 提供稳定的偏流。当按下按钮 SB 时，晶体管饱和导通，继电器 K 有电吸合，其触点动作，根据实际情况发出声、光联络信号。

由于晶体管基极电流比集电极电流小 β 倍，故可将按钮回路电流设计在本质安全电路要求的范围之内。

电路中的二极管 V_{D1} 将 R_4 上的交流电压整流后，经 C_1 滤波且通过 R_2 向晶体管提供反偏压（其反偏压数值小于 V_W 的稳压值），以便在松开按钮 SB 时，晶体管 V_T 能可靠关断，从而保证信号的准确性。

（三）输送机控制电路

输送机的集中控制电路如图7-3所示。它由磁力启动器、延时保护装置及信号装置等部分组成。

由于控制电路采用了延时保护装置，故使运输系统按逆煤流方向延时顺序启动，并可实现断链、错环、闷车等保护。每台输送机都可设置信号按钮 SB_x 和电铃信号，以便各台之间相互联络。

在实际工作中，可根据保护装置和信号装置体积的大小，将其安装在本台输送机的磁力启动器隔爆外壳内，也可装在具有隔爆外壳的四通箱内。保护装置和信号装置的电源取自磁力启动器中的控制变压器 T。

130

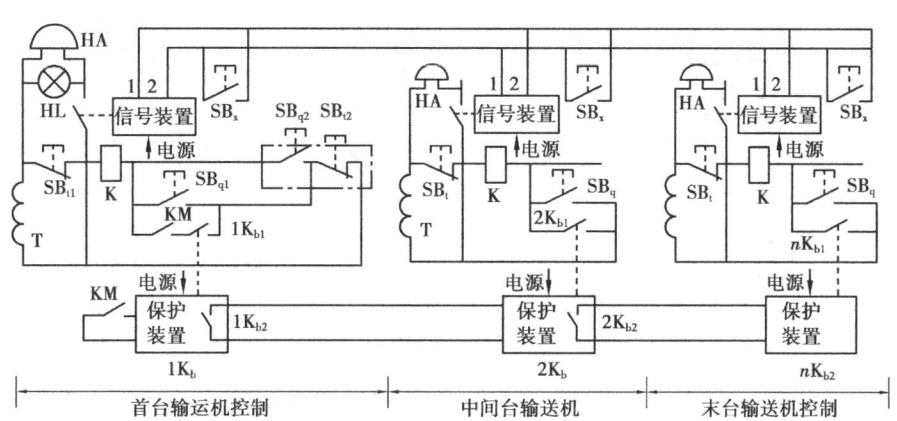

图7-3 输送机控制电路

根据保护装置的工作过程及各触点之间的动作关系,将首台磁力启动器中接触器的辅助触点 KM 接在保护装置相应的位置;在磁力启动器的自保回路中串接保护装置继电器触点 $1K_{b1}$,另一个触点 $1K_{b2}$ 接在下一台输送机保护装置接"KM"触点的位置上;中间各台保护装置的接线均相同;最后一台输送机保护装置的触点 K_{b2} 空置不用。

(四)输送机的保护装置

为了避免输送机发生断键、断带现象而造成较大事故,输送机必须设有保护装置。输送机的保护装置一般由传感机构和控制电路组成。

1. 传感机构

传感机构用以反映输送机的工作状态。输送机正常工作时,传感器输出一种信号,故障时输出另一种信号。

1)触点式传感机构

触点式传感机构是利用触点的动作情况反映输送机的工作状态。干式舌簧管是典型的触点式传感装置,其结构示意图如图7-4所示。

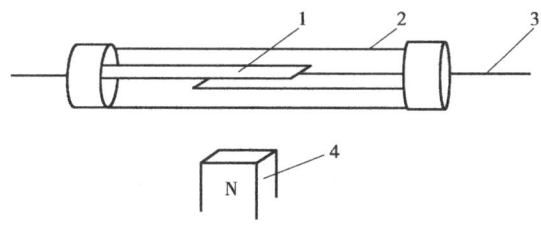

图7-4 干式舌簧管结构示意图

1—舌形弹簧片触点;2—密封管;3—引出导线;4—永久磁铁

干式舌簧管简称干簧管。舌形弹簧片触点 1 密封在透明的绝缘外壳 2 之内。弹簧片触点由铁质材料制成。当永久磁铁 4 沿舌簧片平面方向靠近时,舌簧片触点在磁性力的作用下闭合;当磁铁 4 远离干簧管或磁铁移至舌簧片侧面时,触点在弹簧片的弹力作用下断开。

如果将永久磁铁通过传动机构设置在刮板输送机机头过渡槽下槽处,当磁铁随着机头下链板的移动而不断摆动时,干簧管触点将会周期性通断,形成输送机正常运行的信号;若发生断链故障,机头下链板停止运动,干簧管触点不再变化,形成输送机的故障信号。

131

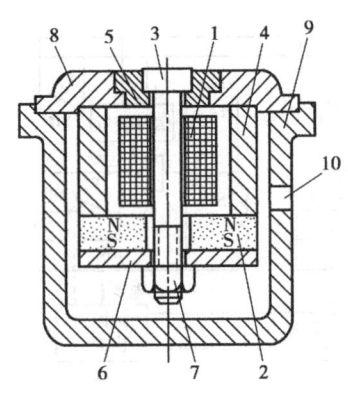

图 7-5　磁感应发生器结构图
1—线圈；2—环形永久磁铁；3—柱形磁心；
4—环形铁芯；5—隔磁铜环；6—铁质挡板；
7—固定螺母；8—铁质上盖；9—外壳；
10—接线口

同理，如果将永久磁铁通过传动装置安装在带式输送机机头下部托辊的延伸轴上，使磁铁在输送机正常运行时能围绕干簧管转动或摆动，并使干簧管触点周期性通断，当带式输送机发生打滑或断带故障时，干簧管触点将长时处于闭合或断开状态。

2）磁感应传感机构

磁感应传感机构是利用磁感应装置磁通的变化反映输送机的工作状态，其结构如图 7-5 所示。由于它是通过电磁感应的原理发出信号的，故也称磁感应发生器。

由图 7-5 可见，磁感应发生器的线圈 1 处在永久磁铁 2 的磁路中，其磁路为：永久磁铁的 N→环形铁芯 4→铁质上盖 8→隔磁铜环 5→柱形铁芯 3→铁质挡板 6→永久磁铁 S。当有铁质物体掠过上盖时，使铁质上盖 8 和柱形铁芯 3 之间的磁阻发生变化，从而引起上述磁路的磁通发生变化，故在线圈 1 中感应输出电压信号；当铁质物体在上盖静止不动时，线圈中的输出信号为零。

若将磁感应发生器安装在刮板输送机机头过渡槽下部刮板链经过的地方，其输出信号即可反映输送机的工作状态，即刮板链移动，磁阻、磁通变，有信号输出。

同理，将磁感应发生器安装在带式输送机机头下部的托辊处，并将托辊表面沿轴向加工若干花槽，使托辊在上盖处转动时引起磁阻的变化，以反映带式输送机的运行情况。

3）接近开关式传感机构

接近开关是由晶体管振荡电路和铁芯探头组成的开关电路。其电路原理如图 7-6 所示。这种传感机构适用于对双链输送机的保护。

图 7-6 中，三极管 V_{T1} 与电感 L，电容 C_1，C_2，C_3 等有关元件组成三点式振荡电路，经 C_4 输出一定频率的电压信号。该信号经 V_{T2} 组成的射极输出器放大，二极管 V_{D1}，V_{D2} 及电容 C_5，C_7 整流滤波后加在三极管 V_{T3} 上，使 V_{T3} 饱和导通而输出低电位。由于电感线圈 L 的铁芯磁路为开口形，当有铁磁物质接近时，会在其表面产生涡流而增大振荡槽路损耗，迫使振荡器停振，导致三极管 V_{T3} 截止，输出高电位。可见，若将电感线圈 L 的铁芯作为探头，有铁质材料接近时，电路输出低电位，相当于开关闭合；无铁质材料接近时，电路输出高电位；相当于开关打开。

若将 2 只接近开关安装在双链输送机机头的下部，如图 7-7 所示，即可对输送机进行断键保护。

2 只接近开关 1 对称地安装在固定桥板 3 上。桥板支架 4 用螺栓纵向架设在过渡槽后一节中部槽中部的两鼻子 5 上。在输送机正常运行时，下链的每个链板平行通过 2 个接近开关，使 2 个振荡器同时停振而使电路同时输出正脉冲；当有 1 条刮板链断链时，下链刮板将会倾斜，从而使振荡器不能同时停振，形成电路输出信号的差异；断双链时，2 个接近开关不能同时发出正脉冲。

2. 控制电路

不同的传感机构有不同的控制电路，而控制电路根据保护功能的不同而不同。这里主要

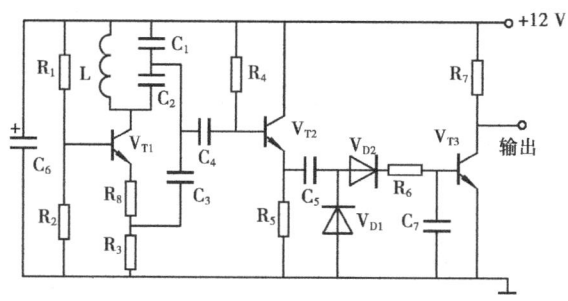

图 7-6 接近开关电路原理图

介绍几种分离元件组成的控制电路。

1)点触式传感器控制电路

点触式传感器控制电路原理如图 7-8 所示,它具有延时启动和故障保护功能。

电路由 36 V 交流电源供电。图中,三极管 V_{T1}、电容 C_5、电阻 R_{14} 等元件组成延时启动环节。当电源送电后,电阻 R_3 上的交流压降由二极管 V_{D2} 半波整流后,经电阻 R_{11} 给电容 C_5 充电,极性为上正下负。该电压使三极管 V_{T1} 截止,同时,C_4 充电(下正上负)。

当接触器辅助触点 KM 闭合时,C_5 经 R_{14}→KM 触点

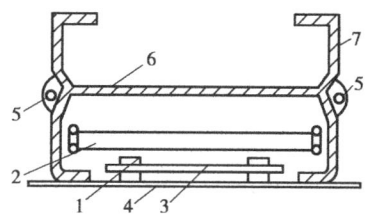

图 7-7 接近开关传感器安装示意图
1—接近开关;2—下链刮板;3—固定桥板;
4—桥板支架;5—溜槽鼻子;
6—溜槽基面;7—溜槽

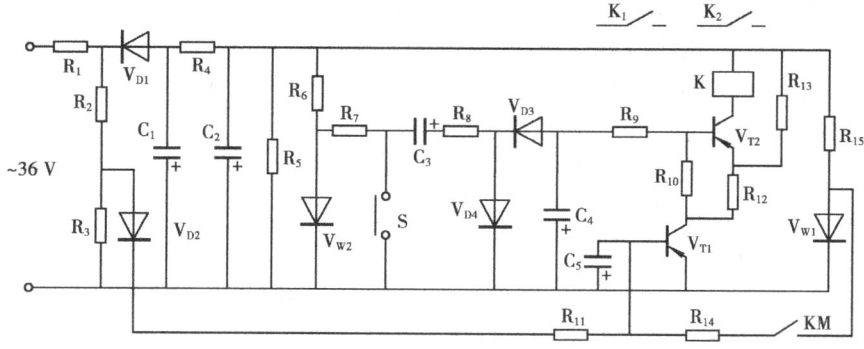

图 7-8 点触式传感机构控制电路

→稳压管 V_{W1} 放电后又反向充电,经此延时后使 C_5 上的电压为上负下正,则 V_{T1} 导通;C_4 经 V_{T1}→R_{12}→V_{T2}→R_9 放电,故使 V_{T2} 饱和导通,继电器 K 有电吸合,其触点 K_1 和 K_2 闭合,从而完成延时过程。

当传感器触点 S 周期性通断时,由 C_3,C_4,R_8,R_9,V_{D3},V_{D4} 组成充放电回路,保持三极管 V_{T1},V_{T2} 的饱和导通。当触点 S 闭合时,C_3 经 R_8→V_{D4}→触点 S 放电,同时 C_4 经 V_{T1}→R_{12}→V_{T2}→R_9 放电,维持 V_{T2} 的基极电流,当触点 S 断开时,C_3 经 V_{T1}→R_{12}→V_{T2}→R_9→V_{D3}→R_8→R_7 充电,使 V_{T2} 保持基极电流,同时 C_4 经电源充电。

可见,只要触点 S 周期性通断,继电器 K 就能保持吸合状态。如果触点 S 停止动作,电容 C_3 和 C_4 没有充放电过程,使 V_{T2} 失去基极电流而关断,则继电器 K 释放。

由以上分析可得出如下结论：

①只要触点 KM 闭合，经延时后，继电器才有电吸合，其触点 K_1 和 K_2 闭合；

②只要传感器触点 S 周期性通断，继电器 K 就能保持吸合状态。

2）磁感应传感机构控制电路

磁感应传感机构控制电路原理如图 7-9 所示。它具有延时和故障保护功能。

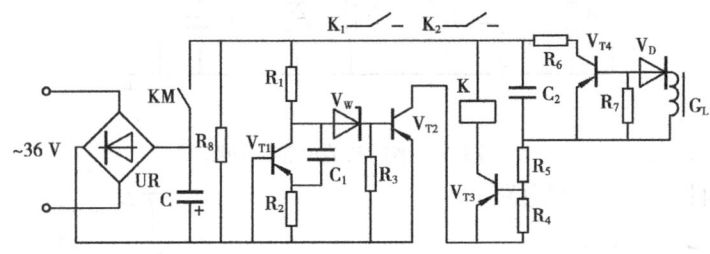

图 7-9　磁感应传感机构控制电路

电路电源由接触器触点 KM 控制。当触点 KM 闭合时，电容 C_1 由电源经 R_1，R_2 充电。经过延时，三极管 V_{T1} 集电极电位低于稳压管 V_W 的击穿电压，V_W 导通；同时三极管 V_{T2} 导通，接通三极管 V_{T3} 和 V_{T4} 电路的电源。

当磁感应发生器 G_L 有信号输出时，该信号经二极管 V_D 半波整流后向 V_{T4} 提供基流，使 V_{T4} 导通；同时，V_{T3} 因此亦获得基极电流而饱和导通，继电器 K 有电吸合。当磁感应发生器输出信号为零时，V_{T4} 截止，V_{T3} 因无基流也截止，K 断电释放。

由于磁感应发生器输出的信号为交流电，当该信号极性为下正上负时，V_{T4} 导通，一方面给 V_{T3} 提供基流通路，另一方面给 C_2 提供放电通路，使 C_2 快速放电；当信号极性变为下负上正时，V_{T4} 截止，由 C_2 的充电过程维持 V_{T3} 的基极电流。

电路中的三极管 V_{T1} 用于延时电容 C_1 快速放电。当触点 KM 断开后，C_1 上所充的电压（上负下正）使 V_{T1} 导通而加速 C_1 的放电过程。

由以上分析可知，该电路的 KM 触点、继电器 K 的触点，磁感应发生器状态三者之间与点触式传感器控制电路具有相同的结论。

3）接近开关传感器控制电路

接近开关传感器控制电路原理如图 7-10 所示。它由两组接近开关传感器构成，故适用于

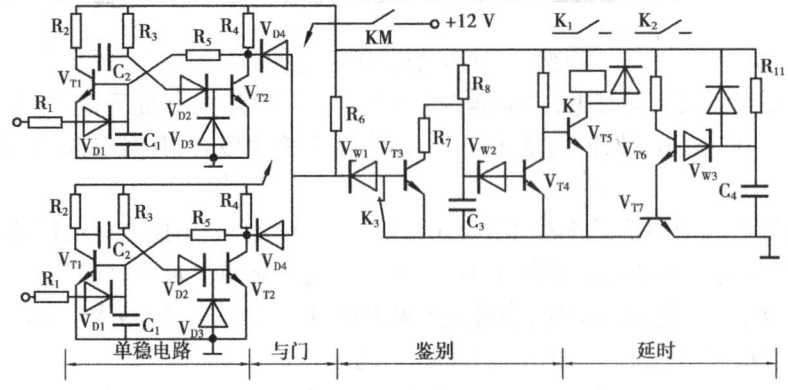

图 7-10　双接近开关传感器控制电路

双链输送机的保护。

该电路由两组单稳态触发器、与门电路和故障鉴别电路及延时电路组成。

当接触器触点 KM 闭合后,电容 C_4 经 R_{11} 充电。当 C_4 两端电压高于稳压管 V_{W3} 的稳压值时,三极管 V_{T6},V_{T7} 导通,三极管 V_{T5} 得到电源饱和导通,继电器 K 有电吸合,其触点 K_3 打开,使鉴别电路投入工作。

两个单稳态电路无输入信号时,其输出为低电位,则与门输出亦为低电位;若两单稳态电路输入同时为高电位时,其输出变为高电位,则与门输出亦为高电位。但由于单稳态电路的特性,经电容 C_2 的延时,其输出又将恢复为低电位,与门输出也将随之变化。可见,单稳电路每同时输入一个正脉冲,输出电位就自动翻转一次。

与门输出低电位时,三极管 V_{T3} 截止,电容 C_3 经 R_8 充电;当与门输出高电位时,V_{T3} 导通,C_3 经 R_7,V_{T3} 放电。如果单稳电路的输入信号是周期性的且同时作用在输入端,则电容 C_3 上所充的电压不会超过稳压管 V_{W2} 的击穿值,故 V_{T4} 处在截止状态而维持 V_{T5} 的导通。

当 2 个接近开关因故无信号输出时,单稳态电路和与门电路输出低电位,V_{T3} 处于截止状态,C_3 上的电压将充到使 V_{W2} 和 V_{T4} 导通,则 V_{T5} 截止,继电器 K 断电释放。

当 2 个接近开关的输出信号因故不能同时输出,则两个单稳电路输出端总有一个为低电位,故与门输出为低电位;导致 V_{T5} 截止,K 释放。

该电路中的 KM 触点、继电器 K 触点和接近开关的输出状态三者之间仍与点触式传感器控制电路结论相同。

 **能力体现**

一、输送机单独控制的启动与停止

(一)输送机的启动操作

1. 首台启动,如图 7-1 所示。

1) 启动回路

按下首台启动按钮 1SB,构成启动回路,本台启动。本台 KM_3 的闭合为下一台启动做好准备。

变压器一端 4 号→停止按钮 SB→KM 线圈→1 号控制线→本台 1SB→本台 2SB→3 号控制线→本台启动器外壳→本台 9 号端子→变压器另一端。

2) 自保回路

当松开启动按钮 1SB 时,构成自保回路。

变压器一端 4 号→停止按钮 SB→KM 线圈→1 号控制线→KM_2 自保触点→2 号线→本台 2SB→3 号控制线→本台启动器外壳→本台 9 号端子→变压器另一端。

2. 中间台启动

1) 启动回路

按下中间台启动按钮 1SB,构成启动回路,本台启动。本台 KM_3 的闭合为下一台启动做好准备。

变压器一端 4→停止按钮 SB→KM 线圈→1 号控制线→本台 1SB→本台 2SB→3 号控制线

→本台启动器外壳→联络接地线 E→前台 KM₃→前台 13 号端子→联络控制线 L→本台 9 号端子→变压器另一端。

2）自保回路

当松开启动按钮 1SB 时,构成自保回路。

变压器一端 4→停止按钮 SB→KM 线圈→1 号控制线→KM₂ 自保触点→2 号线→本台 2SB→3 号控制线→本台启动器外壳→联络接地线 E→前台 KM₃→前台 13 号端子→联络控制线 L→本台 9 号端子→变压器另一端。

3.末台启动

末台的启动、自保过程如同中间台的启动、自保过程。

（二）输送机的停止操作

停止时可按与启动相反的顺序,从后到前逐台停机,也可利用第一台的停止按钮直接停止全线各机。

（三）输送机单独控制的注意事项

启动时各台间要留有几秒钟的时间间隔,以防止启动电流叠加起来,电流太大而产生过大的电压降,造成启动困难,甚至引起过电流保护装置动作,酿成停电事故。

二、输送机集中控制的启动与停止操作

1.输送机的启动操作

由输送机信号电路(见图 7-3)可见,只要按下任何一台输送机的信号按钮 SBₓ,均可发出相应的声光信号。输送机启动时,首先进行信号联系;得到回铃信号后,首台输送机操作人员可按下启动按钮 SB_{q1} 或 SB_{q2},接通磁力启动器控制回路,首台输送机启动运行。同时,辅助触点 KM 闭合,使保护装置中的继电器 1Kᵦ 延时动作。当触点 1Kᵦ 闭合后,接通磁力启动器自保回路。故启动首台输送机时,应将启动按钮按下 3～4 s,待触点 1Kᵦ 闭合后再松开,否则不能接通自保回路。输送机正常运转后,保护装置的传感器触点周期性通断,故可维持 1Kᵦ 的吸合。

在保护装置继电器 1Kᵦ 动作的同时,其触点 1K_{b2} 闭合,接通下一台保护装置相应电路;经 3～4 s 延时,保护继电器 2Kᵦ 有电吸合,其触点 2K_{b2} 闭合,接通本台磁力启动器控制回路,接触器有电吸合,输送机启动运行并通过传感器触点维持 2Kᵦ 吸合,触点 2K_{b2} 闭合,接通下一台保持装置电路。经上述相同过程,使各台输送机顺序延时启动。

2.输送机的停止操作

正常停车时,按下首台磁力启动器停止按钮 SB_{t1} 或 SB_{t2},首台启动器断电,触点 KM 打开;在输送机停车后,传感器输出信号不变,故使保护继电器 1Kᵦ 断电,其触点 1K_{b2} 打开,又使第二台保护继电器 2Kᵦ 断电,其触点 2K_{b1} 断开第二台启动器控制回路而使输送机停车;同样,触点 2K_{b2} 又使下一台启动器断电。以此类推,使各台输送机停车。

由于保护装置中的触点 KM(或 K_{b2})与继电器 Kᵦ 之间为瞬时动作,故各台输送机的停车几乎是同时进行的。

当输送机发生断链等故障时,通过保护装置即可使本台输送机停车,并通过保护继电器触点 K_{b2} 使以后各台输送机也停车。但故障点之前的输送机不会自动停车,这时可通过联络信号打点停车。

当输送机抢修需要单独运行时,除第一台外,其他各台均可通过操作本台磁力启动器上的按钮 SB 来启动本台输送机,这时其他输送机将不会启动。对于第一台输送机,可将保护装置上的 KM 触点人为断开,即可单独对其操作。

三、输送机的维护与检修

1. 输送机的维护

为保证输送机设备各部件的正常工作及运转,必须严格对输送机进行维护工作。检查工作分为班检、日检、周检、月检和季检 5 类。应按照各类检查规定的检查内容进行,发现问题应及时处理。

2. 输送机常见的电气故障

输送机常见的电气故障、原因及处理见表 7-1。

表 7-1　输送机常见电气故障、原因及处理

故障现象	故障原因	处理方法
电动机过热	1. 启动过于频繁,启动电流大,熔丝(片)选用过大 2. 超负荷运转时间太长 3. 电动机散热状况不好 4. 轴承缺油或损坏 5. 电动机输出轴连接不同心,或地脚螺栓松动、振动大、机头不稳	1. 停止输送机运转、临时取下保险销,使电动机空转,靠风叶自行冷却。 2. 减少启动次数,使各部位故障全部消除后再一次性启动。 3. 减轻负荷,缩短超负荷运转时间。 4. 及时更换被打断的风叶,消除电动机上的浮煤和杂物。 5. 给轴承加油或更换新轴承,重新调整装配。
电动机响声异常	1. 单相运转 2. 负荷太重	1. 检查供电是否缺相。 2. 检查各部接线是否正确,有无断开。 3. 检查三相电流是否平衡。 4. 检查三相电流是否大于额定电流。 5. 检查电动机轴承是否损坏,造成电动机转子扫膛。 6. 如因片帮、冒顶将输送机压死,应人工清除后再运行。
电动机不能启动	1. 供电电压太低 2. 负荷太大 3. 变电站容量不足,启动电压压降太大 4. 开关工作不正常 5. 机头、机尾电动机间的延时太长,造成单机拖动 6. 回采工作面不直,凸凹严重 7. 运行部件有严重卡阻 8. 电动机本身的故障	1. 提高供电电压。 2. 减轻负荷。 3. 加大变电站容量。 4. 检修调试开关。 5. 缩短延时时间。 6. 调整修平工作面,使其尽量平、直。 7. 检查排除卡阻部件。 8. 检查绝缘电阻、三相电流、轴承等是否正常。

操作训练

序号	训练内容	训练要点
1	输送机采用集中控制的接线操作	三台输送机集中控制的接线、操作方法、观察启动和停车的动作顺序。

任务评价

序号	考核内容	考核项目	配分	得分
1	集中控制应满足的要求	启动、停止、多点控制、保护。	20	
2	输送机信号装置	电路特点、控制方法。	20	
3	输送机控制电路	信号连锁、延时控制、接线方法。	20	
4	输送机保护装置	传感器种类和功能、控制方法。	20	
5	遵章守纪		20	

任务2 矿井电机车的电气控制

知识点及目标

有触点电控系统的结构、控制原理、控制性能;无触点电控系统的结构组成、性能特点和基本控制原理。

能力点及目标

有触点和无触点电控系统的操作、维护与检修方法。

任务描述

矿用电机车通常都是采用直流串励电动机拖动的,由于串励电动机的机械特性是软特性,因而当负载转矩增大时,其转速自动降低,从而减小电流,牵引特性好,过载能力强。特别适用于起重和运输等负载变化较大的设备,在煤矿中主要用于拖动矿用电机车。

任务分析

本任务主要介绍了目前两种常用的电机车电控系统的组成、控制原理、性能特点以及在使用时的操作、管理维护与检修方法。通过学习,应在掌握性能特点的基础上重点掌握实际应用知识和能力。

 相关知识

矿用电机车按供电方式分为架线式和蓄电池式两种。架线式电机车的直流牵引电动机电压多为 250 V,550 V 两种;蓄电池式电机车的直流牵引电动机电压有 40 V,48 V,56 V,88 V,90 V,110 V,120 V,132 V,144 V,192 V,256 V 等多种。它们用单电动机拖动或双电动机拖动。

架线式电机车供电示意图如图 7-11 所示。交流电源 1 经整流变压器 2 和硅整流装置 3 变为直流电源,接在架空线 4 和铁轨 7 间,通过受电弓 5 和电机车中的直流电动机 6 回到轨道 7,构成直流回路。

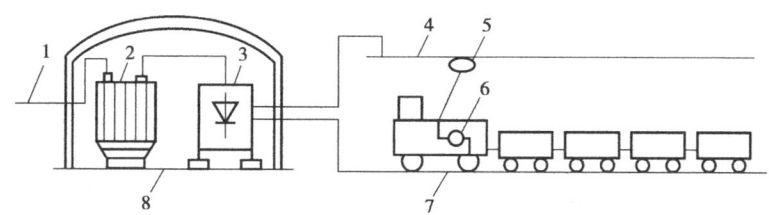

图 7-11　架线式电机车直流供电系统示意图

1—交流电源;2—整流变压器;3—硅整流装置;4—架空线;

5—受电弓;6—直流电动机;7—轨道;8—牵引变流室

由于架线式电机车成本低,设备简单,用电效率高,易于维护,所以应用较多。蓄电池电机车除了由大容量蓄电池供电外,其控制系统与架线式类似。矿用电机车的电控系统分有触点系统和无触点系统两大类。

一、矿用电机车有触点电控系统

有触点电控系统是利用控制器、电阻器等控制电机车的前进、后退、调速、制动等运行方式。该系统设备简单,控制方便,目前各矿仍采用,但由于电阻消耗电能不经济,将被无触点控制系统取代。

有触点电控系统的组成及原理如下:

架线式与蓄电池式电机车的电控系统组成及原理基本相同。只是蓄电池式采用插销连接器与蓄电池连接,而架线式采用受电弓与架空线滑动连接。下面以应用广泛的 ZK10 型架线式电机车电控系统为例进行介绍。

1.电控系统的电路组成

ZK10 型电机车电控系统如图 7-12 所示,由主回路和照明回路组成。

1)主回路

主回路由受电弓、自动开关、控制器、电阻器、直流电动机等组成。

(1)受电弓。受电弓是从架空线上取得电能的装置。受电弓是框架形,上部装有硅铝制成的接触条,作为与架空线的接触部分,并靠弹簧的作用力,使触条与架空线接触。

(2)自动开关。自动开关 QF 是电机车电源总开关,具有过流保护作用。采用手动合闸和分闸,过流时自动跳闸。

(3)控制器。矿用架线电机车控制器分为主控制器和换向器两部分,前者用于电机车的

139

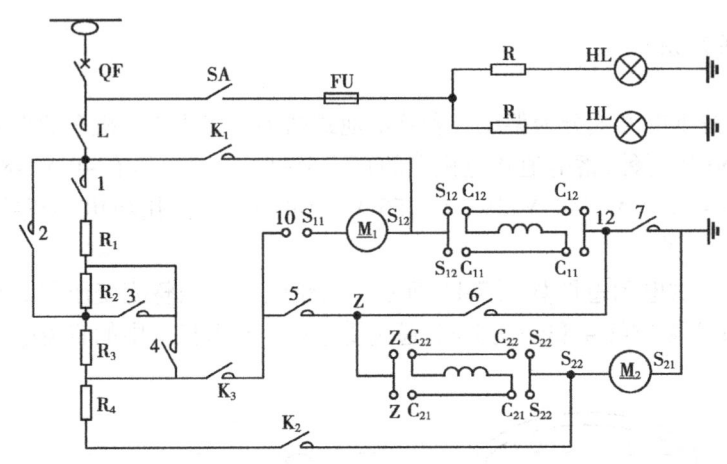

图 7-12　ZK10 型电机车电控系统图

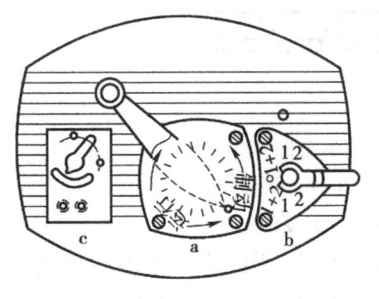

图 7-13　ZK10 型电机车电控系统图

启动、调速、制动和停车，后者用于电动机的换向。主控制器和换向器均由转动手柄操作，图 7-13 画出了 QKT8-3 型控制器手柄位置图。a 是主控制器手柄，也叫主轴手柄；b 为换向器手柄，也叫可逆轴手柄，它为扳手式，当扳定开车方向后，手柄可以取下，以防他人误操作，发生开反车现象。

主控制器为凸轮式，由主轴和 11 对主触点及其灭弧装置组成。主触点沿轴向分别装在主轴一侧的 11 块绝缘板上，每个主触点上部装有电磁吹弧线圈和灭弧罩。主轴上装有与主触点相对应的绝缘凸轮，当凸轮转到凸出部分时，主触点被顶开，转到凹下处时，主触点在弹簧作用下自动闭合。这些凸轮的凸凹部分根据需要设计在不同位置上。当司机转动主轴手柄 a 时，主触点按设定的顺序闭合与断开，以达到控制的目的。主触点闭合关系见表 7-2，表中主控制器 11 对主触点的编号为 $K_1 \sim K_3$，$1 \sim 7$。表中左列为主轴手柄的 18 个挡位，其中 0 位是电动机断电位置，$1 \sim 5$ 位是 2 台电动机串联运行位置，$X_1 \sim X_3$ 挡是 2 台电动机由串联到并联的过渡位置，$6 \sim 8$ 位是 2 台电动机并联运行位置，"Ⅵ~Ⅰ"位是 2 台电动机动力制动运行位置。表中"×"表示该触点对应左列位置接通。

表 7-2　ZK10 型电机车控制器主触点闭合表

位置	触点编号及其状态											电阻/Ω	
	K_1	L	1	2	3	4	K_2	K_3	5	6	7	ZK10-250 型	ZK10-550 型
0		×								×			
1	×	×						×		×		3.435	11.340
2	×	×			×					×		2.061	6.804
3	×	×	×	×				×		×		1.374	4.536
4	×			×	×			×		×		0.687	2.268
5	×			×	×	×		×		×		0	0
X_1	×			×	×			×		×		1.374	4.536
X_2	×			×			×			×	×	1.374	4.536

续表

位置	触点编号及其状态											电阻/Ω	
	K_1	L	1	2	3	4	K_2	K_3	5	6	7	ZK10-250 型	ZK10-550 型
X_3		×		×			×	×			×	1.374	4.536
6		×		×		×	×	×			×	0.687	2.268
7		×	×	×			×	×			×	0.343	1.134
8		×	×	×	×	×	×	×			×	0	0
VI	×			×	×	×	×	×			×	0.458	1.512
V	×			×	×		×	×			×	0.801	2.646
IV	×			×			×	×			×	1.142	7.780
III	×			×	×		×	×			×	1.832	6.048
II	×				×		×	×			×	2.519	8.361
I	×		×				×	×			×	3.893	12.852

换向器用于改变电动机的旋转方向,为鼓型控制器。它由固定在绝缘方轴上的 13 个辅助触点和换向轴上的绝缘花凸轮组成。在花凸轮上按一定位置装有铜导片,当司机扳动换向轴上方的换向器手柄 b 到不同挡位时,铜导片将对应的辅助触点接通。换向器触点闭合关系如图 7-14 所示,左列为换向器 13 个辅助触点的编号,其中 C_{11},C_{12},C_{21},C_{22} 分别表示两台电动机激磁绕组 2 个端子的触点,S_{11},S_{12},S_{21},S_{22} 分别表示接到 2 台电动机电枢绕组两个端子的触点。换向器手柄有 7 挡,"向前 1 + 2"挡表示双电动机正转,电机车向前行进;"向前 1"挡表示 M_1 电动机正转,电机车前进;"向前 2"挡表示 M_2 电动机正转,电机车前进。同理,向后 3 挡

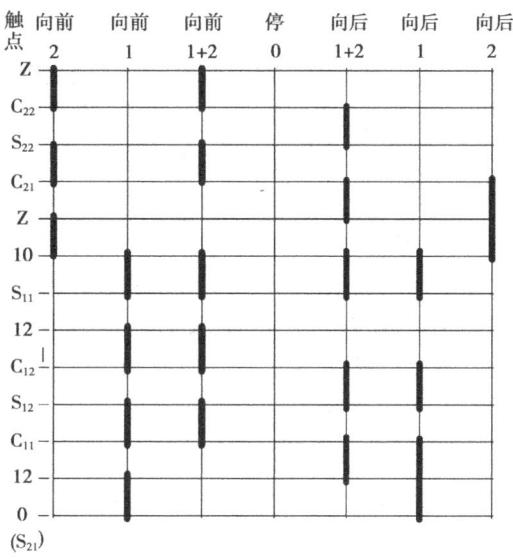

图 7-14　ZK10 型电机车换向器触点闭合

与上述相似,只是电动机反转、电机车向后行进而已。表中每条横线代表一个触点,每道粗实线代表一个铜导片。

主轴和换向轴两部分装在同一外壳内,二者之间有机械闭锁装置。由于换向器的触点没有灭弧装置,所以电动机换向时,必须先通过主控制器切断电动机主回路,即只有主轴手柄置于"0"位时,方可转动换向器手柄,确保电动机在断电条件下换向。反之,只有当换向器手柄位于"向前"或"向后"位置时,方能转动主轴手柄,从而确保司机在选择好行车方向之后,才能开车。当 1 台电动机发生故障,单独使用另 1 台时,主轴手柄无法转到 2 台电动机并联运行的位置。

(4)电阻器 $R_1 \sim R_4$ 用于电动机启动、调速和制动时串在电动机主回路中,起限流和分压作用。它有线形和带形两种,均绕成螺旋管状,其材料多系高阻铁、镍、铬的合金。

(5)直流串激电动机 M_1,M_2 用于牵引矿用电机车。由于矿用电机车的工作条件比较恶

劣,经常受到机械振动以及煤尘、潮气和污垢的侵入,因此直流电动机在结构上应该是坚固和封闭的。蓄电池式电机车的直流电动机为隔爆型,冷却方式多为自然冷却式。直流电动机有4个主磁极,只有2组电刷,这是为了检修与维护工作的方便。由于电机车必须两个方向行驶,所以电动机应能正、反向旋转。

2)照明回路

照明回路由手动照明开关 SA、(内装 6 A 的管型熔断器 FU)、限流电阻 R 及 127 V 的 60 W 照明灯组成。

2. 工作过程

1)开车前的准备

开车前,司机选定开车方向,如果要求电机车前进,并且 2 台电动机都投入工作,则将换向轴手柄推到"向前 1 + 2"位置。从图 7-14 可以看出,此时辅助触点 Z 与 C_{22},S_{22} 与 C_{21},10 与 S_{11},S_{12} 与 C_{11} 闭合,2 台电动机的电枢绕组分别与其激磁绕组串联。这时因主轴手柄置于"0"位,电动机仍无电。

2)电机车的启动

开车时,司机将主轴手柄由"0"位依次转到最后"Ⅰ"位,分别完成下列过程:

(1)2 台电动机串联启动主轴手柄转到"1"位时,由表 7-2 可知,主触点 L,1,K_3,6 闭合,串入电阻 $R_1 \sim R_3$,阻值共 3.435 Ω,且 2 台电动机串联后接入电源,电流路径为:架空线(+)→受电弓→自动开关 QF→主触点(L)→1→R_1→R_2→R_3→K_3→10→S_{11}→M_1→S_{12}→C_{11}→C_{12}→12→6→Z→C_{22}→C_{21}→S_{22}→M_2→S_{21}→地(见图 7-12)。

主轴手柄转到"2"位时,又有触点 3 闭合,短接 R_2,阻值降为 2.061 Ω,机车加速运行。

主轴手柄转到"3"位时,又有触点 2 闭合,短接 R_1,阻值降为 1.374 Ω,机车继续加速。

主轴手柄转到"4"位时,又有触点 4 闭合、而触点 2 断开,短接 R_3 而接入 R_1,阻值降为 0.687 Ω,机车继续加速。

主轴手柄转到"5"位时,触点 2 闭合,短接 R_1,至此电阻全部切除,2 台电动机串联,各承受电源电压的 1/2,转速为全速的 1/2。

(2)电动机串并联过渡主轴手柄转到"X_1"位时,触点 4 断开,串入 R_3,阻值为 1.374 Ω,为切除 1 台电动机做限流准备。

主轴手柄转到"X_2"位时,触点 7 闭合,电动机 M_2 被短接,回路总电阻减小,M_1 加速。

主轴手柄转到"X_3"位时,触点 6 断开,触点 5 闭合,电动机 M_2 与 M_1 并联。

(3)2 台电动机并联运行,主轴手柄转到"6"位时,触点 4 又闭合,使 R_2,R_3 电阻并联,电流从触点 2 开始分别经 R_3 支路、R_2 和触点 4 汇集到触点 K_3 经原路返回,并联电阻降为 0.687 Ω,电机车继续加速。

主轴手柄转到"7"位时,触点 1 又闭合,使 R_1 与 R_2,R_3 并联,电流从触点 L 开始分 3 路:①触点 1、R_1、触点 4;②触点 2、R_2、触点 4;③触点 2、R_3。汇集到触点 K_3 后按原路返回,并联阻值降到 0.343 1 Ω,电机车进一步加速。

主轴手柄转到"8"位时,触点 3 又闭合,电流从触点 L→2→3→4→K_3,短接全部电阻 $R_1 \sim R_3$,两电机并联下全压运行,速度达到最大,启动过程结束。

3)电机车的制动

电机车的制动采用先电气制动减速、再机械闸制动的方式停车。电气制动多采用动力制动,动力制动是将2台电动机的电枢和激磁绕组交叉连接并串入电阻,如图7-15(b)所示。两电动机互相激磁,保证激磁电流方向与电动运行时相同,防止去磁,但电枢电流与激磁电流方向相反,产生制动力矩。同时也克服了制动时负荷不均的现象。制动过程如下:

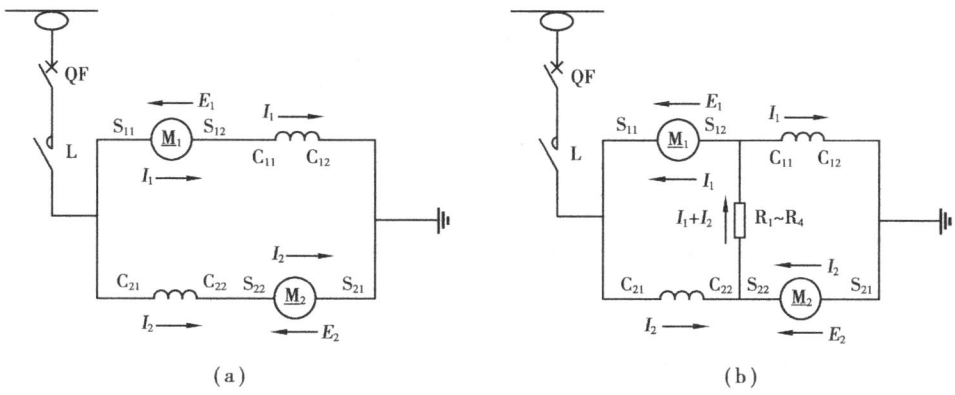

(a)   (b)

图7-15 矿用电机车动力制动示意图

(a)电动运行方式 (b)动力制动运行方式

行进中的电机车需要制动时,先将控制器主轴手柄扳回"0"位,使电动机断电;再将主轴手柄推到"Ⅰ"位。此时主触点 K_1,1,K_2,5,7闭合,电阻 R_1～R_4 全部串联到2台电动机的电枢端子 S_{12} 和 S_{22} 之间,形成图7-15(b)所示的桥式电路。2台电动机的电枢绕组利用余速发电,经过电阻和另一台电动机的激磁线圈构成电流通路:一路由 M_1 的 S_{11} 端出发,经触点5,C_{21},C_{22},K_2,R_4～R_1 回到 M_1 的 S_{12} 端;另一路由 M_2 的 S_{22} 端出发,经触点 K_2,R_4～R_1,K_1,C_{11},C_{12},7 回到 M_2 的 S_{21} 端。与图7-15(a)的电动运行时相比,2个电枢中的电流均反向,产生制动力矩,转速迅速降低。

随着转速的降低,电枢导体感应电动势减小,电枢电流和激磁电流减小,制动力矩也减小,为此可将手柄依次转到"Ⅱ～Ⅵ"位,通过1,2,3,4触点的转换,逐渐减小所串电阻,只剩下电阻 R_4(0.458 Ω),电机车速度已降到很低,到停车位时使用机械制动闸停车。

4)电机车的反向行驶

欲使电机车反向行驶,只需将换向轴手柄预先扳到"向后"位,这时2台电动机的激磁线圈连接方式改变,即 C_{22}→S_{22},C_{21}→Z,C_{12}→S_{12},C_{11}→12闭合,激磁电流反向,用与"向前"相同的方法操纵主轴手柄,进行电机车的启动、调速、制动。

二、矿用电机车无触点调速系统

无触点系统是利用电力电子器件组成的调速装置完成矿用电机车控制任务的。这种系统的控制装置体积小,具有操作方便、节省电能、无级调速、调速范围大、启动转矩大、免触点维护等优点。目前使用的有晶闸管脉冲调速和IGBT(绝缘栅双极晶体管)脉冲调速,DTC低速高转矩交流变频调速也开始应用于矿用电机车无触点调速系统。

(一)脉冲调速原理

直流电动机可通过改变其端电压实现调速,脉冲调速就是用直流斩波器改变加于电动机两端的平均电压实现调速的。图7-16(a)中的直流斩波器为一个无触点快速开关,由晶闸管组成,周期地把直流电压加以分断和接续,使电动机两端得到如图7-16(b)所示的矩形脉冲电

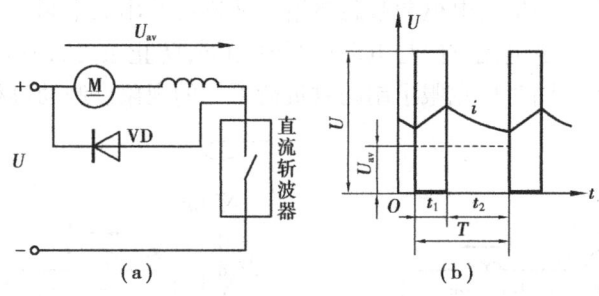

图 7-16 晶闸管脉冲调整原理

压。直流每通断一次称为一个脉冲周期,电动机一个周期的端电压平均值为

$$U_{av} = \frac{t_1}{T}U = t_1 fU$$

式中 t_1——每一周期内直流斩波器接通时间,s;

T——直流斩波器的脉冲周期,s;

f——直流斩波器的脉冲频率,Hz;

U——电源电压,V。

由上式可知,改变直流斩波器的接通时间 t_1 或脉冲频率 f,均可改变电动机的端电压平均值,从而实现调速。因此,直流斩波器的调压方式有以下 3 种:

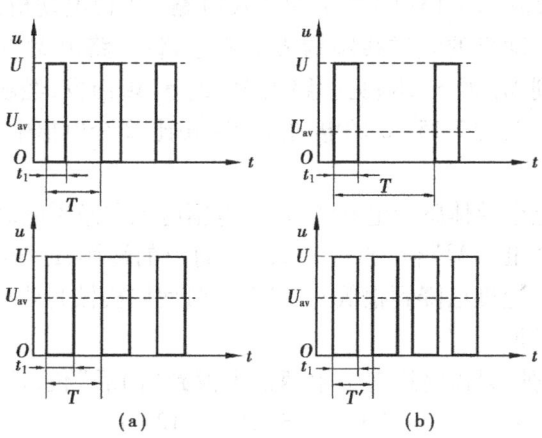

图 7-17 直流斩波器调压方式

1. 定频调宽方式

定频是指直流斩波器的脉冲频率 f 固定,调宽是指直流斩波器的接通时间 t_1(即脉冲宽度)可调。电动机的端电压平均值随 t_1 的长短而增减,如图 7-17(a)所示。

2. 定宽调频方式

定宽调频是指直流斩波器的接通时间 t_1 不变,而调节脉冲频率 f,电动机端电压的平均值随频率(或周期)的增减而增减。如图 7-17(b)所示。

3. 调频调宽方式

调频调宽是指同时改变直流斩波器的脉冲频率 f 和接通时间 t_1,电动机端电压的平均值随频率和接通时间的增减而增减,可以获得较宽的调速范围。但因控制回路太复杂,一般很少采用。

为防止电动机工作中出现脉动,在直流电动机两端并联续流二极管 VD(见图 7-16(a))。当直流斩波器分断时,电枢绕组和激磁绕组中的感应电动势使续流二极管导通,维持电动机中的电流,电动机得到连续电流波形(见图 7-16(b))。下面分别介绍晶闸管组成的脉冲调速系统。

(二)晶闸管脉冲调速系统

晶闸管脉冲调速系统由主回路和触发回路组成。下面以 KTA-2 型架线电机车定频调宽脉冲调速线路为例作介绍,其电路如图 7-18 所示。

1. 主回路组成及工作原理

主回路实现对电动机的启动、调速、制动、换向等控制。主回路由滤波器、接触器、换向开关、调速开关、直流电动机、直流斩波器、电动机续流及保护电路组成。

(1)滤波器是由 L_1,C_1 组成的,用于防止直流斩波器断续工作时,使电网产生脉动电流,造成强电磁波辐射,对通信系统产生的干扰。

(2)接触器是由电磁线圈 KM 及触点 $KM_1 \sim KM_4$ 组成,主要用来控制电动机的通断。

(3)直流电动机有 2 台,可单机运行或双机运行,也可将 2 台的激磁绕组与电枢绕组交叉连接,实现动力制动运行。

(4)换向开关共有 9 个接点,向前与向后各有 3 个挡位,可实现电动机单机或双机下的向前或向后运行操作,其手柄位置如图 7-18 所示。调速开关有 8 个接点、5 个挡位,可实现调速和动力制动的操作。

(5)直流斩波器由 V_{T1},V_{T2},V_{D1},V_{D2},C_2,L_2,L_3 组成。当 S,KM_1 及换向开关闭合接通电源时,晶闸管 V_{T1},V_{T2} 还未触发导通,电源通过 S、L_1、KM_1、换向开关及电动机绕组 M_1(M_2)、L_3、V_{D1}、L_2 经 C_2 到地,对换流电容器 C_2 充电,电容电压达到最大电压后充电结束,充电电流 I_1 方向及电容电压极性如图 7-19 所示。由于回路的充电电阻很小,充电进行得很快,加之电动机的惯性,短时的充电电流不足以使电动机启动。

当触发回路产生主脉冲触发信号,触发主晶闸管 V_{T1} 导通,电动机经 V_{T1} 与电源接通并运转。

经过一段时间 t_1,触发回路产生副脉冲信号,触发辅助晶闸管 V_{T2} 导通。C_2 通过 V_{T2},L_2 放电,当放电电流减小时,换流电抗器 L_2 内产生一个阻碍电流减小的感应电动势 E_1,E_1 力图维持放电电流 I_2,故其方向与 I_2 方向相同(见图 7-20)。在此电动势的作用下。向 C_2 反向充电,当反向充电电压达到最大值时,反向充电结束(电容电压极性与图 7-20 所示相反),V_{T2} 中电流为零,自行关断。C_2 一方面经 V_{D2}、L_3、V_{D1}、L_2 反向放电(图 7-21 中 I_3 回路),使主晶闸管 V_{T1} 因承受反向电压而被迫关断;另一方面,C_2 经地、主电源、受电弓、S、KM_1、M_1(M_2)、L_3、V_{D1}、L_2 继续放电(图 7-21 中 I_4 回路),维持电动机的工作电流,直至反向放电结束,电源再重新向 C_2 充电,重复上述过程。

(6)电动机续流是由续流二极管 V_{D3} 实现的。由于 I_4 减小时,电动机绕组内产生一个阻碍电流减小的感应电动势 E_2,故 E_2 方向与 I_4 方向相同(见图 7-20),在此 E_2 作用下,V_{D3} 导通,产生维持电动机的电流 I_5,直到 V_{T1} 再次被触发导通,电源又开始经 V_{T1} 向电动机提供电流,也就是说,在主晶闸管关断到再次导通之间,电动机仍由反向放电电流 I_4 和续流二极管的续流 I_5 维持运行,从而保证了电动机的转矩变化平缓和连续运行。

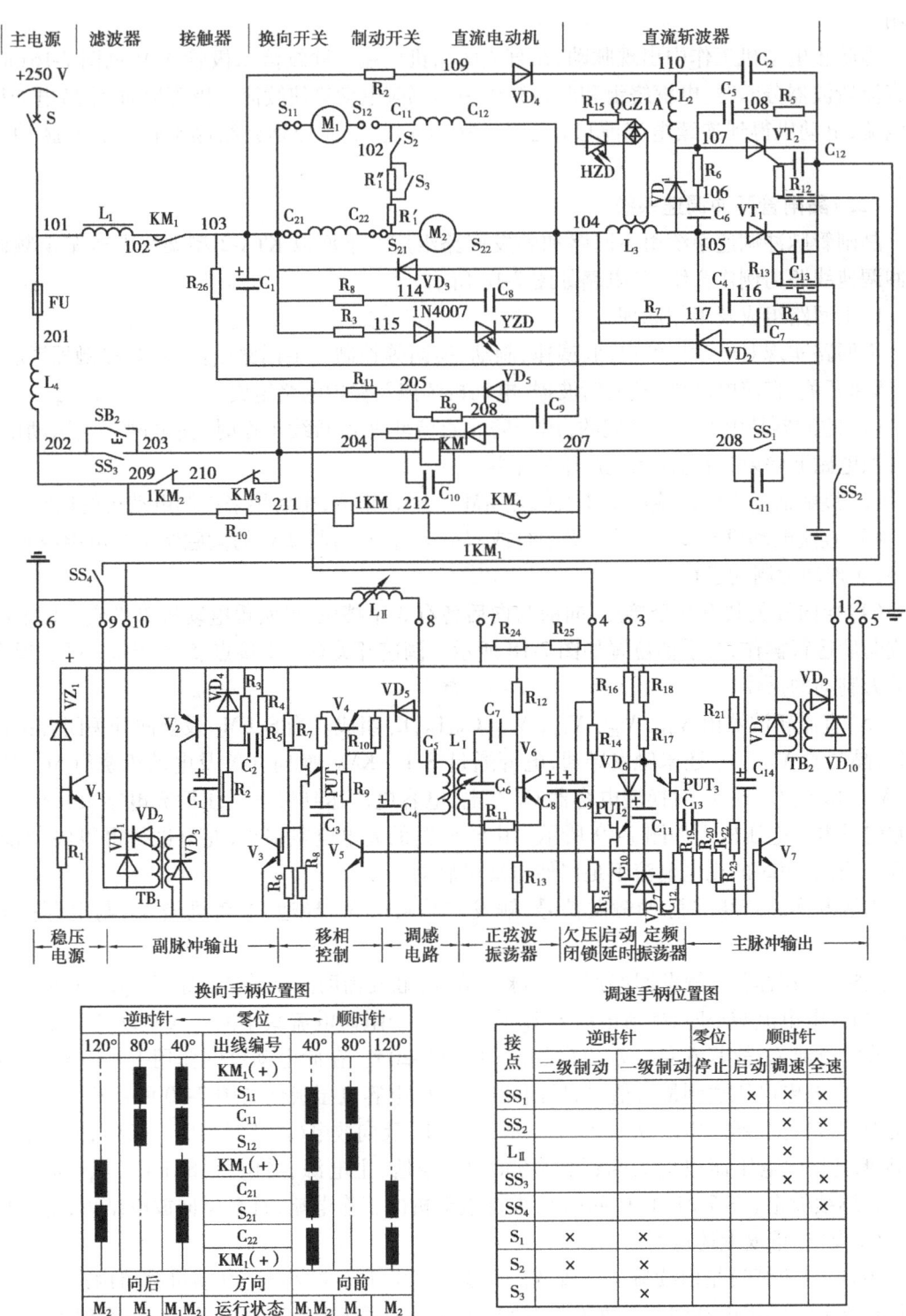

图 7-18　KTA-2 架线电机车定频调宽脉冲调速控制电气原理图

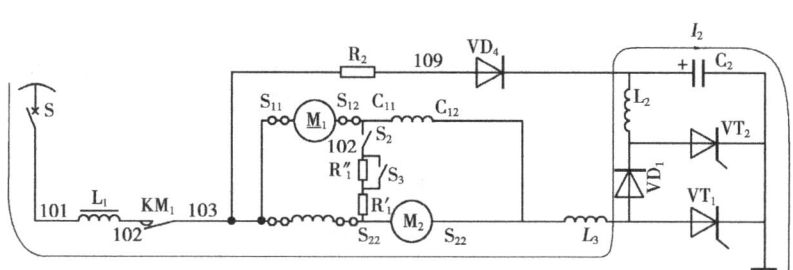

图 7-19　换向电容器充电回路

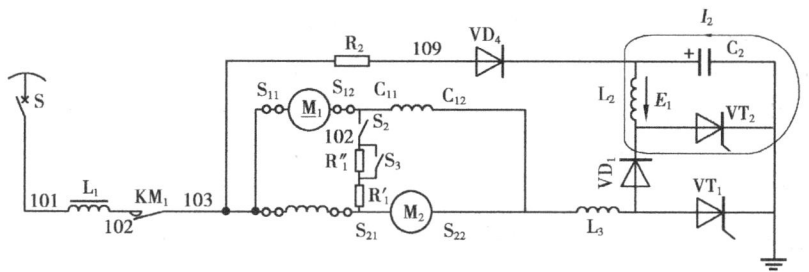

图 7-20　换向电容器放电与反向充电回路

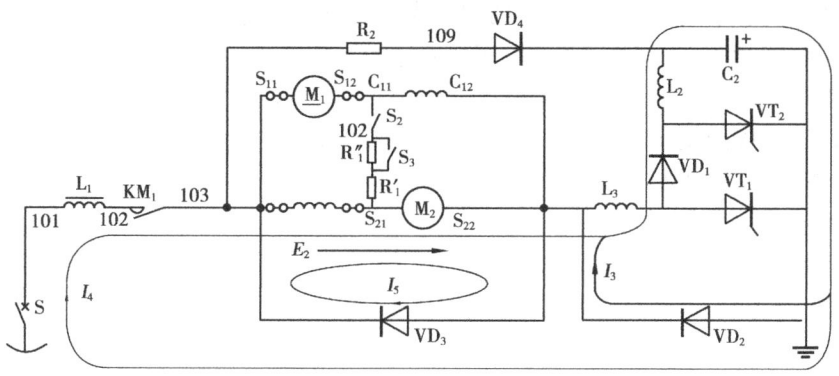

图 7-21　换向电容器反向放电回路

（7）保护电路主要有失控保护、硅元件的过电压保护。由上可知，主晶闸管 V_{T1} 在直流电路中无法自行关断，是通过副脉冲触发 V_{T2}，使 C_2 产生反向充电电压，加在 V_{T1} 上使之关断的。如果 C_2 充电电压不足，就可能因反向充电电压不足而无法关断 V_{T1}，从而因失去调压作用造成"失控"，导致电动机工作电压突变、电流剧增，使机车突然加速，这是非常危险的。为此，在触发回路中设置启动延时电路，延长第一个主脉冲的产生时间，保证换流电容有充足的预充电时间。还设置了反压电抗器 L_3，在 C_2 反向放电关断 V_{T1} 时，给 V_{T1} 加一反向电压，以利于 V_{T1} 关断，并且在 V_{T1} 导通时，L_3 限制了电流的上升率，以保护 V_{T1}。此外，在 KM 线圈回路中设有"失控"保护电路，当 V_{T1} 或 V_{T2} 未能关断造成失控时，因 V_{T1} 或 V_{T2} 导通时其端电压接近 0 V，使得接触器 KM 线圈 204 端电压经 R_{11}，L_3，V_{T1} 或 V_{T2} 与地短接而失电，其触点 KM_1 断开电动机回路，实现"失控"保护。

由于硅元件通断时，电感线圈中产生感应电动势而造成过电压，损坏硅元件。为此设置旁

路二极管 V_{D2}，用以降低关断 V_{T1} 时加于 V_{D3} 与电动机两端的电压。续流二极管 V_{D3} 除续流外，还免除电动机绕组的感应电动势 E_2 与电源电压叠加于 V_{D2} 上造成其损坏。此外，每个硅元件都并联有阻容过电压吸收装置，以吸收硅元件通断时电感线圈产生的过电压。

2. 触发回路及其工作原理

触发回路的作用是产生主、副脉冲，分别触发主、辅助晶闸管。触发回路由稳压电源、定频振荡器、主脉冲输出、正弦波振荡器、移相控制和调感、副脉冲输出、欠压闭锁、启动延时等电路组成（见图 7-18）。

（1）稳压电源由 VZ_1，V_1 和 R_1，$R_{24} \sim R_{26}$ 等元件组成并联型稳压电源。VZ_1 反向击穿电压为 $18 \sim 20$ V。V_1 的 be 结导通时，正向压降亦基本不变（约为 0.7 V），故电压能稳定在 $19 \sim 21$ V。由于基准电压为一定值，当电源电压降低时，通过降压电阻 R_{26}，R_{25}，R_{24} 给稳压管 VD_W 的电压随之降低，VD_W 的电流减小，亦即 V_1 基极电流减小，V_1 集电极电流随之减小，从而降低了电阻 R_{26}，R_{25}，R_{24} 上的压降，使 V_1 输出端的分压增大而回升到正常值；电源电压升高时与之相反，从而保证了输出电压的稳定。

（2）定频振荡器电路由单结晶体管 PUT_3，VD_3，C_{11}，$R_{17} \sim R_{19}$ 和 R_{21}，R_{23} 等元件组成。稳压电源正极通过 R_{17}，R_{18}，V_5（be 结）到电源负极向 C_{11} 充电。C_{11} 上电压极性如图 7-20 所示，当充至 PUT_3 的峰点电压时，PUT_3 导通，使 C_{11} 经 PUT_3、R_{19}、地、VD_7 放电，放电电流在 R_{19} 上产生正向脉冲。随着 C_{11} 放电，其两端电压下降，当降到 PUT_3 的谷点电压时，该管关断，C_{11} 又重新开始充电，并重复上述过程，由此在 R_3 两端形成锯齿波。振荡频率取决于充电时间常数，当充电时间常数固定即可实现定频。该电路频率固定为 150 Hz。

（3）主脉冲输出电路由 C_{13}，C_{14}，R_{20}，R_{22}，V_7，VD_8，VD_9，VD_{10} 和 TB_2 等元件组成。定频振荡器在 R_{19} 上形成的正向脉冲使 V_7 饱和导通，脉冲变压器 TB_2 产生主脉冲触发 VT_1，使 VT_1 导通。其中 VD_{10} 为反向脉冲抑制管，VD_9 构成正向脉冲通路。VD_8 起续流作用，R_{22} 为限流电阻，C_{14} 为退耦电容。

（4）正弦波振荡器电路由 V_6，$R_{11} \sim R_{13}$，$C_6 \sim C_8$，L_I 等元件组成。振荡管 V_6 与 L_I，C_6 组成电感三点式振荡器。R_{12}，R_{13} 为偏置电阻，R_{11} 为射极负反馈电阻，可改善由正反馈过强而造成的振荡波形失真。C_8 为退耦电容。L_I，C_6 的值决定振荡频率，L_I 副边输出的交流电压为调感回路提供电源电压。

（5）调感回路电路由 L_{II}，C_5，VD_5 和 C_4 等元件组成。L_I 的二次侧输出电压通过 C_5 与可调电感 L_{II} 后输出，当可调电感 L_{II} 的感抗等于电容 C_5 的容抗时（即 $X_L = X_C$），该电路产生串联谐振，此时 L_{II} 两端的电压最高达 20 V 左右。当 L_{II} 调到与 C_5 最大失谐时，L_{II} 两端的电压最低，为 5 V 左右。因此，L_{II} 两端电压的调整范围在 $5 \sim 20$ V。经过 VD_5 整流、C_4 滤波后，输出可调直流电压给移相控制回路。L_{II} 的可调磁芯由调速手柄上的凸轮带动移动棒控制。

（6）移相控制电路由 V_4，V_5，$R_5 \sim R_9$，PUT_1 和 C_3 等元件组成。定频振荡器电容 C_{11} 在充电期间给 V_5 提供基极电流，使 V_5 导通，随之 V_4 导通。电容 C_4 上的电压（移相控制电压）通过 V_4，R_7 向 C_3 充电。当 C_3 上电压充至 PUT_1 的峰点电压时，PUT_1 导通。C_3 通过 PUT_1，R_8 放电，放电电流在 R_8 上形成正向电压，以导通副脉冲的输出电路。

定频振荡器电容 C_{11} 在放电期间，V_5 受反偏置电压而截止，V_4 也截止，从而导致 PUT_1 截止。因 R_7，C_3 为固定电阻和固定电容，其充电时间常数为定值，故 C_3 充电电压建立的快慢决定 C_4 两端电压的高低。改变 C_4 两端电压的高低，即可改变主、副脉冲的间隔时间，达到移相目的。

（7）副脉冲输出电路由 TB_1，$VD_1 \sim VD_4$，V_2，V_3，C_1，C_2，$R_2 \sim R_4$ 等元件组成。当 PUT_1 管导通时，在 R_8 上形成的正向电压使 V_3，V_2 相继导通，脉冲变压器 TB_1 产生副脉冲，触发副晶闸管 VT_2 导通。其中 VD_1 用于抑制反向脉冲，VD_2 为正向脉冲通路，VD_3 用于续流，VD_4 用于加速 C_2 放电，R_2 为限流电阻，C_1 为耦合电容。

（8）欠压闭锁电路由 PUT_2，R_{14}，R_{15} 等元件组成。当机车电源电压不低于 120 V 或无脱弓时，PUT_2 处于截止状态，对定频振荡器无影响；当机车供电电压低于 120 V 或脱弓时，PUT_2 导通，从而使定频振荡器停振，主晶闸管因失去触发脉冲而截止，实现闭锁。只有当供电电压恢复正常时才能解除闭锁。

（9）启动延时电路由 VD_6，C_{10} 组成。启动时，由于 C_{10} 经 VD_6 与 C_{11} 并联，增大了定频振荡器的充电时间常数，造成触发脉冲的延迟输出，保证主回路换流电容器有足够的预充电时间，防止产生失控。当 C_{11} 经 PUT_3 放电后，VD_6 承受反向电压而关断，C_{10} 无法放电，所以只是在机车每次启动后延时第一个触发脉冲的产生。每次停电时，电压衰减为 0，欠压闭锁中 PUT_2 导通，C_{10} 经 PUT_2 迅速放电，使机车再次启动时 C_{10} 仍可起延时作用。

由上述分析可见，主、副脉冲均由定频振荡器控制产生，从而实现定频。改变可调电感 L_{II} 值，可改变 C_4 电压值，就可改变主、副脉冲的间隔 t_1，从而实现调宽。

 **能力体现**

一、有触点电控系统的维护检修

1. 电气设备的日常维护

（1）直流牵引电动机的维护。牵引电动机的轴承应保持清洁；定期注油，保证良好的润滑，若过热，则应清洗换油。炭刷在刷握中沿其轴向滑动自如，炭刷压力应保持 31 ~ 38 N。炭刷与整流子接触面应光滑，磨损过度应更换。炭刷连接线应牢固，电气连接线应牢固。电动机内部油污、灰尘应及时清理。整流子表面应经常保持光滑、清洁。片间云母槽内应无油污和炭粉。

（2）控制器的维护。控制器转轴和闭锁装置应灵活、正确、牢固可靠，否则应及时调整、修理。消弧室应完整，消弧线圈应紧固，否则应纠正和更换。触点应保持良好的电气接触及一定的接触压力（主触点的压力为 16 ~ 23 N，换向器触点压力为 20 ~ 30 N）。接触面要光洁，烧伤应修理或更换。导电带或导线对地要有良好的绝缘，损伤的导电带或导线要处理或更换。

（3）电阻器的维护。电阻器上的煤尘应清除干净，电阻片和导线的连接应牢固。

（4）受电弓的维护。受电弓的滑板与接触线之间压力应调整到 45 ~ 50 N，滑板过度磨损要及时更换。

（5）插销连接器的维护。插销连接器应定期清扫，插销零件损坏要更换，插销处的电缆密封应完整无损。

（6）蓄电池箱的维护。蓄电池机车的蓄电池之间连接导线应牢固，电池液不得存留在外壳及电池箱内，否则会产生漏电，应及时冲洗干净。蓄电池机车暂不使用时，应将蓄电池充足电后存放，再次使用时应先充电。

2. 常见电气设备故障分析

（1）控制器闭合后，电动机不转动，也无火花声。可能原因如下：

①电源停电。系统发生短路等故障，导致电源总开关自动断电；架线式电机车受电器软连

接导线脱落;蓄电池式电机车插销连接器未接触好;保险丝熔断;蓄电池连线烧断,个别蓄电池电液漏尽。

②换向器触点烧坏,回路断开。

③主控制器触点烧坏,回路断开。

④电阻器连接导线断开。

⑤电动机炭刷被卡住,与整流片接触不上。激磁绕组断开或连接导线断开。

(2)控制器闭合后,电动机不转动,或虽转动但牵引力显著下降;电火花声亦比正常大。一般是由于主回路有接地故障,通常是电动机或电阻器接地造成,严重时自动开关脱扣。

(3)速度增减不均匀。可能是控制器中与电阻器连接切换的主触点接触不良造成的。

(4)在全速挡位,机车速度低。主要原因是控制器中全速挡的主触点接触不良造成的。

(5)电动机常见故障:

①电机过热。其原因有:牵引负载过重;较长时间处于启动阶段;短期内频繁启动。

②电枢绕组、磁极绕组短路。原因有:过电压、过热、金属物受电磁或机械振动等,使线圈绕组短路。

③电枢绕组、磁极绕组开路。主要是整流片和线圈绕组间开路,多因焊接不良或炭刷压力过大而引起过热和整流火花过大而造成。

④整流子接触不良。整流火花大,炭刷跳动,火花呈绿白色,刷面有暗黑色斑点,整流子表面有铜斑。其原因可能是炭刷硬度不同或刷压不等,炭刷在刷握中不能自由滑动,炭刷与刷握间隙大,云母边缘制造安装质量不佳或修理后整流子表面有损伤和留有其他金属物等。

⑤整流子短路。多数是因为铜屑、炭屑和焊锡等物引起的。

⑥电动机声音不正常。可能有下列原因:润滑油不足或掺有杂质,使轴承磨损过度;炭刷压力过大;钢绑线断脱碰及极靴;固定磁极的螺钉松动和电枢铁芯相碰。

二、电机车无触点电控系统的操作与维护检修

1. 操作动作过程

操作的动作过程如图7-18所示。

(1)准备。升上导电弓,合上自动开关S,将换向手柄顺时针或逆时针扳至需要某一电机运行位置。

(2)启动。(低速运行阶段)顺时针转动调速手轮至"启动"位,使行程开关 SS_1 闭合,接通如下电路:+250 V 架线→FU→L_4 防干扰电抗→$1KM_2$→KM_3→KM 线圈→SS_1→地。接触器 KM 吸合,各触点的动作如下:

①KM_1 闭合,主回路通电,换流电容 C_2 充电。经 t_1 间隔,副触发脉冲开始工作,开始放电并反向充电,L_3 有感应电动势产生,HZD 指示灯亮,表明换流正常。

②KM_3 断开 KM 线圈,KM 线圈改由失控保护线路控制,即由 +250 V→L_1→104→ VD_5→R_{11}→204→KM 线圈→SS_1→地。

③KM_4 闭合,继电器 1KM 线圈经 L_4→R_{10}→KM_4→SS_1→地通电吸合,其触点动作如下:$1KM_1$ 闭合,$1KM_2$ 断开。$1KM_1$ 为自保触点,可在失控保护动作、接触器 KM_4 断开时,保证 1KM 线圈继续有电,$1KM_2$ 断开 KM 线圈,无法重新启动机车,实现闭锁。只有调速开关重新打到0,使 SS_1 断开,方能解除闭锁。

（3）调速。继续顺时针转动调速手轮至"调速"位,又使行程开关 SS_2 闭合,引入主脉冲,主晶闸管 VT_1 投入工作。继续顺时针转动调速手轮,通过推杆开始推动调感线圈中的磁芯,调节 L_1 电感,使 C_4 两端电压由 20 V 减小,延长副脉冲产生的时间 t_1,主晶闸管导通时间延长,电动机端电压升高,机车加速。调速手轮还使 SS_3 闭合,但只有当电动机两端电压升到额定电压 70% 时,才能达到 KM 线圈的吸合电压,解除失控保护电路。

（4）全速。当调速手轮旋至最终"全速"位时,使行程开关 SS_4 闭合,将副脉冲短接,主晶闸管 VT_1 持续导通,电动机全电压运行。此时换流指示灯 HZD 灭,运行指示灯 YZD 最亮。

（5）停止。将调速手轮返回零位,使 SS_1 断开,接触器 KM 及继电器 1KM 全部释放,主回路及触发回路全部停止工作。

（6）电气制动。电机车运行中如需紧急刹车时,可将调速手轮迅速返回零位,并继续逆时针旋转,机车即投入电气制动状态运行。将调速手柄逆时针方向转至"一级制动"位时,S_2 闭合,由于两电动机经 R_1' 与 R_1'' 交叉接线而产生能耗制动电流和制动力矩,机车开始制动。继续使手柄逆时针方向转动至"二级制动"位时,S_3 闭合,R_1'' 被短路,制动电流和制动力矩增加,完成了二级制动。

2.脉冲调速系统的调试

（1）触发电路的统调。定频调宽触发电路的工作周期,一般要在 6～8 ms,可通过调 R_{17},R_{18}（见图7-18）实现。触发电路的脉冲移相范围要求低端小于一个周期的 5%,高端达到 85%,最后按实际调速范围进行适当调整。可用双踪示波器观察,把主、副脉冲同时输入示波器,相邻两个主脉冲之间的间隔即是一个周期,副脉冲在这两个主脉冲之间。可调电感 L_{II} 值调到 C_4 输出电压最大时,副脉冲距左边主脉冲的间隔要小于一个周期的 5%,可调电感 L_{II} 值调到 C_4 输出电压最小时,这一间隔为一个周期的 85%。低端间隔大于 5% 时,可通过减小 R_7 来调整。高端小于 85% 时,可通过减小 R_5 来调整。高、低端的调整互有影响,要来回调几次,两端兼顾。

欠压闭锁与启动脉冲延时单元的闭锁电压,调到 150 V 左右（约为额定电压的 60%）。把可调直流电源接于主回路输入端,由 250 V 逐渐调到 150 V,调 R_{14},R_{15},使 PUT_2 导通,定频振荡器停振即可。

（2）整个脉冲调速系统的统调。整个脉冲调速系统的统调,就是使脉冲调速装置保证电机车的实际调速范围达 10%～90%。实测低速时电动机两端的电压为电源电压的 10%,实测高速时电动机两端电压为电源电压的 90%。如达不到要求,可适当调整触发电路的脉冲移相范围。

3.脉冲调速系统的维护

矿用电机车在井下运行时,因环境潮湿、煤尘和振动较大,对于电子元件、灵敏继电器等器件的正常工作极为不利。因此,需精心维护电机车晶闸管脉冲调速装置。

要定期用吹风工具清除电机车晶闸管脉冲调速装置的煤尘,使各元件保持清洁。要经常观察、检查元件有无损坏、连接部位有无松动及接线是否良好等。

4.脉冲调速系统的修理

电机车在运行中出现故障后,除更换触发电路插件外,一般不宜井下处理。因此要备有触发电路插件,且能互换通用。脉冲调速中常见故障处理方法分述如下:

（1）"失控":

①启动时"失控"。故障原因可能是触发电路的启动脉冲延时环节发生故障或无副脉冲

输出,或副脉冲功率太小,先换触发电路插件。如换插件后仍"失控",可能是主回路硅元件损坏、换流电抗器短路、换流电容器损坏或容量大大减小、调速手柄调感失灵等,应检查处理。

②"跳弓"后二次受电或牵引网路欠压时"失控"。故障原因是欠压闭锁与启动脉冲延时单元发生故障,应更换触发电路插件。

③轻载不"失控",重载"失控"。如牵引网路电压正常,故障原因是主回路换流电容器容量减小,应检查处理;如牵引网路电压低,则是属于②的情况,按②处理。

④低速不"失控",高速"失控"。故障原因是触发电路脉冲移相范围的高段间隔太大,无法达到高速,应调节脉冲移相范围。

⑤电机车一开起来不"失控",运行一会儿就"失控",休息一段时间又不"失控"。故障原因是晶闸管散热器松动,散热条件不好或晶闸管的热稳定性差,温度升高后,特性变坏,针对情况改善散热条件及更换晶闸管。

⑥电机车时而"失控",时而不"失控"。故障原因可能是触发电路中元件松动,应更换插件;或者是晶闸管的关断时间较长,换流电容器反向放电关断晶闸管时,使晶闸管承受反向电压的时间接近或刚等于晶闸管的关断时间,这样负载电流稍有变化,便不能满足关断晶闸管的要求。可更换关断时间短的晶闸管试之,如还不能解决,应检查换流电容、换流电感和反压电感等元件参数是否变化,接触引线是否良好。

(2)不能调速。若听见换流振荡声频率提高(即声音高),则是充电二极管 VD_1 短路或烧坏,应更换。否则是无主脉冲输出或主脉冲功率太小,可更换触发电路插件。或者是可调电感的磁芯损坏,应予以更换。

(3)能调速,但拉车无劲。故障原因是续流二极管回路断路、滤波电容器有损坏,或电容量大大减小,或单电动机运行,应检查处理。

(4)电机车不启动。故障原因可能是续流二极管短路或烧坏、电动机电枢或磁场绕组短路或烧坏,应检查处理。

(5)电机车启动后时快时慢。触发电路中有松动或虚连,使主脉冲时有时无,应更换触发电路插件。

(6)故障插件的检查、处理。先检查元件有无松动、断线或短路,然后送电,检查稳压电源、输出电压是否正常,否则应调到正常值。再用示波器检查各级波形,逐步处理、调整,直到各级波形正常为止。触发电路插件焊接时,一定要注意工艺。焊点要饱满,绝不能有假焊现象。助焊剂为焊油时,焊后要用酒精擦洗干净。

 **操作训练**

序号	训练内容	训练要点
1	有触点电控系统	结构分析:按图理清主回路、控制回路电气元件和电路连接,注意观察凸轮控制器的结构和动作时的触头转换情况。
2	有触点电控系统	开车前的准备工作、启动、反向行驶、制动、照明操作。

 任务评价

序号	考核内容	考核项目	配分	得分
1	有触点电控系统	组成、各部分的主要作用、性能特点。	20	
2	有触点电控系统	操作方法、保护装置、日常维护的基本要求和方法。	20	
3	无触点调速系统	脉冲调速的基本原理、定频调宽调速实现方法。	20	
4	无触点调速系统	触发回路组成及其工作原理、操作方法、维护要求和方法。	20	
5	遵章守纪		20	

 任务巩固

7-1 简述输送机单独控制的启动与停止过程,以及操作时的注意事项。

7-2 分析讨论在井下用 QBZ-80 型开关怎样实现输送机的单独控制。

7-3 试分析输送机电动机过热的原因及处理方法。

7-4 试分析输送机电动机不能启动的原因及处理方法。

7-5 对运输机集中控制有何要求?

7-6 简述图 7-12 所示 ZK10 型电机车电控系统的工作原理。

7-7 直流斩波器的三种调压方式各有哪些特点?

7-8 分析图 7-18 所示 KTA-2 型架线电机车定频调宽脉冲调速线路的组成和工作原理。

7-9 分析图 7-18 中电容 C_2 的作用,如果 C_2 容量选择得过小会产生什么后果?

情境 **8**

煤矿井下采掘设备的电气控制

任务1 液压牵引采煤机的电气控制

知识点及目标

电器系统组成、功能、控制原理、性能特点。

能力点及目标

液压牵引采煤机使用调节操作方法和维护方法。

任务描述

采煤机是综采系统的主要设备,其工作是否正常将直接影响到整个综采系统的运行,必须保障它的机械和电气系统正常工作。

任务分析

本任务主要从电气系统的结构组成、控制作用、控制原理、使用调节方法以及维护方法几个方面分析液压牵引采煤机的电气系统。

相关知识

液压牵引采煤机种类较多,其中 MLS_3 系列液压牵引采煤机在我国的使用较为广泛,它可根据不同工作面的需要组装成不同的机型,如 MLS_3-170 型适用于高档普采工作面,MLS_3-340 型适用于综采工作面。MLS_3-170 型采煤机具有牵引换向和调速,滚筒升高和降低,机身调节等控制功能。采煤机所用电缆设在履带式电缆夹中,可随采煤机沿工作面移动而伸缩。采煤机可用 QJZ 系列千伏级真空电磁启动器控制。下面以 QJZ-315/1140 智能矿用隔爆兼本质安全型真空电磁启动器控制 MLS$_3$-170 型采煤机为例进行分析介绍。

一、采煤机组控制系统主要电气设备

MLS$_3$-170 型采煤机组构成如图 8-1（a）所示，电气控制系统如图 8-1（b）所示。它是由 QJZ 系列真空电磁启动器、牵引部电气隔爆箱、中间控制箱、左控制箱、右控制箱、电动机控制箱等组成。

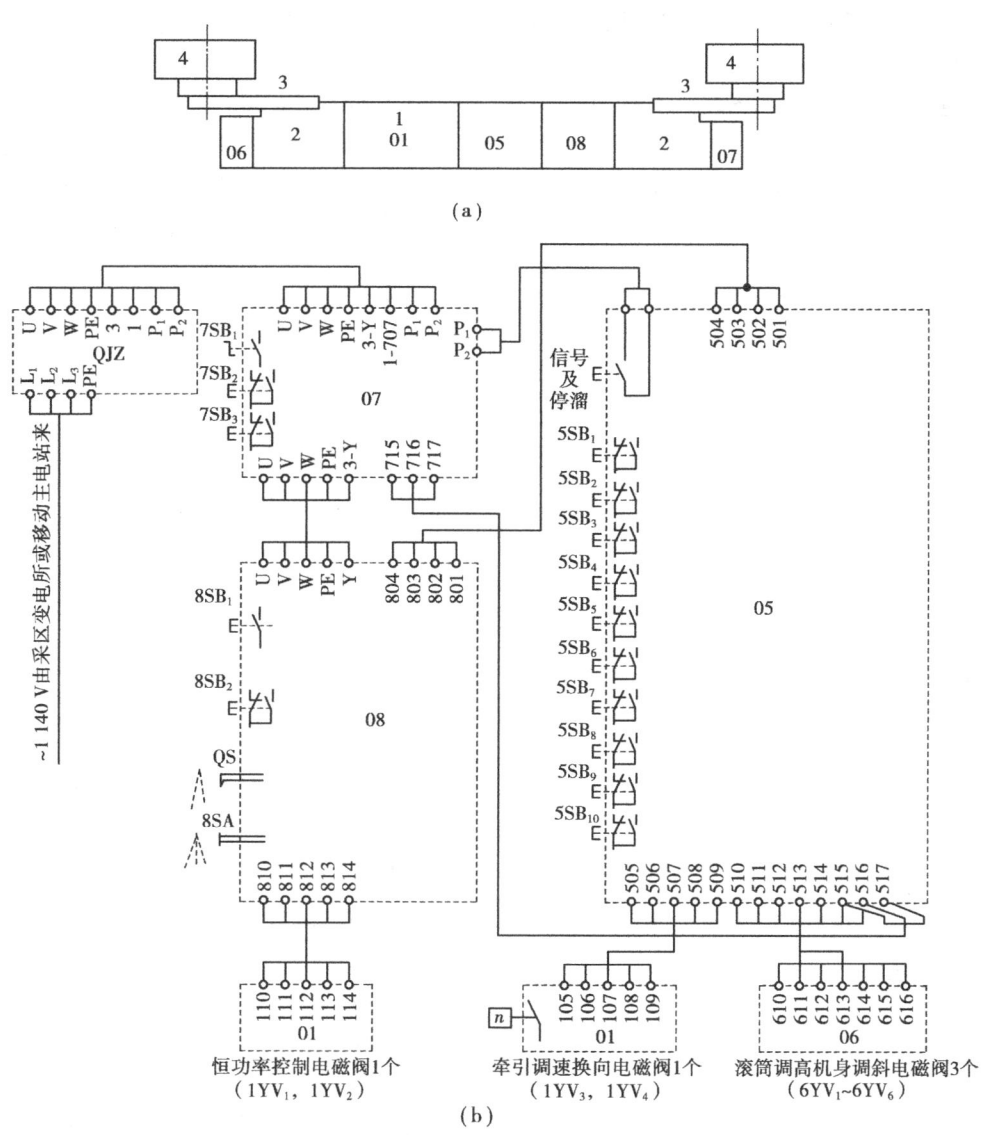

图 8-1　MLS$_3$-170 型采煤机组示意图

（a）采煤机组构成图　（b）采煤机组电气控制系统图

1—牵引部；2—切割部；3—摇臂；4—螺旋滚筒；05—中间控制箱；06—左控制箱；

07—右控制箱；01—牵引部电气隔爆箱；08—电动机及电动机控制箱；QJZ—真空电磁启动器

1. QIZ-315/1140 智能矿用隔爆兼本质安全型真空电磁启动器

真空电磁启动器是控制采煤机的开停,并对采煤机电机及电源线进行保护,通常与移动变电站一起安放在轨道平车上。

2. 右控制箱(07)

右控制箱也称电缆接线箱,采煤机的动力线和控制线均通过右控制箱与电磁启动器相接。同时,在箱上还装有紧急停止按钮 $7SB_1$ 和右滚筒升降调节按钮 $7SB_2$,$7SB_3$。

3. 电动机及电动机控制箱(08)

(1)电动机。DMB-170S 型水冷式隔爆异步电动机是采煤机的配套电机,其额定电压为 1 140 V/660 V,额定容量为 170 kW,综采工作面可用双电机拖动。

(2)电动机控制箱。箱内装有 GMI-300 型隔离开关和 GTM-1140/300 电气功率自动调节器。功率自动调节器与牵引部其他电液元件共同组成采煤机主电动机的恒功率调速系统。在紧急情况下或电磁启动器不能分断电路时,可用隔离开关使电动机断电。另外,电动机控制箱内还设有启动、停止按钮和功率自动调节选择开关,停止按钮和隔离开关操作手把之间有机械闭锁。

4. 中间控制箱(05)

箱内设置采煤机位置指示器、瓦斯安全警报器、遥控系统的无线电装置。箱上还设有 4 组操作控制按钮盘,是采煤机的控制中心。

5. 左控制箱(06)

箱内装有 3 组三位四通电磁阀,可电动或手动操作控制滚筒的升降和采煤机的调斜。

6. 牵引部电气隔爆箱

牵引部电气隔爆箱装有 2 组三位四通电磁阀,用以实现牵引控制和恒功率调速。

二、控制系统电路组成及作用

采煤机组的控制系统由以下各电路组成:

①电动机主电路及启动、停止控制电路;
②牵引调速和换向电路;
③滚筒调高和机身调斜电路;
④电气恒功率自动调节电路。

这种控制系统可以在电动机控制箱(08)、中间控制箱(05)和右控制箱(07)三处操作。可以完成下列控制任务:采煤机电动机的启动与停止;采煤机的紧急停车和自锁;通过操作元件和电磁液压阀可进行牵引调速、换向,左、右滚筒升降,机身调斜以及恒功率调速等控制。

三、控制原理

采煤机组电动机的启动和停止控制原理图如图 8-2 所示。

1)启动

(1)合主电路的隔离开关 QS。由于 QS 与停止按钮 $8SB_2$ 间有机械闭锁,故合 QS 要先按 $8SB_2$ 按钮。

(2)将电缆接线箱(07)处的紧急停止旋钮 $7SB_1$、电动机部(08)的紧急停车闭锁按钮 $8SB_2$、中间控制箱(05)处的自锁按钮 $5SB_2$ 都处于接通状态。

(3)按启动按钮 $8SB_1$,接通电磁启动器的控制回路,使 QJZ 真空电磁启动器中接触器有电动作,电动机启动。松开 $8SB_1$ 时,由于接在控制变压器 T_3 二次的中间继电器 KA 动作,其接

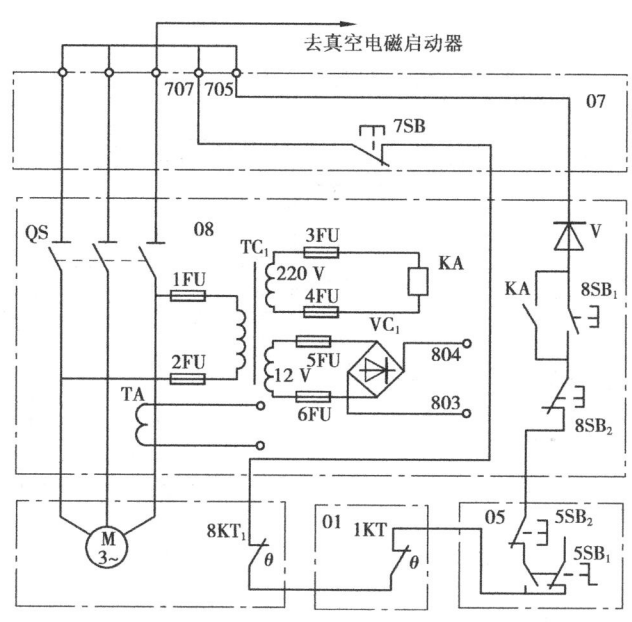

图 8-2　采煤机组电动机控制原理图

在 8SB₁ 按钮两端的 KA 接点闭合,保持回路继续接通,实现自保。

系统只能在电动机处启动主电动机,其他地方只能停止和闭锁,而不能启动。

2)停止

采煤机主电动机正常停止,可按停车按钮 8SB₂,也可用紧急停车按钮 5SB₂,7SB₁ 切断控制回路,实现停车。紧急情况下也可用电动机控制箱中的隔离开关 QS 直接分断电动机电源,采煤机组实现停车。

当电动机绕组过热、牵引部油温过高,则可由温度继电器接点 8KT₁ 及 1KT 切断控制回路,使采煤机组电动机停止。

如果主回路过载、断相、短路、漏电和控制回路断线或短路,则由真空电磁启动器或馈电开关中的保护装置动作,使采煤机组电动机停止。

图中电流互感器 TA 为功率自动调节装置的测量元件;控制变压器二次侧 42 V 经桥式整流后作为采煤机各电磁阀的直流电源,220 V 除供给自保继电器 KA 外,还作为功率自动调节装置的控制电源(需进一步降压)。

 **能力体现**

采煤机组的调节包括牵引部电气调速和换向、采煤机滚筒升降及机身调斜、电气恒功率自动调节 3 部分。下面分别叙述其控制原理。

1. 牵引部电气调速和换向

牵引部电气调速和换向是通过三位四通电磁液压阀和牵引部液压系统来完成的。如图 8-3 所示,电磁阀的直流电源来自电动机控制箱中桥式整流器 804(+)端和 803(-)端(见图 8-1),804 和 803 分别接到中间控制箱的 504 和 503。

1)采煤机右牵引

采煤机牵引速度为零时,闭锁按钮 1SB 的触点闭合,即 P 和 R 两点接通。此时信号灯 HL

157

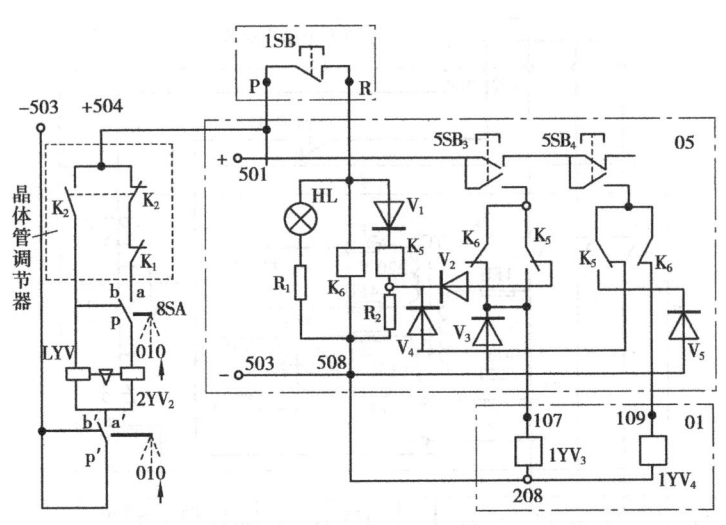

图 8-3　牵引部电气调速和换向原理图

亮,继电器 K_5,K_6 均吸合,其常开触点闭合,常闭触点打开。

按下 $5SB_3$ 按钮,右牵引电磁阀线圈 $1YV_3$ 得电,采煤机开始右牵引,其电气回路为:电源正端 504→$5SB_3$(按下闭合)→K_5 常开触点、电磁阀线圈 $1YV_3$→电源负端 503。电磁阀线圈 $1YV_3$ 有电吸合,液压系统开始工作,采煤机开始右牵引加速。当牵引速度离开零位时,1SB 按钮自动断开,指示灯熄灭,继电器 K_5,K_6 均断电,则常开触点打开,常闭触点闭合。这时,$1YV_3$ 线圈的电流回路由常开触点 K_5 转换为常闭触点 K_6。当采煤机达到预想的牵引速度时,放开 $5SB_3$ 按钮,采煤机保持这个速度运行。如果一直按着 $5SB_3$,采煤机的牵引速度就会越来越大。

2)采煤机左牵引

要使采煤机左牵引时,就按下 $5SB_4$ 按钮,使左牵引电磁阀线圈 $1YV_4$ 得电,采煤机开始左牵引。具体电路与右牵引类似。

3)采煤机牵引减速和换向

当采煤机需由某一个方向牵引改换为另一方向牵引(如右牵引改换为左牵引)时,需按下 $5SB_4$ 按钮,采煤机减速。一直到牵引速度为零以后,需把 $5SB_4$ 按钮松开,然后再重新按下,采煤机才能向左牵引。

因为采煤机由右牵引减速到速度为零时,1SB 闭合,指示灯 HL 亮,同时继电器 K_6 有电吸合,其常闭触点断开。此时 $5SB_4$ 按钮还在按下状态,继电器 K_5 两端均为高电位,不能吸合,电磁阀线圈 $1YV_3$ 和 $1YV_4$ 均无电。只有松开 $5SB_4$ 按钮,使继电器 K_5 延时吸合,其触点转换,然后再按下 $5SB_4$ 按钮,才能接通 $1YV_4$ 线圈回路,采煤机才能左牵引。这里,为防止液压马达在短时间内换向引起冲击负荷,以致损坏机件,因此采用继电器 K_5 延时进行牵引换向。

同理,由左牵引改为右牵引时,也需先按下 $5SB_3$ 减速为零后,松开 $5SB_3$,再重新按下 $5SB_3$,采煤机才能向右牵引。

2.采煤机滚筒升降调节及机身调斜

采煤机滚筒升降电磁阀安装在左控制箱中,控制按钮 $5SB_5$,$5SB_6$,$5SB_9$,$5SB_{10}$ 装在中间控制箱中,也可用右控制箱中的 $7SB_2$,$7SB_3$ 按扭控制右滚筒的升降。图 8-4 为采煤机滚筒升降调节及机身调斜电气原理图。

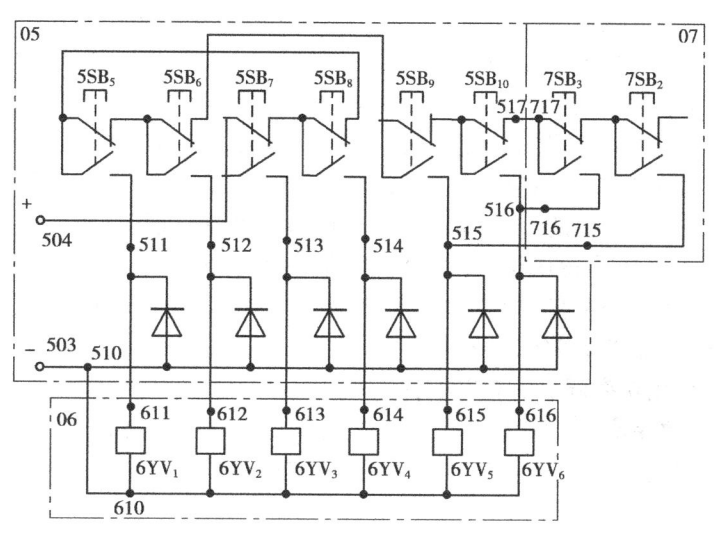

图8-4　滚筒升降调节及机身调斜电气原理图

1)左滚筒的升降

操作 $5SB_5$ 按钮,电磁阀线圈 $6YV_1$ 得电吸合,使左滚筒升高。其回路如下:

电源正端504→ $5SB_7$ 按钮常闭触点→ $5SB_8$ 按钮常闭触点→ $5SB_5$ 左滚筒升高按钮常开触点(按下闭合)→ $6YV_1$ 电磁阀线圈→电源负端503,电磁液压阀打开工作,左液筒升高。

操作 $5SB_6$ 按钮,电磁阀线圈 $6YV_2$ 得电吸合使左滚筒降低。其回路不再叙述,请读者看图找出。

2)右滚筒升降

操作 $5SB_9$ 按钮,电磁阀线圈 $6YV_5$ 有电吸合,右滚筒升高。按下 $5SB_{10}$ 按钮,电磁阀线圈 $6YV_6$ 有电吸合,右滚筒降低。其回路与前类似,不再详述。

也可按下右控制箱中的 $7SB_2$ 按钮,右滚筒升高电磁液压阀 $6YV_5$ 有电吸合,右液筒升高。其回路不再叙述。

同样按下 $7SB_3$ 按钮, $6YV_6$ 电磁阀线圈有电吸合,右滚筒降低。具体回路不再详述。

3)采煤机的机身调斜

按下 $5SB_7$ 按钮,电磁阀线圈 $6YV_3$ 有电吸合,电磁液压阀工作,机身底架升高;按下 $5SB_8$ 按钮,电磁阀线圈 $6YV_4$ 有电吸合,电磁液压阀工作,机身底架下落。注意机身调节和左、右滚筒的升降是不能同时进行的。

3.恒功率自动调节器

为使采煤机在工作时电动机经常保持额定负荷,充分发挥其效能,可采用恒功率自动调节装置。当采煤机在切割硬煤或夹石时,这种装置能自动降低牵引速度,减小切割深度,降低切割功率;

当采煤机切割较软的煤层时,可自动增大牵引速度,增大切割深度,增加切割功率。达到了功率调节的目的。

图8-3左边部分为功率自动调节的示意图。功率调节器主要由晶体管调节器和增、减牵引速度的电磁阀 $1YV_1$, $1YV_2$ 等组成。电动机的输出功率与电流成正比,将这个电流作为信号输入到晶体管调节器中,由它来控制继电器 K_1 , K_2 线圈,从而控制触点 K_1 和 K_2 ,接通或切断

电磁阀线圈的电源,使电磁阀动作,以改变牵引速度。其调节原理如下:

当电动机的电流低于额定电流的95%时,晶体管调节器使继电器 K_1,K_2 线圈释放,其常闭触点 K_2,K_1 闭合,这时升速电磁阀 $1YV_2$ 有电,采煤机加速牵引;当电动机的电流大于额定电流的105%时,晶体管调节器使继电器 K_1,K_2 线圈通电吸合,其常开触点 K_2 闭合,常闭触点 K_2,K_1 均断开,这时降速电磁阀线圈 $1YV_1$ 有电,采煤机降速牵引;当电动机的电流大于额定电流的95%而又小于额定电流的105%时,晶体管调节器使继电器 K_1 吸合,K_2 释放,其常闭触点 K_2 闭合,K_1 断开,切断电磁阀 $1YV_1$,$2YV_2$ 回路,电磁阀不动作,采煤机维持原速等速牵引。

功率调节器的开关 8SA 有三个位置:"1"是使用位置;"0"是停用位置;"0↑"是采煤机在任何牵引速度下运行都能降到零的位置。

由上述可知,使用功率调节器有以下优点:

①使电动机经常保持在额定负荷下运转,充分发挥采煤机的效能;

②由于自动调节负荷,可防止电动机过载、过热引起的开关跳闸等事故,从而减少停产时间;

③减小机器的冲击负荷,运行平稳,可以延长机器的检修周期和寿命;

④减轻司机的操作量及维修工作量。

 **操作训练**

序号	训练内容	训练要点
1	MLS$_3$-170 型采煤机结构	认识采煤机的整体结构;重点认识电气系统组成,如真空电磁启动器、牵引部电气隔爆箱、中间控制箱、左控制箱、右控制箱、电动机控制箱等的位置、结构、作用等。
2	MLS$_3$-170 型采煤机操作	牵引部电气调速和换向操作;滚筒升降调节及机身调斜。

 任务评价

序号	考核内容	考核项目	配分	得分
1	采煤机电气结构	组成、各部分的主要作用、性能特点。	30	
2	采煤机控制过程	电动机主电路; 启动、停止控制电路; 牵引调速和换向电路; 滚筒调高和机身调斜电路; 电气恒功率自动调节电路。	20	
3	采煤机操作	牵引部电气调速和换向操作; 滚筒升降调节及机身调斜。	30	
4	遵章守纪		20	

任务 2　电牵引采煤机的电气控制

知识点及目标

电气系统组成、功能、控制原理、性能特点。电牵引与液压牵引的主要区别。

能力点及目标

电牵引采煤机使用的调节操作方法和维护方法。

任务描述

电牵引采煤机以其优越的性能在综合机械化采煤系统中得到推广应用,是目前综采采煤机的主流设备,通过学习掌握其结构、性能和使用方法,对工作面生产管理具有极其重要的意义。

任务分析

本任务介绍电牵引采煤机的结构、功能、控制原理、使用方法和维护检修管理方法等知识和技能。

相关知识

一、采煤机电牵引概述

(一)采煤机要求的牵引特性

1. 牵引电动机的恒牵引力、恒功率特性

采煤机在割煤中由牵引系统驱动。在倾斜的工作面上行时,牵引力须克服采煤机与刮板输送机之间的摩擦阻力、工作面倾斜时采煤机自身重量产生的下滑力和采煤机滚筒割煤时的阻力 3 个阻力。在整个生产过程中,3 个阻力将随着设备安装、巷道倾角、煤质硬度等条件变化。要求采煤机的牵引力随之变化,使采煤机既能充分利用,又不至于过载损坏。采煤机的牵引特性一般按牵引速度范围分为恒牵引力矩和恒功率两个阶段。

1)恒牵引力矩阶段

在割煤阶段,滚筒与煤壁接触,采煤机阻力较大,牵引电动机的转速 n 从零可达额定转速 n_N。为充分发挥采煤机的牵引力但又不致损坏,要求采煤机恒定在允许的最大牵引力矩 M 下工作。故称为恒牵引力矩阶段。电动机的力矩 M 与功率 P 的关系为

$$M = 9\ 550\ P/n$$

牵引力矩 M 一定时,功率 P 与转速 n 成正比,为一条斜线,如图 8-5 所示。

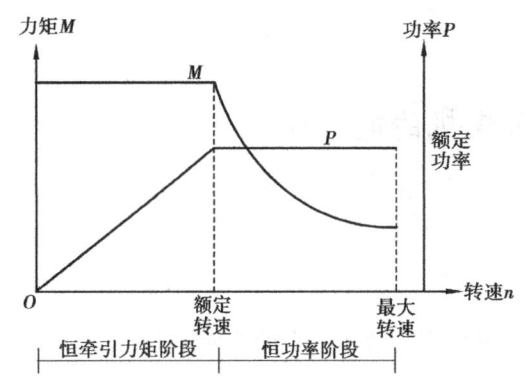

图 8-5　转矩、功率、转速关系曲线

2）恒功率阶段

在调动阶段,滚筒与煤壁不接触,此时没有切割阻力,所需牵引力较小,要求牵引速度较高,牵引电动机的转速从 n_N 至最大转速 n_m 为调动速度。为了充分利用牵引电动机的功率,采煤机恒定在允许的最大输出功率 P_m 下工作,故称恒功率阶段。由上式可知,功率一定,牵引力矩与牵引电动机的转速成反比,为一条双曲线,如图 8-5 所示。

2. 牵引电动机的四象限特性

采煤机在生产过程中需要两个方向运行,以一个方向的速度为正,相反方向则为负。一般采煤机是在牵引力作用下才能前进。当采煤机沿倾斜工作面向下坡方向调动时,由于滚筒不与煤壁和底板接触,切割阻力为零;且下滑力与采煤机运行方向相同,由阻力变为牵引力。如果输送机倾斜角度大于某一值,下滑力大于摩擦阻力,采煤机就可能自行下滑;如果没有有效的制动力,下滑速度会越来越大,易造成重大事故。这种情况下要求电牵引系统提供与采煤机运行方向相反的制动力,即将电牵引力变为制动力,使采煤机按司机的愿望以要求的速度安全下放。

综上所述,采煤机的牵引系统除要求能两个方向牵引外,还要做到既能提供与采煤机运行方向一致的牵引力,又能提供与采煤机运行方向相反的制动力。这就是四象限牵引特性,如图 8-6 所示。第一、二象限 $v>0$,采煤机正向运行;第三、四象限 $v<0$,采煤机反向运行。第一、三象限牵引力 F 与运动方向 v 相同,牵引系统提供牵引力;第二、四象限牵引力 F 与运动方向 v 相反,牵引系统提供制动力。

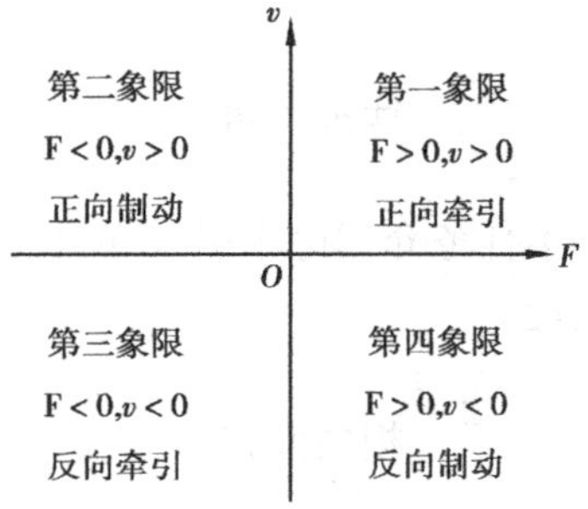

第二象限	第一象限
$F<0, v>0$	$F>0, v>0$
正向制动	正向牵引
第三象限	第四象限
$F<0, v<0$	$F>0, v<0$
反向牵引	反向制动

图 8-6　四象限运行特性

3. 切割电动机的恒功率调节特性

采煤机切割电动机的负载大小与煤层硬度、煤层夹矸厚度、夹矸硬度、采高和牵引速度等有关。这些因素对切割电动机负载的影响都可通过调节牵引速度来补偿。

在割煤过程中,采煤机的牵引速度越大,生产率越高,但切割电动机的负载也越重。如牵引速度过高,就有可能使切割电动机过载。因此,需要根据切割电动机的负载情况随时调节牵引速度,这种自动调节牵引速度,使切割电动机的负载恒定在额定功率的性能称为恒功率调节特性。

（二）采煤机电牵引的特点

（1）具有良好的牵引特性,可以对采煤机提供足够的牵引力,使机器克服阻力移动,并能实现无级调速和恒功率调速,满足采煤机运行的任何速度要求。

（2）实现四象限牵引控制,可用于倾角较大的工作面。牵引电动机轴端装有停机时防止采煤机下滑的制动器,其设计制动力矩为电动机额定转矩的 $1.6 \sim 2.0$ 倍,也可以在机器下滑时进行电气制动。所以电牵引采煤机可用在 $40° \sim 50°$ 倾角的煤层,而不需要其他防滑装置。

（3）采用可编程控制器和传感器,反应灵敏,可实现自动调节。可编程控制系统能将各种信号快速传递到相应的调节器中,及时调整各种参数,防止采煤机超载。例如,当切割部电动机过载时,控制系统能立即检测并发出相应的控制信号,降低牵引速度。当切割部电动机突然瞬间过载超过规定值时,控制系统能够立即发出换向指令,使采煤机自动后退,防止滚筒堵转而发生事故,使牵引更加平稳、安全。

(4)传动效率高,它直接采用电动机完成采煤机的牵引,省去了复杂的液压传动系统,具有很高的传动效率,效率可达95%。而液压牵引要做2次能量转换,效率仅为65%～70%。

(5)牵引部机械传动结构简单,且尺寸小、重量轻,便于维护检修。

(6)各种参数的检测、处理、控制、显示为单一的电信号,省去了液压信号到机械信号再到电信号的转换环节,系统简单,工作可靠,故障率低,维修量小,寿命长。

(7)具有完善的控制、检测、诊断、显示系统。能实现对采煤机的各种人工控制、遥控及自动控制;能对运行中的各种参数如电流、电压、速度、温度、水压和负载等情况实时检测,并控制采煤机做出相应的处理;当某些参量超过允许值时能发出相应的报警信号,并进行必要的保护;能对采煤机的部件进行自检和故障诊断;能显示运行中各种参量的图形和数据,并可向地面控制中心传输,从而为实现工作面的自动化、无人化控制奠定了基础。

(三)电牵引采煤机的基本电气结构

目前生产电牵引采煤机的主要国家有美国、德国、英国、日本、中国和波兰等。型号虽多,但电牵引采煤机的基本电气结构相同,下面以 Electra 1000 系列采煤机为例分析其电气系统,图8-7 为 Electra 1000 系列电牵引采煤机的结构简图。

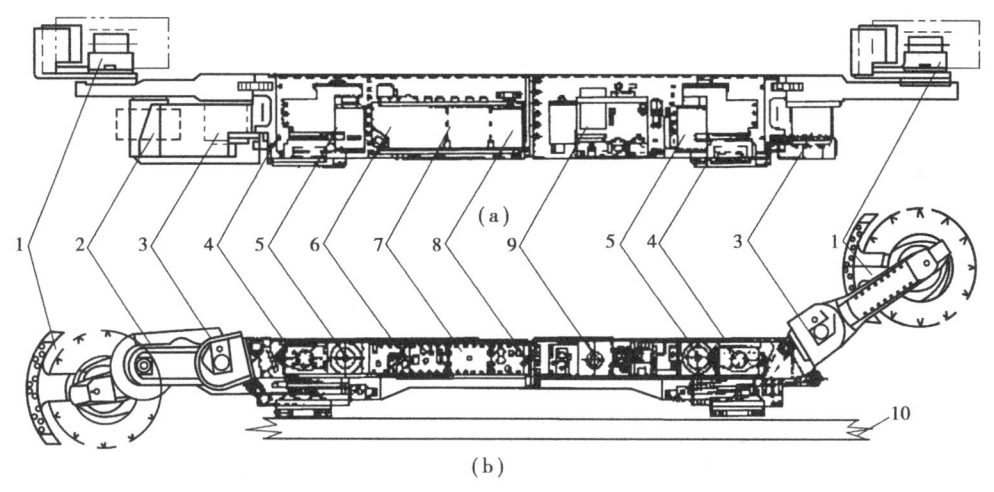

图 8-7　Electra 1000 系列电牵引采煤机的结构简图

(a)俯视图　(b)正视图

1—滚筒;2—破碎机及其电动机;3—切割电动机;4—牵引机;5—牵引电动机;
6—开关室;7—变压器室;8—牵引控制室;9—液压功能箱;10—强力链轨

1. 采煤机的电机装机数量及装机容量

一般电牵引采煤机装有 2 台牵引电动机,分别位于左牵引部和右牵引部的采煤机机身内;装有 1～2 台交流液压泵电动机,为采煤机液压系统提供动力;对于双滚筒采煤机,装有 2 台大功率交流切割电动机,分别驱动 2 个滚筒,或用 1 台大功率交流切割电动机驱动 2 个滚筒。目前国内外使用的电牵引采煤机一般装有 4～7 台电动机,装机功率 500～1 965 kW,供电等级分别为 950 V,1 140 V,2 300 V,3 300 V。

2. 牵引电动机的类型

牵引电动机类型有直流电动机牵引和交流电动机牵引两大类,目前两种方式均有运用。

二、电气系统的组成

如图 8-7 所示,采煤机的电气控制系统由电气控制箱内的开关室 6、变压器室 7 和牵引控制室 8 组成。开关室又分为左室和右室:左室中主要装有主断路器、高低压熔断器、控制电路变压器、先导电路的电阻和二极管元件、串行数据接口模块、过电流保护模块,以及破碎机、液压泵、左右切割部等电动机的过电流检测器,切割电动机的三相电流监视器;右室中主要装有无线控制器底座、发光二极管指示阵列、过电流保护模块、负载电阻、切割电动机监视单元、可编程序控制器单元、继电器接口板。变压器室中装有变压器、三相电抗器和牵引系统电流检测器。牵引控制室中主要装有励磁控制模块、电枢控制模块、漏电保护系统功率电阻、电枢连接器、励磁连接器、显示单元及牵引系统交流熔断器。

三、电气系统的作用

采煤机的电气控制系统主回路连接如图 8-8 所示,用于实现对电动机的电源控制。从图中可看出,来自工作面子巷开关中的 1 140 V 三相交流电源,经动力电缆接至采煤机主断路器的线路侧,线路侧接有可编程序控制器控制的三相氖灯 R,S,T(在线电源指示),还接有 1 台单相控制线路变压器作为控制线路的电源。主断路器负载侧有两路出线,一路直接供给左、右切割电动机;另一路分别供给液压泵电动机、破碎机电动机、牵引主变压器。牵引主变压器进线为 1 140 V,出线为三相 460 V,经牵引系统变为直流供给牵引电动机。

控制变压器二次侧引出的辅助回路电源配电系统如图 8-9 所示,用来向各辅助回路供电。

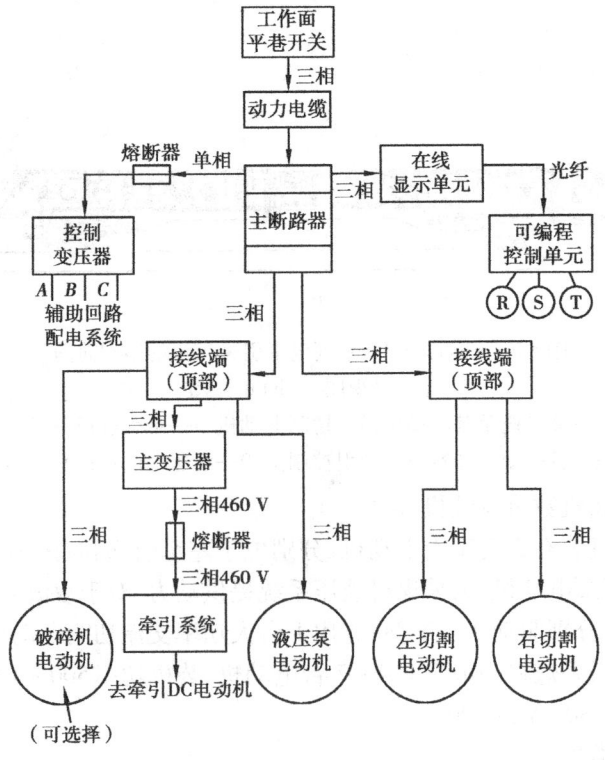

图 8-8　Electra 1000 采煤机全回路系列电气控制系统

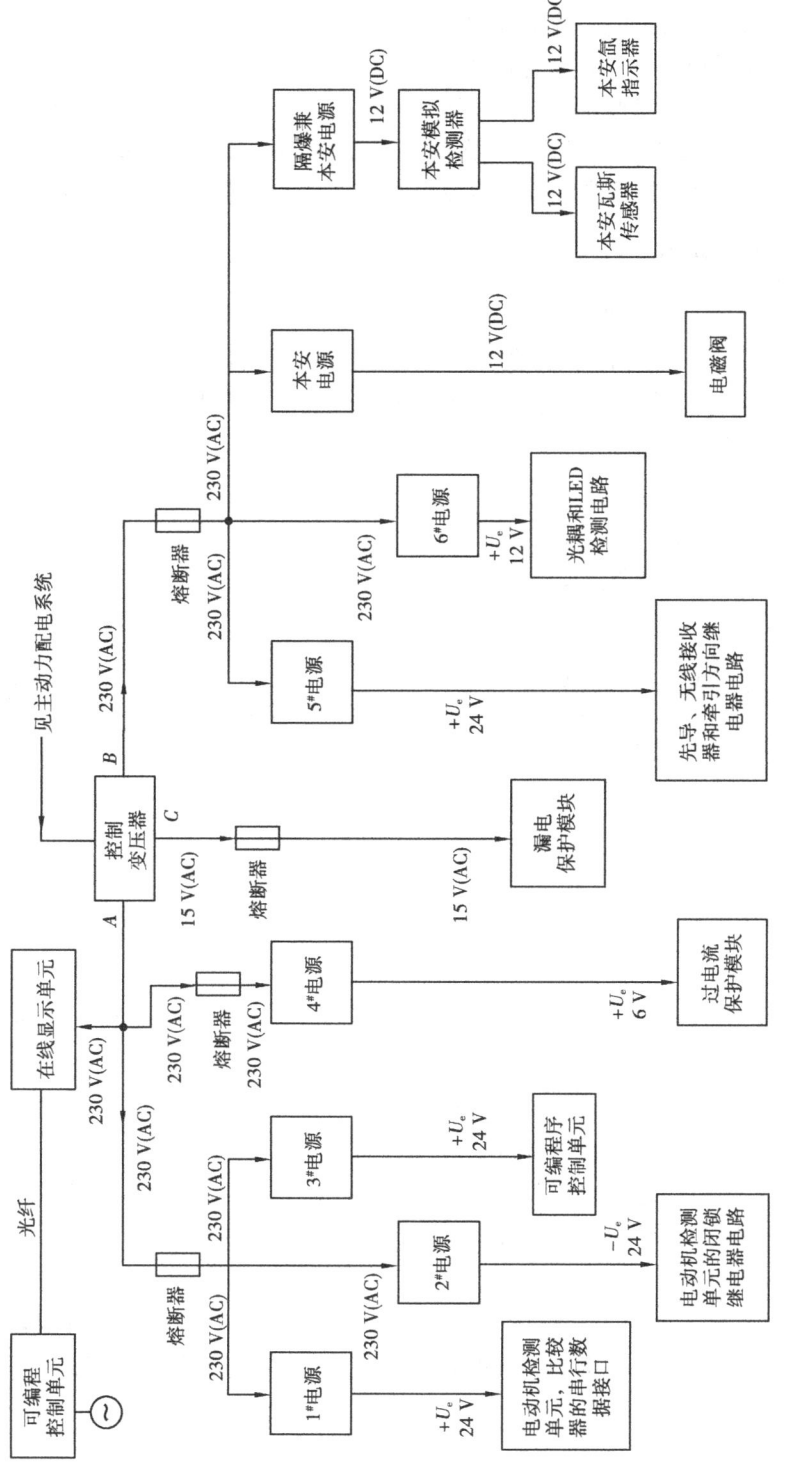

图8-9　Electra 1000系列电牵引采煤机辅助回路电源配电系统

该变压器有 A,B,C 三路输出。输出 A 为交流 230 V 向 1G-4# 直流电源供电,直流电源分别向电动机检测单元、比较器的串行数据接口单元、电动机检测单元的闭锁继电器电路、可编程序控制器、过电流保护模块供电。输出 B 也是交流 230 V 向 4 个直流电源供电,5# 直流电源向先导电路、无线接收器和牵引方向继电器电路供电;6# 直流电源向所有的光电耦合器电路和发光二极管检测电路供电;本安型直流电源向所有的电磁阀线圈供电;隔爆兼本安型直流电源向甲烷传感器和氙指示器供电。上述直流电源均具有短路保护功能,当负载发生短路故障时,自动切断直流供电;当故障排除后自动投入直流电源。输出 C 为交流 15 V,向漏电保护电路供电。

四、电气控制和保护

1. 采煤机电源的控制和保护

采煤机的电源来自工作面平巷的组合开关或电磁启动器,通常采用先导控制。先导控制并不是在前级的电源开关上进行,而是在远离电源开关的采煤机上进行,相当于电源开关的一种远方控制方式,先导回路如图 8-10 所示。

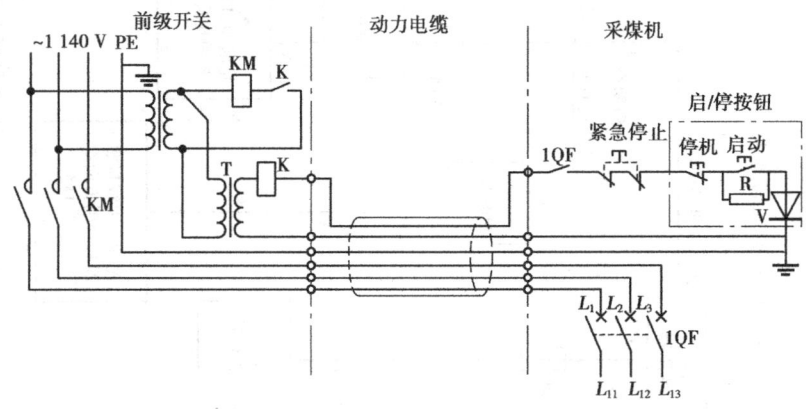

图 8-10　采煤机的先导控制回路

1)接通采煤机电源

在没有按下采煤机上的启动按钮时,由于电流小于继电器 K 的吸合电流,K 将不会吸合,不能接通采煤机电源。

当按下启动按钮后,R 被短接,这时的电流将大于继电器 K 的吸合电流而吸合接点 K,从而使接触器的主触点吸合,接通采煤机电源。

当松开启动按钮后,电阻 R 又串入,使直流电流减小,起到节约电能和防止线圈过热的作用,由于此时的电流仍大于继电器的维持电流,继电器维持在吸合状态。

2)断开采煤机电源

当按下停止按钮或紧急停止按钮后,由于电流等于零,继电器 K 无电释放,其接点 K 断开接触器线圈电路,使得接触器主触点 KM 断开前级开关,停止向采煤机供电。

3)保护

采煤机主断路器的辅助触点 1QF 在先导回路中起着闭锁作用。它与主断路器在机械上是联动的,如果主断路器不合闸,1QF 不通,先导回路无法接通,前级开关就不可能在先导控制下向采煤机送电;反之,如果主断路器跳闸,1QF 接点打开,先导回路就被切断,前级开关断开,自动终止向采煤机供电。先导回路还具有线路监视保护功能。

2. 牵引电动机的控制和保护

牵引系统电气原理框图如图 8-11 所示。牵引电动机为直流他励方式。为了功率平衡,2 台直流牵引电动机的电枢绕组串联后,接于电枢控制模块的输出端;两励磁绕组串联后接于励磁控制模块输出端。牵引控制电路分为 4 个部分,即电枢控制模块、励磁控制模块、牵引电动机保护电路和牵引状态显示电路。它们是采用微处理器为控制核心的自动控制系统,以实现恒牵引力矩特性、恒功率特性、四象限特性、恒功率调节特性。

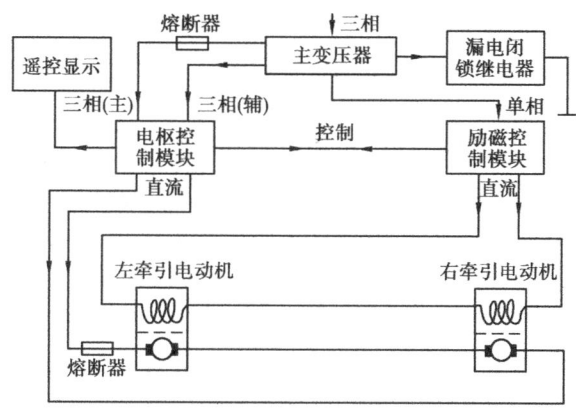

图 8-11　牵引系统电气原理框图

1)牵引系统的控制

当采煤机需要牵引时,牵引电动机处于电动运行方式下,电枢控制模块向牵引电动机电枢回路供电,并根据微处理器的控制信号自动调节输出电压,从而调节牵引电动机的转速。当采煤机需要制动时,牵引电动机处于发电运行方式下,电枢控制模块将电动机在制动过程中产生的功率反馈给电网。此外,该自动装置可通过自动调节牵引电动机的转速,以限制切割电动机和牵引电动机的电流不超过最大值,实现恒功率调节;还可自动调节电源电压,使之稳定。

牵引电动机励磁控制模块的功能是根据电枢电压调节 2 台牵引电动机的励磁电流。当电枢电压 U_d 在额定值以下时,通过励磁控制模块控制使励磁电流恒定,牵引电动机为恒转矩运行方式;当电枢电压 U_d 大于额定电压时,通过励磁控制模块控制使励磁电流减小,牵引电动机为恒功率运行方式。

2)牵引系统的电气保护

牵引系统的电气保护由以下 4 个专用继电器完成:

①励磁电流消失保护继电器。由电机学的知识可知,直流电动机任何时候都不允许励磁电流为零,否则会引起电动机的"飞车"事故。因此,该继电器串接于励磁回路中,励磁回路电流正常时该继电器吸合;当励磁电流下降到小于最小励磁电流值或励磁电流突然消失时,该继电器释放,切断牵引系统电源。

②制动器释放继电器。采煤机停止牵引时,该继电器失电,其触点切断制动器光电耦合回路,制动器在弹簧的作用下闸住采煤机,使之不能滑动;采煤机需要牵引时,该继电器吸合,其触点接通制动器光电耦合回路,使电磁阀动作,压缩制动器弹簧,制动器松闸,允许采煤机运行。

③牵引故障保护继电器。它是在牵引系统的微处理器程序出错或牵引电动机严重超速时切断牵引系统的电源,防止故障扩大。

④漏电保护继电器。牵引系统中发生漏电故障时,漏电保护模块接收到零序电流互感器的信号,立即驱动漏电保护继电器,使其吸合,该继电器常闭触点断开,将漏电故障信号输入采煤机的可编程序控制器,可编程序控制器立即断开采煤机先导电路,切断采煤机供电电源。

3. 电动机的保护

1)过流保护

各电动机都设有电流检测器,检测到的电流信号均送往过电流保护模块,这个模块中有两个可编程控制器的输入触点,一个为短路电流信号,另一个为持续过载信号。当其中之一动作时,可编程控制器将断开先导电路,使电动机停转。还可将检测到的电动机电流信号馈送到电动机显示单元,按额定电流百分比显示电动机实际电流。

2)温度保护

每个电动机都设有温度检测器,温度检测由4个电阻式温度检测器和2套固定温度检测器组成。4个电阻式温度检测器分别检测电动机定子绕组、冷却水和2个轴承的温度,把检测到的信号不断地送到电动机显示单元中,顺序显示出各温度值。电动机检测单元中装有对应的4个温度继电器,当这些信号值超过警戒值时,电动机自动降低转速并发出报警信号;超过最大限制值时,将自动切断电动机的电源,这就构成电动机的一级温度保护。2套固定温度检测器用来检测电动机定子绕组和冷却水的温度,由可编程控制器实时处理,当温度超限时自动切断电源,构成了电动机的二级温度保护。

能力体现

一、采煤机的操作

1. 采煤机电源的合闸和分闸

采煤机电源合闸和分闸是通过采煤机上的主回路断路器手柄完成的。断路器手柄有以下3个位置:

(1)试验位置。断路器手柄处于试验位置时,采煤机不能运行,但可通过监视单元模拟采煤机的运行,各种模拟运行的状态可以在显示单元上显示出来,对采煤机的运行状况进行全面的试验和检查。一般在采煤机首次运行前或发生故障修复后,都应将断路器手柄置于试验位置,进行采煤机运行状况的试验和检查。

(2)运行位置。断路器手柄处于运行位置时,先导回路中的辅助接点1QF闭合,按下采煤机的启动按钮,接通给采煤机供电的工作面平巷开关先导回路,采煤机电源接通,可编程控制器单元上的三相电源指示灯(R,S,T)点亮,采煤机上的所有交流电动机、牵引部和各种液压功能均处于待工作状态,此时,操作人员可以选择操作控制方式,然后进行采煤机的运行操作。

(3)断开位置。停止采煤机运行时,如果采煤机正在牵引运行,应先将牵引速度减小到零,然后扳动停止或紧急停止按钮,再将主断路器手柄扳到断开位置,并将手柄拿走,最后把为采煤机供电的工作面平巷开关断开并锁定,使采煤机固定在断电状态,防止未经批准的人员在机器有故障时或机器正在检修中随意合闸。

2. 采煤机的控制方式及运行操作

1)控制方式

控制方式选择是由控制方式选择手柄完成的。该手柄为箭头状,共有 8 个位置,手柄箭头竖直向上为位置 1,顺时针方向依次转动 45°,即可依次到达其余位置。

(1)位置 1 为手动控制方式。采煤机牵引由牵引速度和方向手柄(见图 8-12)控制。

(2)位置 2 为无线控制方式 1。无线发射控制器(以下简称发射器)B 起控制作用,发射器 A 不起作用。

(3)位置 3 为无线控制方式 2。发射器 A 起控制作用,发射器 B 不起作用。

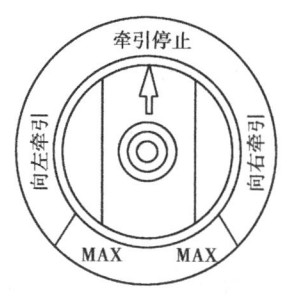

(4)位置 4 为无线控制方式 3。发射器 A 控制采煤机左边的液压功能,发射器 B 控制采煤机右边的液压功能。采煤机运行过程中两个发射器均不允许关闭。牵引控制时遵循优先原则,如果发射器 A 先操作,牵引控制权就归发射器 A 所有,发射器 B 不能进行控制,反之亦然。如果两发射器同时操作,采煤机将不予理睬。

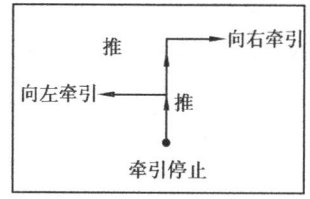

(5)位置 5 为无线控制方式 4。发射器 B 控制采煤机左边的液压功能;发射器 A 控制采煤机右边的液压功能,其他情况与位置 4 相同。

图 8-12　牵引速度和方向手柄

(6)位置 6 为就地控制方式 1。采煤机右边的就地控制器能进行控制,其余的控制器均不起作用。

(7)位置 7 为就地控制方式 2。采煤机左边的就地控制器能进行控制,其余控制器均不起作用。

(8)位置 8 为就地控制方式 3。采煤机左、右就地控制器同时参与控制,控制过程与位置 4 相同,只是左就地控制器取代了发射器 A,右就地控制器取代了发射器 B。

2)采煤机的运行操作

(1)手动操作。当需要采煤机向左牵引时,将手柄向左按压直到手柄可以逆时针转动(见图 8-12),手柄逆时针转过的角度越大,采煤机向左牵引的速度越快。当需要向右牵引时,先将手柄回到停止位置,然后将手柄向右按压,直到手柄可以顺时针转动,手柄顺时针转过的角度越大,采煤机向右牵引的速度越快。

(2)就地操作和无线操作。就地操作控制器与无线发射器完全相同,操作过程和方法也完全一样,所以只介绍无线操作,就地操作可以仿照进行。发射器如图 8-13 所示。采煤机配备了两个外形和操作完全相同的发射器,所不同的是两发射器发射的载波频率略有不同,便于采煤机上的接收器区别是哪个发射器发出的信号。接收器将接收到的无线信号经光电耦合器转换成电信号,实现对采煤机的控制。发射器上共有 27 个按键和两个箭头标志。箭头显示采煤机的牵引方向,箭头标志中的 4 个发光二极管,其点亮的越多,表示采煤机的牵引速度越快。27 个按键使用了 20 个,其余按键不用。

①打开遥控器。第一行左边的按键是打开发射器按键,如果该发射器被选中,此按键必须按压 1 次,使发射器打开;否则,采煤机将认为发射器故障而切断电源。

②牵引系统操作。先按下第二行中间“请求/停止牵引键”请求牵引,再按下两边“牵引方向选择键”选择牵引方向:按下左边按键就选定了向左牵引,按下右边按键就选定了向右牵引。然后按下第三行左边“加速键”不放,采煤机开始加速,直到所需转速后放开加速键,采煤

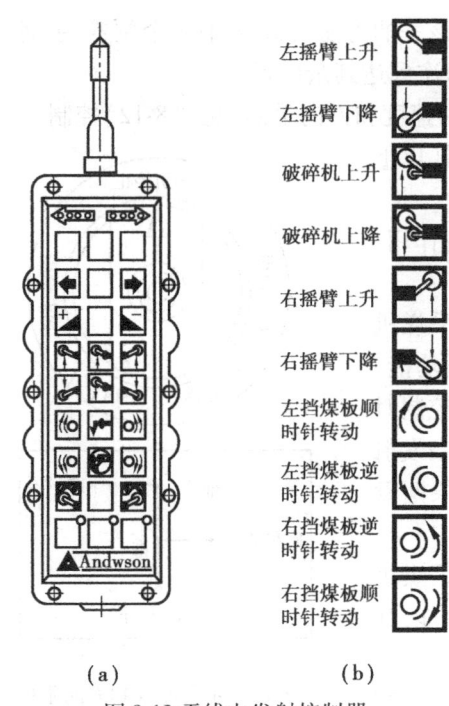

左摇臂上升

左摇臂下降

破碎机上升

破碎机上降

右摇臂上升

右摇臂下降

左挡煤板顺时针转动

左挡煤板逆时针转动

右挡煤板逆时针转动

右挡煤板顺时针转动

(a)　　　　　　(b)

图8-13 无线电发射控制器

(a)无线电发射控制器面板

(b)液压功能键说明

机以此速度运行。若要使采煤机减速，按下第三行右边"减速键"不放，直到所需转速后放开。若要使采煤机减速到零，可直接按下第二行中间键，停止牵引。若要改变采煤机的运行方向，必须先按"停止牵引键"，然后按"牵引方向选择键"，最后再按"加速键"。

③液压功能和破碎机操作。通过按键操作电磁阀，再由电磁阀控制液压系统使摇臂升降或挡煤板旋转。按下第四、五行第一列分别使左摇臂上升和下降，按下其第二列分别使破碎机上升和下降，按下其第三列分别为右摇臂上升和下降。按下第六、七行第一列分别使左挡煤板顺时针和逆时针转动，按下其第二列分别为开始洒水和停止洒水，按下其第三列分别为右挡煤板顺时针和逆时针转动。第八、九行按键不用。各按键含义如图8-13(b)所示。

④采煤机断电。按下第一行中间按键，可切断采煤机电源，实现遥控停机。

二、采煤机的状态显示

　　牵引系统的状态显示是由位于采煤机中部的显示单元完成的。显示单元外形如图8-14所示。显示单元可显示两行英文或符号，每行可显示8个字符。主要显示牵引系统的运行状态、温度情况、电枢控制模块状态、分区段运行控制状态和牵引系统参数信息。字符显示框下面的24个发光二极管配合显示系统的状态。

　　显示单元有4种显示模式，当采煤机接通电源以后，显示单元自动进入显示模式1，其他显示模式可以通过电枢控制模块上的"MODE"(模式)、"UP"(上)、"DOWN"(下)3个按钮进行切换。

　　(1)显示单元处于模式1时，上行用英制单位ft/min(英尺/分)显示采煤机的牵引速度。按动"UP"按钮，上行显示转换为以m/min为单位的采煤机牵引速度。下行用"L"、"R"、"] ["、"▽"4个符号分别表示左牵引电动机、右牵引电动机、主变压器和电枢控制模块的变流元件散热器。每个相邻的字符位都用条状图显示符号代表器件的温度。如果相应器件的温度低于报警值70 ℃，条状图显示空白。如果温度不到10 ℃即将到达报警值，条状图将充满整个字符位。如果温度超过报警值，条状图闪动显示。如果温度超过最大限值，显示单元上行显示"OVER TEMP"(温度超限的英文缩写)，下行显示温度数值，

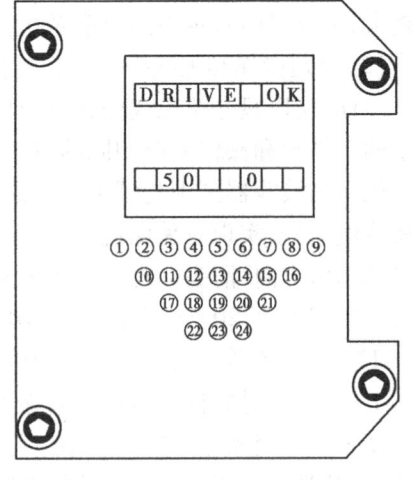

图8-14　显示单元外形图

并切断牵引系统的电源。按动"DOWN"按钮,下行显示从实际速度转换到参考速度,此时十进制小数点闪动以示区别。

(2)显示单元处于模式2时,上行显示以 m/min 为单位的采煤机牵引速度;下行循环显示的是模式1中所介绍的4种器件的实际温度。按动"UP"或"DOWN"按钮也不能改变显示的内容。

(3)显示单元处于模式3时,显示与牵引系统和牵引状态有关的197个参数,每个参数包括参数序号、参数名称和参数值3项。例如,第33号参数,名称为牵引过负荷电流门限,参数值为454。说明牵引过负荷电流整定值为454A。这种显示模式下,上行显示参数名称的英文缩写,下行的前4位显示参数序号,后4位显示参数值。可用"UP"或"DOWN"按钮选择某一序号的参数,或调整某些参数值(注意:并非所有的参数值都可以调整,有的参数仅供显示)。

(4)显示单元处于模式4时,上行显示以 m/min 为单位的采煤机牵引速度,下行显示分区段控制的状态。分区段控制是将工作面按照地质条件、煤层变化情况等因素,分为若干个区段,可预先设定每个区段所允许的最高速度,当操作人员发出的指令速度超过设定的最高速度时,采煤机速度也不会超过设定的最高速度。每个区段的最高允许速度设定可互不相同。因此,以模式4显示时,显示单元下行的前4位显示采煤机所处区段的序号,后4位显示采煤机实际牵引速度占额定牵引速度的百分比。

三、电气故障诊断

1. 采煤机不能运行

采煤机不能运行的主要原因是供电不正常。

(1)检查工作面平巷中给采煤机供电的开关是否有故障,是否合闸。

(2)检查采煤机主断路器是否合上。

(3)检查采煤机供水系统是否正常(因为无冷却水的条件下设有闭锁禁止开机割煤)。

(4)检查是否发生漏电,导致漏电闭锁。

(5)检查先导电路。其步骤和方法如下:先将采煤机上的主断路器手柄置在"断开"位置,然后将试验开关手柄置于"试验"位置,此时按下采煤机启动按钮再松开,观察可编程控制器单元上的三相电源指示灯(R,S,T)是否点亮,如果没有亮,检查动力电缆中先导电路的芯线;如果点亮了,观察可编程控制器单元显示出来的故障信息,并予以排除;如果没有显示故障信息,检查试验开关触点和连线是否完好,检查主断路器辅助触点1QF和连线是否完好,检查先导回路中二极管、30 Ω 电阻及其连线是否完好。

2. 采煤机不能运行"试验"模式

首先检查采煤机的供电是否正常,方法同上。其次检查试验回路:试验开关是否在试验位置,试验开关触点和连线是否完好,所有试验电路元件和连线是否完好。

3. 按下电源按钮采煤机可以运行,释放按钮采煤机停止运行

主要原因是先导回路阻抗大于30 Ω,使回路电流小于先导回路的直流继电器维持电流而断开前级开关,应检查先导电路中30 Ω 电阻阻值和连线是否开路。

4. 液压功能失效(以右摇臂上升为例)

如果使用手动手柄不能操作任何一种液压功能,检查油泵电动机的转动方向是否正确。如果手动方式可以操作液压功能,而无线控制发射器不能操作任一种液压功能,可按下发射器上右摇臂上升按钮,如状态显示单元上1号发光二极管不亮,再选择另一个发射器做相同操

作,如果可以运行,说明第一个遥控器有问题;如果1号发光二极管仍不亮,说明采煤机上的无线接收器电路有问题,应检查接收器中1号发光二极管、右摇臂上升光电耦合器输入端和右摇臂上升触点是否完好。如果1号发光二极管点亮了,说明接收器接收正常。应观察右摇臂上升电磁阀线圈上的发光二极管是否点亮,如果不亮,检查右摇臂上升光电耦合器输出端、右摇臂上升电磁阀线圈电缆和插接件是否完好。如果电磁阀线圈上的发光二极管点亮了,检查右摇臂上升电磁阀线圈是否完好。如该线圈无故障,检查右摇臂先导阀。

5. 采煤机不能正常牵引

检查所有的牵引速度和牵引方向控制是否均在零位,如果不在零位,将牵引控制置零位后再启动1次。如果所有牵引控制均在零位,观察状态显示单元上10,11,12,13,14,16号发光二极管是否全部点亮。

①如果10号管未亮,检查牵引电动机电枢控制模块的供电电源是否正常。如果11,12,13,14号管未亮,检查相应的熔断器。如果16号管未亮,检查电枢控制模块的三相辅助电源是否正常。

②如果上述发光二极管都点亮了,在分别选择了牵引方向运行之后,观察状态显示单元上21和22号发光二极管是否点亮,21号管点亮表示采煤机正向右牵引时中断了运行,22号管点亮表示正向左牵引时中断了运行。如果采煤机只能往一个方向牵引,检查不能运行的方向是否被刮板输送机卡住了。如果两个方向均不能牵引,检查牵引部制动器的状态是否正常。

③如果21,22号管均未点亮,观察17,18号管是否点亮,如果点亮说明切割电动机电流已超过了250%额定电流。

④如果17,18号管未点亮,查看状态显示单元上是否显示了故障信息。如果显示了故障信息,可按照故障信息的导引予以排除。

⑤如果未显示故障信息,选择手动控制方式(控制方式选择手柄选位置1),手动牵引控制手柄选择向左牵引,观察控制方式选择手柄开关上的17号管是否点亮。如果没有点亮,检查控制方式选择手柄和牵引控制手柄的相应触点、向左牵引继电器和相应连线是否完好。

⑥如果控制方式选择手柄的17号发光二极管点亮了,继续向左牵引,观察状态显示单元上4号发光二极管是否点亮。如果未亮,检查向左牵引继电器相应触点、电枢控制模块50路连接器和所有连线是否正常。

⑦如果4号发光二极管点亮了,手动控制向右牵引采煤机,观察控制方式选择手柄开关上的18号发光二极管是否点亮。如果未亮,检查控制方式选择开关和牵引控制手柄的相应触点、向右牵引继电器和相应连线是否完好。如果18号点亮了,选择向右牵引,观察状态显示单元上5号发光二极管是否点亮。若未亮,检查向右牵引继电器相应触点、电枢控制模块50路连接器和所有连线是否完好。

⑧如果5号发光二极管点亮了,用手动控制向右或向左牵引,观察1号软件参数值是否随着手柄的转动正比例增加(全速值应为512)。如果不是正比增加,检查电枢控制模块50路连接器,观察牵引控制手柄电压表,检查控制方式选择手柄开关和联锁继电器的相关触点,以及相应的连线是否完好。如果是正比增加,用手动牵引控制手柄选择向右牵引,查看状态显示单元上7号发光二极管是否点亮。

⑨如果7号管未亮,更换电枢控制模块;若已亮,选择无线控制方式(例如无线控制方式1),按下无线发射器B上的要求牵引按钮,查看该按钮上的发光二极管是否点亮:未亮,检查无线发

射器;已亮,观察控制方式选择手柄开关上的 13 号发光二极管是否点亮:未亮,检查无线接收器,已亮,按下无线发射器上的向左牵引按钮。观察发射器上部向左牵引箭头标志中第 1 个发光二极管是否点亮:未亮,检查无线发射器;已亮,可按照手动牵引控制的检查步骤进行检查。

 **操作训练**

序号	训练内容	训练要点
1	电牵引采煤机结构	认识采煤机的整体结构;重点认识电气系统组成,如电动机数量、各台电动机的作用、主电路控制开关、智能控制装置、电气线路连接等。
2	电牵引采煤机操作	电源断路器合闸分闸操作;控制方式选择的操作;就地控制的操作;远方控制的操作;遥控控制的操作。

 任务评价

序号	考核内容	考核项目	配分	得分
1	牵引特性认知	牵引恒转矩、牵引恒功率、牵引的四象限特性、切割恒功率调节特性的基本认知。	20	
2	电牵引采煤机电气结构	组成、各部分的主要作用、性能特点。	20	
3	电牵引采煤机控制过程	各台电动机主电路电路结构;各控制电源供电对象;采煤机电源的接通、断开控制;保护的种类、保护信号的获得、保护信号的处理;牵引的控制方法。	20	
4	电牵引采煤机操作	采煤机电源的合闸和分闸;采煤机控制方式的选择;就地、远方、遥控制的操作;各种显示的认识。	20	
5	遵章守纪		20	

任务3 掘进机械的电气控制

知识点及目标

学习掌握掘进机械的电气结构、性能特点、控制原理。

能力点及目标

能对掘进机械进行电气控制操作,能维护和处理常见的电气故障。

任务描述

提高掘进生产效率的途径就是提高机械化程度和电气控制自动化程度,掘进机械是掘进生产中最常见的机械设备,使用和维护好掘进机械对提高掘进的生产效率有重要的保障作用。

任务分析

本任务主要从电气系统的结构组成、控制作用、控制原理、使用调节方法以及维护方法几个方面分析掘进机械的电气系统。

相关知识

掘进工作面使用的生产机械种类较多,对不同的掘进工艺、不同的岩层性质,将采用不同的采掘方法和不同的采掘机械。本任务主要介绍钻爆掘进法用的装岩机控制电路和综合掘进法用的掘进机电控系统。

一、装岩机控制电路

装岩机主要用于向矿车和其他运输工具装载岩石和煤。铲斗式装岩机由2台电动机拖动,1台用于装岩机的移动行走,另1台用于铲斗提升。其控制元件都装在机器侧面的电气控制箱内。

装岩机控制电路如图8-15所示。

图8-15中,QBZ-80型磁力启动器作为装岩机控制电路的电源开关。装岩机的铲

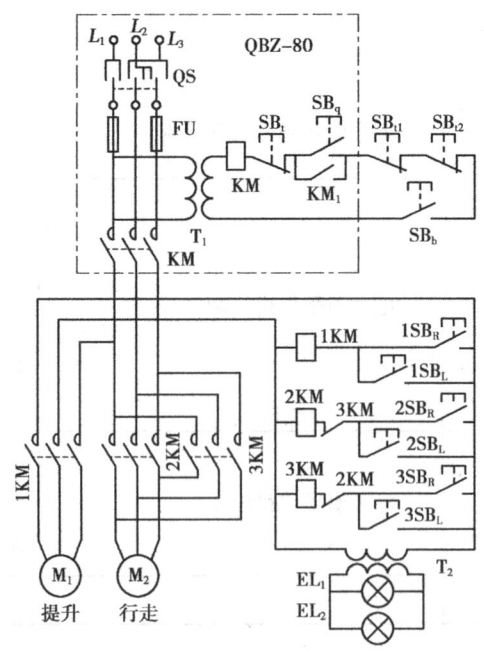

图8-15 装岩机控制电路

斗提升和行走移动分别由接触椿 1KM,2KM,3KM 控制,每个接触器由 2 个并联的常开按钮控制。为了防止 2KM,3KM 同时闭合造成电源短路,在这 2 条支路中相互串入对方 1 个常闭触点,以实现电气闭锁。

　　QBZ-80 磁力启动器所引出的 3 个按钮分别为装岩机断电按钮 SB_{t1},SB_{t2} 和控制箱闭锁按钮 SB_b。SB_b 可保证控制箱盖好盖后才能送电。电路中的其他 8 个按钮分别装设在装岩机两侧,以方便操作。装岩机的提升和前、后行走均采用点动控制,以适应其工作特点。电路中的 EL_1 和 EL_2 作为装岩机前、后照明用的防爆灯。

二、掘进机控制电路

　　掘进机是一种集落煤(岩)、装载、行走为一体的掘进机械,它由切割部分、装载运输部分和行走移动部分等组成。根据切割功率的大小,各部分所用的电动机数量和功率也不同。

(一)3 台电动机拖动的掘进机控制电路

　　3 台电动机拖动的掘进机控制电路如图 8-16 所示。

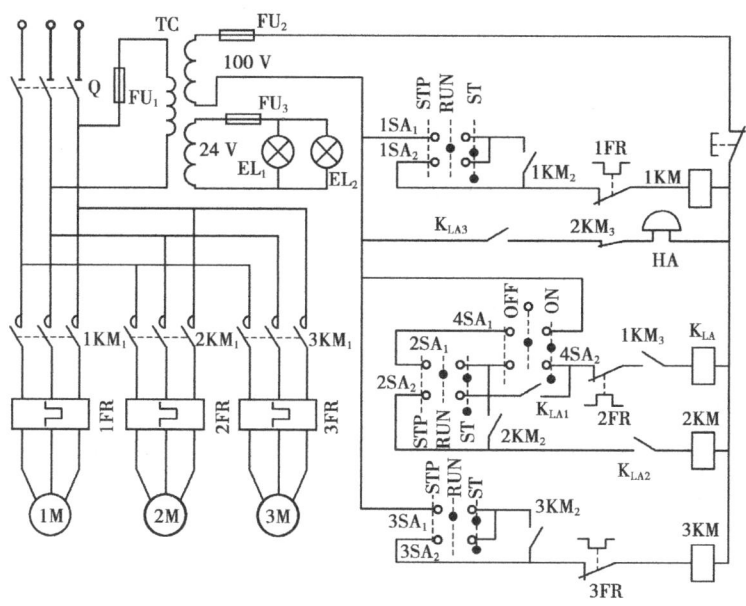

图 8-16　3 台电动机拖动的掘进机控制电路

　　图中液压系统电动机 1 M 主要用于拖动液压泵,并通过液压马达为掘进机的装载机构、中间输送机构和行走机构提供动力,其功率为 30 kW;切割机构电动机 2 M 主要为切割机头提供动力,其功率为 50 kW;转载电动机 3 M 通过减速装置拖动输送机转载煤岩,其功率由转载长度而定。3 台电动机分别由接触器 1KM ~3KM 控制。

　　为了保证掘进机启动时先启动液压系统电动机,电路设置了闭锁继电器 K_{LA}。电路中的热继电器 1FR ~3FR 作为 3 台电动机的过载保护。当某台电动机过载时,热继电器动作,通过串接在接触器回路的常闭触点使相应的接触器断电,从而起到保护作用。电路中的总开关 Q 采用具有扣脱装置的自动开关,以便对电路进行短路、失压、过载等保护。

　　掘进机启动前要先闭合自动开关 Q,使控制变压器 TC 有电,照明灯 EL_1,EL_2 亮,同时控制回路送电。

启动切割电动机时要先启动液压系统电动机,即将控制开关 1SA 旋至启动位置 ST,其两触点 $1SA_1$,$1SA_2$ 均闭合,则接触器 1KM 有电吸合,电动机 1M 启动;触点 $1KM_2$ 闭合,形成自保;此时可松开控制开关 1SA 手柄,1SA 将自动返回到运行位置 RUN;触点 $1KM_3$ 闭合,为闭锁继电器 K_{LA} 通电做准备。

将控制开关 4SA 旋至闭合位置 ON,其两组触点 $4SA_1$ 和 $4SA_2$ 闭合,继电器 K_{LA} 有电吸合,其触点 K_{LA1} 闭合形成自保(此时控制开关 2SA 应在运行位置 RUN,其触点 $2SA_1$ 闭合形成电路通路),触点 K_{LA2} 闭合,为接触器 2KM 通电做准备;触点 K_{LA3} 闭合,接通蜂鸣器 HA 电路,示意切割机头将启动。

转动控制开关 2SA 到启动位置 ST,其触点 $2SA_1$ 和 $2SA_2$ 闭合,接触器 2KM 有电吸合,切割电动机转动;同时,触点 $2KM_2$ 闭合,形成自保,触点 $2KM_3$ 打开,蜂鸣器 HA 停止发声。

若要使切割电动机停车,将控制开关 2SA 或 4SA 旋至停止位置 STP 或断开位置 OFF,均可使接触器 2KM、继电器 KLA 断电,电动机 2M 停车。若要使液压系统电动机停车,可将控制开关 1SA 旋至停止位置 STP,接触器 1KM 断电,电动机 1M 停车;同时触点 $1KM_3$ 断开,导致 K_{LA} 和 2KM 断电,即切割电动机亦停车。

转载电动机 3M 的启动和停车由开关 3SA 控制。

(二)8 台电动机拖动的掘进机控制电路

8 台电动机拖动的掘进机,由于其总功率较大,故可采用 1 140 V 或 660 V 电网供电,其电控系统由主电路和控制电路两部分组成。

1. 主电路及其保护装置

8 台电动机拖动的掘进机主电路如图 8-17 所示。各台电动机的作用分别为:1M 为切割电动机,功率为 100 kW;2M 为液压泵电动机,功率为 11 kW;3M 为转载电动机,功率为 11 kW;4M 和 5M 为刮板输送机电动机,功率为 2×11 kW;6M 和 7M 为左、右行走电动机,功率为 2×15 kW;8M 为喷雾电动机,功率为 11 kW。各台电动机均由接触器控制。主电路的各种控制元器件都装在掘进机的隔爆控制箱内。

图中各台电动机都设有电动机综合保护和显示装置 1~8 bh,以便对电动机进行过载、短路、过热、断相及漏电等保护。保护装置中的漏电信号分别经各台电动机接触器的辅助触点和继电器触点 K_{16}~K_{22} 取得;过热信号由设置在各台电动机内部的热敏电阻 RT_1~RT_8 取得。

由于切割电动机功率较大,1KM 采用了真空接触器,所以在主电路中设置了阻容吸收电路 FV;电路中的 fj 为负荷检测和显示装置,用以记录切割电动机的有效工作时间和负荷显示。

1)电动机综合保护及显示装置

各电动机回路中的综合保护及显示装置为电子集成电路,其外部接线如图 8-18 所示。它由电流互感器 TA、电流变换器 U_R、电动机综合保护器 MP、译码器 U_c 和发光二极管显示电路等组成。

电流转换器 U_R 将三相电流互感器二次侧的交流电流信号转变为直流电压信号,其输出的两组接线端子 1,2,3 和 4,5,6 分别用于 660 V 电网及 1 140 V 电网。

电动机综合保护器 MP 的 5 个输入端分别为:3 个负载信号输入,1 个漏电检测信号输入,1 个温度信号输入;5 个输出端分别为:3 个信号显示输出端子,2 个继电器触点输出端子。另

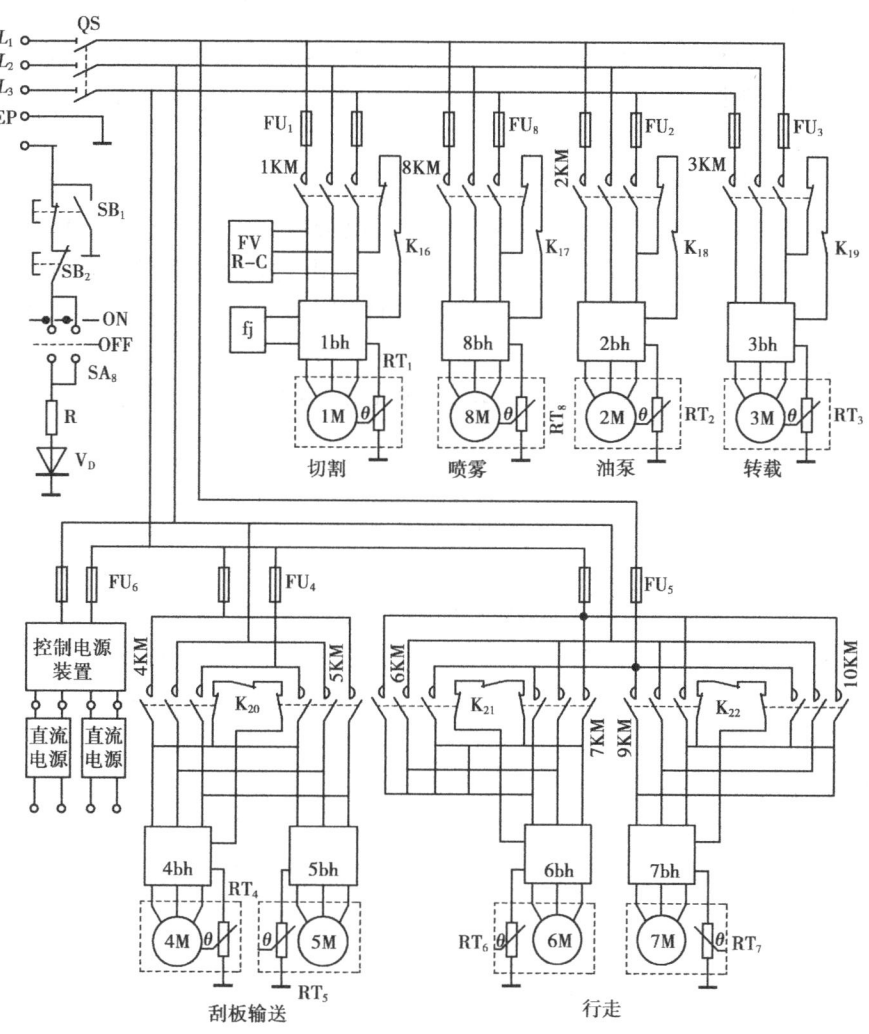

图 8-17　掘进机主电路工作原理图

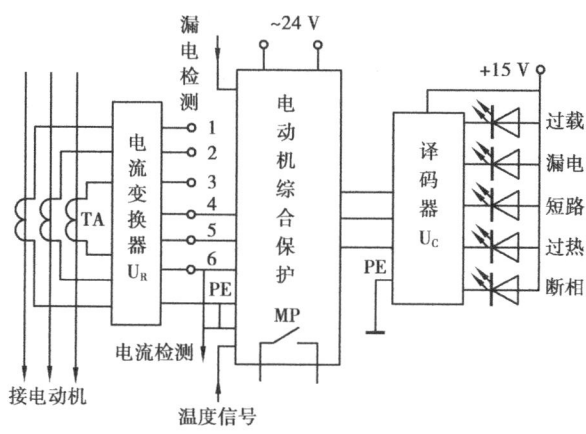

图 8-18　电动机综合保护和显示装置接线图

外,还有1个接地端PE和2个电源输入端子,并由24 V交流电压供电。

译码显示电路将根据电动机综合保护器MP的3个输出端不同的状态组合,显示出相应的故障。为了显示不同的故障,显示电路可用不同颜色的发光二极管组成。

(1)漏电保护

漏电信号是在电动机启动前经常开触点KM和$K_{16} \sim K_{22}$取得。当主回路绝缘电阻值高于规定值时,保护器触点MP闭合,通过控制电路允许电动机启动;否则,触点MP断开,电动机不能送电,从而实现漏电闭锁保护。同时,显示电路中相应的发光二极管亮,指示漏电故障。当漏电故障排除后,主回路绝缘电阻恢复到规定值以上,漏电保护电路将自动解锁,触点MP闭合。

当电动机启动时,漏电检测回路中的触点KM和$K_{16} \sim K_{22}$将提前断开,以防止主回路中的高压串入保护装置。

(2)过载保护

过载信号取自电流互感器TA。当电动机实际电流达到整定电流值的1.3~1.5倍时,保护器将在规定时间内(如过载1.5倍,保护器延时1~3 min;过载6倍,保护器在电动机的初始态为冷态时,延时8~16 s),使保护器触点MP断开,通过控制电路断开电动机电源,从而实现过载保护;同时,过载故障经译码器使其在相应的发光二极管中显示出来。

过载保护动作后,经过一段时间,保护电路可自动恢复,MP触点闭合,电动机可重新启动。

(3)短路保护

当电流互感器输出电流达到9倍以上的整定电流值时,保护电路使触点MP断开,实现短路保护;同时显示电路显示短路故障。由于短路保护具有自锁特性,所以故障排除后,必须重新给保护器送电,才能使触点MP复位。

(4)过热保护

过热保护是利用具有正温度系数的热敏电阻RT作为传感元件实现的。RT装设在电动机绕组中。当电动机绕组温度升高到130~135 ℃时,RT阻值剧增,从而使保护器触点MP断开,通过控制电路切断电动机电源,起到保护作用;同时电路显示过热故障。该故障消失后,电路可自动恢复。

当热敏电阻回路发生故障时,保护电路同样会使触点MP动作,从而造成接触器跳闸或电动机不能启动。

(5)断相保护

断相保护利用三相电流互感器实现。当三相电路不平衡时(如有一相电路中的电流为其他两项电流的30%以下),保护电路动作,触点MP断开,实现断相保护,同时相应的断相故障指示灯亮。

断相保护具有自锁特性,故障消失后,要重新给保护装置送电,才能使触点MP复位。

2)负荷检测和显示电路

负荷检测和显示电路接线如图8-19所示。它由电流检测单元K_I和发光二极管显示电路组成。

电流检测单元K_I输入信号取自切割电动机电流互感器TA中的一相经电流变换后的信

号。其输出为两路:一路输出与发光二极管显示电路配合,显示电动机的负荷率,另一路为继电器触点 K_1,当电动机工作电流达到其额定值的 65% 时,触点 K_1 闭合,以使计时器工作。

2. 控制电路

掘进机控制电路原理接线如图 8-20 所示。它由可编程控制器电路和接触器控制电路组成。

掘进机采用三极控制,即由主令控制开关 SA 和按钮 SB 控制可编程控制器 PLC,再由可编程控制器控制其输出端的小继电器;最后由小继电器控制接触器,从而实现控制各台电动机。另

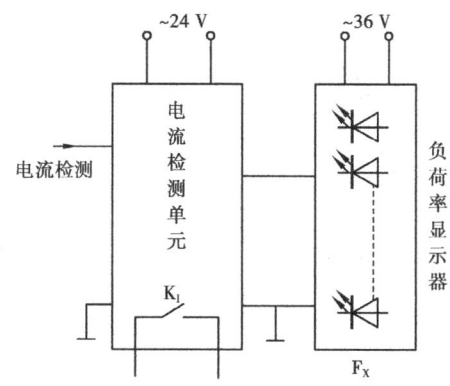

图 8-19　负荷检测和显示电路接线图

外,各种保护元件如电动机综合保护器 MP、低电压漏电保护等装置的输出触点,串接在可编程控制器的输入回路,对各台电动机进行控制和保护,以保证掘进机的正常工作。

1)控制电路电源

控制电路的电源由控制变压器 TC 提供。其一次取自 1 140 V 或 660 V 动力线,其输出交流控制电压分别为 220 V,36 V 和 24 V,并经两组整流装置整流、滤波、稳压后输出 24 V 和 15 V 直流电压,向相应的电路提供电源。

2)可编程控制器

可编程控制器是一种专用的计算机,简称 PLC。它由中央处理器 CPU、各类存储器及输入、输出接口电路组成。它的工作过程是根据所编程序,按用户要求实现输入端与输出端之间的逻辑关系。

可编程控制器的实质是用程序语言代替控制电路中的中间继电器、时间继电器及其无数多个触点所组成的具有各种功能的控制电路,即用软件代替物理继电器所组成的控制电路。因此,可编程控制器具有控制功能强大、编程简单、使用灵活、控制准确、抗干扰能力强、可靠性高等特点。

图 8-20(a)为可编程控制器接线原理图,PLC 由 220 V 交流电压供电。左边为输入端 1N,其输入信号为各类控制开关或继电器触点的状态,COM 为输入公共端,它可以是 PLC 内部输入回路电源的一端。右进为输出端 OUT,其输出端实质为一对继电器触点,即当输入信号满足一定要求(逻辑关系)时,输出端触点闭合,使相应的继电器动作或信号灯亮。

输出端的公共端 COM 与外接电源连接,外接电源通过 COM 和 PLC 内部输出触点向外接继电器提供能量。在实际的可编程控制器输出端,每 2~4 个输出端为一组,并对应 1 个公共端。各公共端互不相连,以便使输出采用不同型号的继电器和相应的电压等级。另外,输入端和输出端的 COM 也不能相连,以避免输出对输入的干扰。

3)低电压漏电保护单元

低电压漏电保护单元作为交流 220 V,36 V 回路的绝缘监测和漏电保护装置,其外部接线如图 8-20(c)所示。当某一回路的绝缘水平下降到规定值时,该装置的输出触点 FL_1 和 FL_2 断开,通过可编程控制器使 PLC 外接继电器 $K_{12} \sim K_{15}$ 释放,其触点切断供电电源,实现漏电保护;同时,该装置上的指示灯给出相应的故障显示。当故障消失后,保护装置可自动复位。

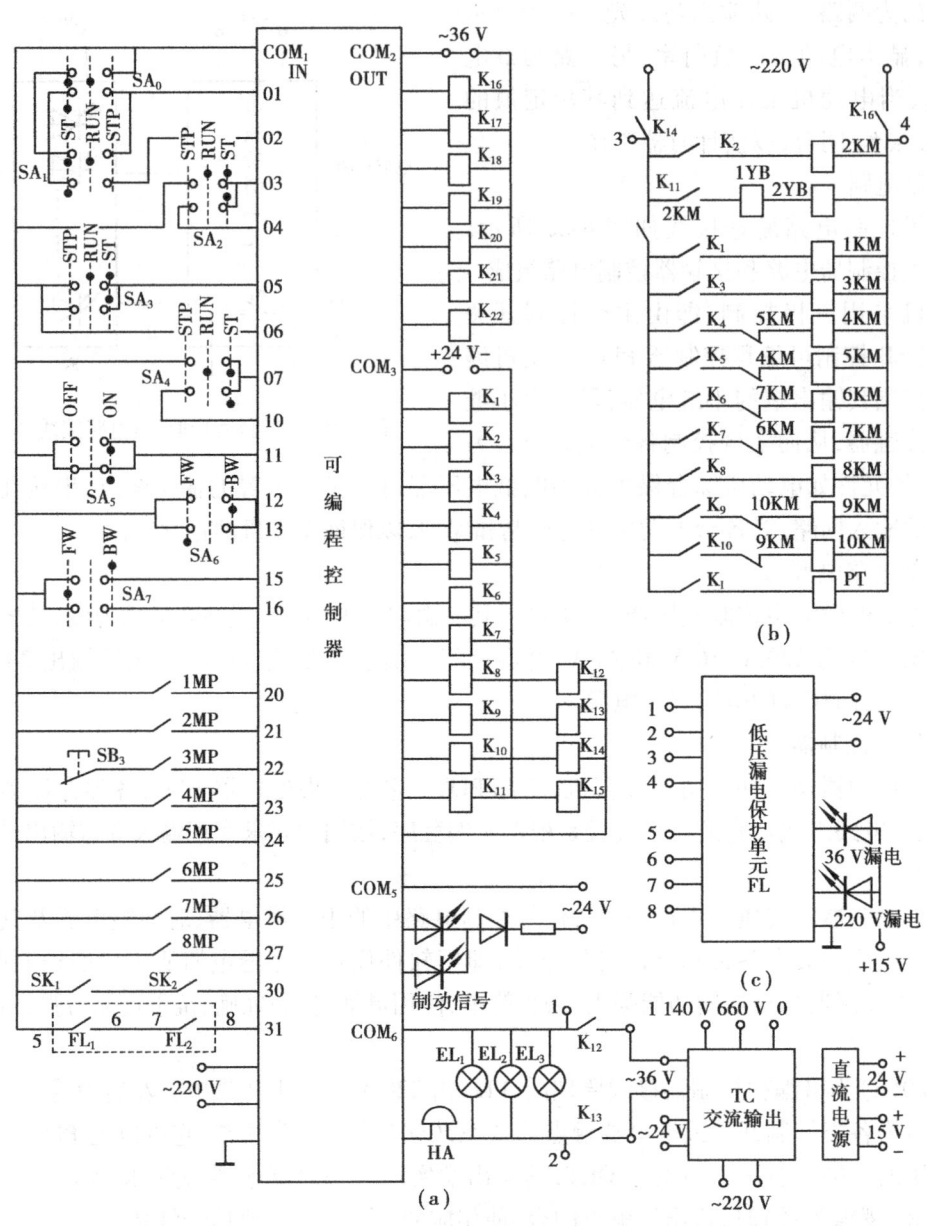

图 8-20 掘进机控制电路接线图

（a）可编程控制器接线图 （b）接触器控制电路 （c）低电压漏电保护单元接线图

3．掘进机的控制

掘进机启动前闭合隔离开关 QS，变压器 TC 有电，控制回路有电，PLC 电源指示灯亮。若主电路、控制电路正常，则掘进机上的照明灯 $EL_1 \sim EL_3$ 亮，且各种保护装置有电，相应的触点闭合，为掘进机启动做好准备。

1）液压泵电动机 2M 的控制

掘进机启动前应先启动液压泵电动机。若液压泵电动机保护指示均正常，可将控制开关 SA_2 旋至启动位置 ST，使可编程控制器的输入公共端、3 号端、4 号端均短接，经 PLC 机控制，

使继电器 K_2、接触器 2KM 相继有电吸合,液压泵电动机启动[见图 8-20(b)],同时,其他电动机在 PLC 控制下处于待机状态。停机时,将 SA_2 旋至停止位置 STP,液压泵电动机及其他电动机都将停车。

2)转载电动机 3M 的控制

液压泵电动机启动后,将控制开关 SA_3 旋至启动位置 ST,即可启动转载机。停机时将 SA_3 旋至停止位置 STP,也可按动 PC 机输入端 22 支路中的停止按钮 SB_3 停机,以满足巷道掘进作业的要求。

3)输送机电动机 4M 和 5M 的控制

刮板输送机为双电动机拖动,为了避免转载电动机 3M 过负荷启动,要求转载机启动后才能用控制开关 SA_4 启动输送机。控制开关 SA_5 用于输送机的反向运行,以满足掘进机检修等其他用途的需要。

4)行走电动机 6M 和 7M 的控制

由控制开关 SA_6 和 SA_7 分别控制左行和右行电动机 6M 和 7M 的反正转(FW,BW),以实现掘进机的前进、后退、左转、右转等工作要求。2 台电动机各设 1 个电磁制动闸 1YB,2YB,以便准确控制掘进机。由于制动闸具有通电松闸、断电抱闸的特性,故在控制电路中设置了与制动闸联动的微动开关 SK_1 和 SK_2。当行走电动机启动时,操作控制开关 SA_6 和 SA_7,PLC 机将先使制动闸通电;松闸后通过触点 SK_1 和 SK_2 的状态转换,PLC 机使相应的输出继电器 K_6 和 K_7 动作,通过接触器 6KM 和 7KM 实现掘进机的行走。

5)切割电动机 1M 和喷雾电动机 8M 的控制

为保证掘进机工作安全,在切割电动机 1M 启动前必须鸣笛示意。启动操作时,要双手同时扳动控制开关 SA_0 和 SA_1 至启动位置 ST,PLC 机将自动接通蜂鸣器电路,鸣笛示意掘进机将启动切割机头;5~6 s 后,PLC 机又自动接通继电器 K_{10} 电路,使接触器 10KM 有电吸合,则喷雾电动机启动;又经 2~3 s 后,蜂鸣器 HA 断电结束报警,此时在 PLC 控制下,接触器 1KM 有电吸合,切割电动机启动运转,完成启动过程。停机时,可将任一手柄旋至停止位置即可停车。

在切割电动机启动过程中,只要松开 SA_0 和 SA_1 中的任一手柄,启动过程都将中断;若要再次启动,需重新开始。

控制电路图 8-20(b)中的计时器 PT 用于记录切割机头的有效工作时间,即当切割电动机工作电流达到其额定值的 65% 时,电流检测装置使触点 K_1 闭合,计时器 PT 开始计时。

主电路图 8-20 中的终端元件 R,V_D 和控制开关 SA_8 及按钮 SB_1,SB_2 组成屏蔽电缆的绝缘监视保护电路。当电缆中的屏蔽层与地线之间绝缘正常时,通过保护装置才允许上一级开关送电。在本电路中,若将控制开关 SA_8 旋至断开位置 OFF,则绝缘检潞回路被断开,不能使上一级开关合闸送电,只有当 SA_8 旋至 ON 位置,才能接通检测回路。按钮 SB_1 和 SB_2 可作为掘进机的急停按钮。按下 SB_1 时,断开绝缘检测回路,同时将屏蔽层接地,导致上一级开关跳闸。

当掘进机不采用屏蔽电缆时,急停按钮应串接在液压泵电动机控制回路,如串接在可编程控制器输入端的 2MP 回路。

 操作训练

序号	训练内容	训练要点
1	装岩机	结构认识、提升和行走的操作。
2	3台电动机拖动的掘进机	结构认识、液压电动机、切割电动机、转载电动机的操作。
3	8台电动机拖动的掘进机	结构认识,液压电动机,切割电动机,转载电动机,刮板输送机电动机,左、右行走电动机,喷雾电动机的操作。

 任务评价

序号	考核内容	考核项目	配分	得分
1	装岩机或掘进机结构	各部分的位置、结构特点、作用。	30	
2	装岩机或掘进机控制过程	各台电动机主电路电路结构; 各控制回路电路结构; 各台电动机的启动、停止操作。	30	
3	装岩机或掘进机的保护	保护的种类、保护信号的获得、保护信号的处理。	30	
4	遵章守纪		10	

任务巩固

8-1　MLS$_3$-170型采煤机的启动和停止是如何控制的?其各种调节是如何控制的?

8-2　采煤机要求的牵引特性有哪些?电牵引采煤机有哪些特点?

8-3　Electra 1000系列电牵引采煤机的电气控制系统组成和作用是什么?

8-4　Electra 1000系列电牵引采煤机如何进行就地控制?

8-5　简述图8-16电路工作原理及各元件的作用。

8-6　简述图8-20可变程序控制器各输入信号的作用和公共端COM的作用。

8-7　8台电动机拖动的掘进机有何保护?

8-8　简述8台电动机拖动的掘进机各台电动机启动方法。

参考文献

[1] 梁南丁. 矿山机械设备电气控制[M]. 北京:中国矿大出版社,2009.

[2] 顾永辉. 煤矿电工手册第三分册[M]. 北京:煤炭工业出版社,1999.

[3] 梁南丁. 矿山机械设备电气控制[M]. 北京:煤炭工业出版社,2007.

[4] 王红俭. 煤矿电工学[M]. 北京:煤炭工业出版社,2005.

[5] 段浩钧. 矿山电力拖动与控制[M]. 北京:中国矿大出版社,2007.

[6] 杨来和. 煤矿电气设备原理及应用[M]. 北京:煤炭工业出版社,2006.

[7] 赵东林. 综采电气设备[M]. 北京:劳动出版社,2006.